中等职业教育建筑工程施工专业系列教材

新形态教材

■总主编　江世永　　■ 执行总主编　刘钦平

建筑制图与识图

（第4版）

主　编　王显谊

副主编　刘　莉　向华兰

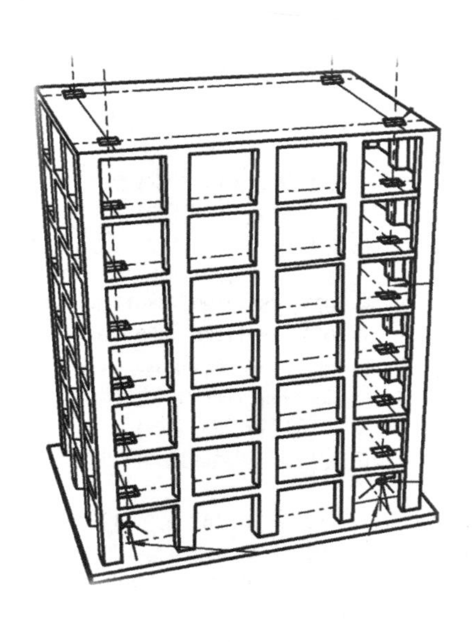

重庆大学出版社

内容提要

本书是中等职业教育建筑工程施工专业系列教材之一，是中国-澳大利亚（重庆）职业教育与培训项目成果。全书共6章，主要介绍了绘图基础知识，投影的基本知识，施工图概况，建筑施工图、结构施工图与设备施工图的组成、内容、特点和识读方法等。

本书是结合行业最新规范，并借鉴澳大利亚职业教育教材的特点，结合我国中等职业教育特点编写而成的。

本书可作为中等职业学校建筑工程施工专业的教学用书，也可作为建筑施工单位的培训用书，还可供工程技术人员自学使用。

图书在版编目（CIP）数据

建筑制图与识图 / 王显谊主编. -- 4版. -- 重庆：重庆大学出版社，2025. 1. --（中等职业教育建筑工程施工专业系列教材）. -- ISBN 978-7-5689-4836-4

Ⅰ. TU204.21

中国国家版本馆CIP数据核字第2024WW5156号

中等职业教育建筑工程施工专业系列教材
建筑制图与识图
（第4版）
主　　编　王显谊
副 主 编　刘　莉　向华兰
责任编辑：刘颖果　　版式设计：游　宇
责任校对：邹　忌　　责任印制：赵　晟
*
重庆大学出版社出版发行
出版人：陈晓阳
社址：重庆市沙坪坝区大学城西路21号
邮编：401331
电话：（023）88617190　88617185（中小学）
传真：（023）88617186　88617166
网址：http://www.cqup.com.cn
邮箱：fxk@cqup.com.cn（营销中心）
全国新华书店经销
重庆市正前方彩色印刷有限公司印刷
*
开本：787mm×1092mm　1/16　印张：12.75　字数：320千
2008年6月第1版　2024年11月第4版　2025年1月第21次印刷
印数：48 701—51 700
ISBN 978-7-5689-4836-4　定价：39.00元

本书如有印刷、装订等质量问题，本社负责调换
版权所有，请勿擅自翻印和用本书
制作各类出版物及配套用书，违者必究

序　言

建筑业是我国国民经济的支柱产业之一。随着全国城市化建设进程的加快，基础设施建设急需大量的具备中、初级专业技能的建设者。这对于中等职业教育的建筑专业发展提出了新的挑战，同时也提供了新的机遇。根据《国务院关于大力推进职业教育改革与发展的决定》和教育部《关于〈2004—2007 年职业教育教材开发编写计划〉的通知》的要求，我们编写了本系列教材。

中等职业教育建筑工程施工专业毕业生就业的单位主要是施工企业。从就业岗位看，以建筑施工一线管理和操作岗位为主，在管理岗位中施工员人数居多；在操作岗位中钢筋工、砌筑工需求量大。为此，本系列教材将目标定位为：培养与我国社会主义现代化建设要求相适应，具有综合职业能力，能从事工业与民用建筑的钢筋工、砌筑工等其中一种的施工操作，进而能胜任施工员管理岗位的中级技术人才。

本系列教材编写的指导思想是：坚持以社会就业和行业需求为导向，适应我国建筑行业对人才培养的需求；适合目前中等职业教育教学的需要和中职学生的学习特点；着力培养学生的动手和实践能力。本系列教材秉持“需求为导向，能力为本位”的职教理念，以工作岗位为根本，能力培养为主线，紧扣行业岗位能力标准要求，科学构建教材结构；注重“实用为准，够用为度”的原则，摒弃繁杂、深奥、难教难学之处，精简提炼教材内容；遵循“与时俱进，适时更新”的原则，紧跟建筑行业发展动态，根据行业涌现的新材料、新技术、新工艺、新方法适时更新教材内容，充分体现现代职业教育特色与教材育人功能。

本系列教材编写具有以下特点：

1. 知识浅显易懂，精简理论阐述，突出操作技能。突出操作技能和工序要求，重在技能操作培训，将技能进行分解、细化，使学生在短时间内能掌握基本的操作要领，达到“短、平、快”的学习效果。

2. 采用“动中学”“学中做”的互动教学方法。系列教材融入了对教师教学方法的建议和指导，教师可根据不同资源条件选择使用适宜的教学方法，组织丰富多彩的“以学生为中心”的课堂教学活动，提高学生的参与程度，坚持以能力为本，让学生在各种动手、动口、动脑的活动中，轻松愉快地学习，接受知识，获得技能。

3. 表现形式新颖，内容活泼多样。教材辅以丰富的图标、图片和图表。图标起引导作用，图片和图表作为知识的有机组成部分，代替了大篇幅的文字叙述，使内容表达直观、生动形象，能吸引学习者兴趣。教师讲解和学生阅读两部分内容，分别采用不同的字体以示区别，让师生一目了然、清晰明白。

4. 教学手段丰富，资源利用充分。根据不同的教学科目和教学内容，教材中采用了如录像、幻灯片、实物、挂图、试验操作、现场参观、实习实作等丰富的教学手段，有利于充实教学方法，提高教学质量。

5. 注重教学评估和学习鉴定。每章结束后，均有对教师教学质量的评估、对学生学习效果的鉴定方法。通过评估、鉴定，师生可得到及时的信息反馈，以不断地总结经验，提高学生学习的积极性，改进教学方法，提高教学质量。

本系列教材可以供中等职业教育建筑工程施工专业学生使用，也可以作为建筑从业人员的参考用书。

本系列教材在编写过程中，得到了重庆市教育委员会、中国人民解放军陆军勤务学院、重庆市教育科学研究院和重庆市建设岗位培训中心的指导和帮助。同时，本系列教材从立项论证到编写还得到了澳大利亚职业教育专家的指导和支持，在此表示衷心的感谢！

江世永

前　言(第4版)

本书是教育部职业教育与成人教育司推荐教材,是中等职业教育建筑工程施工专业系列教材之一,在《建筑制图与识图》(第3版)的基础上修订而成。

本书自2008年出版以来,在全国中等职业学校建筑工程施工专业中广泛使用。随着科学技术的进步和社会的发展,建筑行业也不断前进,对一些标准、规范进行了修订。为了适应当前建筑工程施工专业的教学需要,编者根据使用教师提出的意见,并参照新标准、规范,对本书进行了以下修订:

(1)根据《房屋建筑制图统一标准》(GB/T 50001—2017),对绘图基础知识进行了修改;

(2)根据国家建筑标准设计图集22G101—1、22G101—2和22G101—3,对混凝土结构施工图平面整体表示方法的内容进行了修改;

(3)考虑到中职学校会单独开设CAD课程,删除了计算机制图章节;

(4)个别知识点处增加了二维码,读者可扫码观看。

此次修订由重庆市城市建设高级技工学校周利国负责第1章,重庆市城市建设高级技工学校刘莉负责第2章、第4章,重庆市城市建设高级技工学校王显谊负责第3章,重庆市城市建设高级技工学校向华兰负责第5章,重庆市荣昌职教中心喻权坚负责第6章。全书由王显谊统稿定稿。

本书配套的多媒体资源(PPT、动画等),请联系重庆大学出版社教学服务人员(电话:023-88617142)索取。

由于编者的水平有限,书中难免有不足与错误之处,恳请读者批评指正。

编　者
2024年9月

前　言（第1版）

为深入贯彻《国务院关于大力推进职业教育改革与发展的决定》，全面实施《2003—2007年教育振兴行动计划》中提出的“职业教育与培训创新工程”，积极推进课程改革和教材建设，为职业教学和培训提供更加丰富、多样和实用的教材，更好地满足职业教育改革与发展的需要，择优制订了《2004—2007年职业教育教材开发编写计划》。本书就是根据该计划编写的。

本书内容包括：绘图工具及仪器的使用和保管、投影的基本知识、施工图概况、建筑施工图、结构施工图、设备施工图、计算机制图。

本书遵循“实用为准，够用为度”的原则，在内容和形式上力求浅显易懂，教材与教法在“将知识如何转变为能力”方面有新的突破。知识是通过一系列的教学活动串连起来的，站在学生的角度，以学生为中心组织素材，抓住学生的好奇心理，激发学生的学习热情，将学生由被动学习变为主动学习。各章都采用问题引入、阅读理解、提问回答、实习实作、学生讨论、活动建议、学习鉴定等各种形式，培养学生分析问题、解决问题的能力，口头表达能力，动手能力，人际沟通能力及团队合作能力等，使学生在轻松愉快的环境中学习知识，技能在团结互助中获得和提高，良好的工作态度在不知不觉中形成。为便于教学，另外还编写了习题集与本书配套使用。

根据教学大纲要求，本书的参考教学时数为144学时，各章学时分配见下表。

章　次	学时数		
	讲　课	作　业	合　计
第1章	5	1	6
第2章	15	10	25
第3章	5	2	7
第4章	16	12	28
第5章	20	12	32
第6章	6	2	8
第7章	24	10	34
机　动	2	2	4
总　计	93	51	144

本书第1章、第2章由重庆城建技校周利国编写,第3章、第4章由重庆城建技校王显谊编写,第5章、第6章由荣昌职教中心喻权坚编写,第7章由吴彤彦编写。全书由王显谊统稿定稿。

本书大量插图是由大足县规划建筑设计院和重庆市教育建筑规划设计院(荣昌)提供的施工设计图,在此表示衷心的感谢!

由于编者水平所限,书中难免有不足之处,敬请读者批评指正。

编　者
2007年12月

目 录

1　绘图基础知识

知识目标

1. 熟悉绘图工具的种类和用途；
2. 熟悉绘图仪器的用途；
3. 掌握不同线型的用途；
4. 熟悉长仿宋体字的书写特点和方法；
5. 掌握常见的几何作图方法。

技能目标

1. 能正确使用绘图工具；
2. 能正确使用和保管绘图仪器；
3. 能正确应用与绘制不同的线型；
4. 能熟练地书写长仿宋体字；
5. 能绘制常见的几何图形。

素养目标

1. 建立建筑学所涉及基本技能的全局观念；
2. 养成精益求精、一丝不苟的学习态度；
3. 精雕细琢，确保线条、字体、图形的标准化，树立细节决定成败的责任意识。

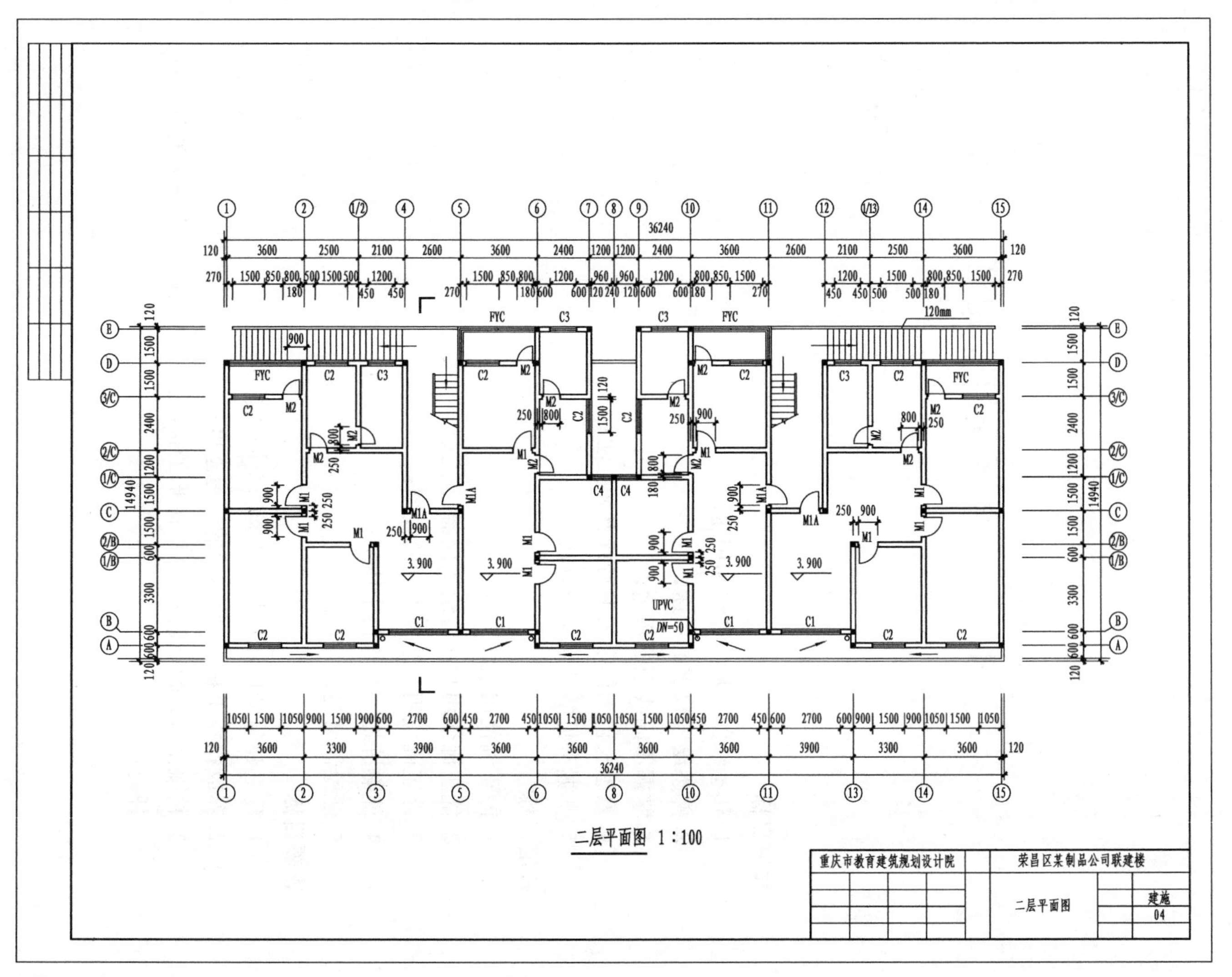

图1.1 二层平面图

问题引入

图1.1为某工程建筑施工二层平面图。仔细观察,并试着回答下面的问题:图中的数字、字母和符号代表什么意义?图中的粗、细线在什么地方使用?该工程图样是怎样绘制而成的?这些问题也许你现在无法回答,但对土木工程类专业的学生来说,这些问题是必须掌握的。我们学习本课程的目的就是读懂建筑工程施工图并能绘制简单的工程图样,为学好其他专业课程打好基础。从今天开始,让我们一起走进"建筑制图与识图"这门课程。

1.1 绘图工具及仪器

问题引入

工程图样是工程技术人员交流的语言,是指导施工和形成建筑产品的依据。工程图样通常采用计算机绘制,根据需要也可采用手工绘制。要绘制一套完整无误的工程图样,设计者除应掌握国家相关规范和标准外,还应正确、熟练地使用绘图工具及仪器,从而提高绘图质量和绘图速度。那么,手工绘图时需要使用哪些绘图工具和仪器?应如何使用?下面我们就来学习手工绘图的常用绘图工具及仪器。

1.1.1 常用手工绘图用品

常用手工绘图用品见表1.1。

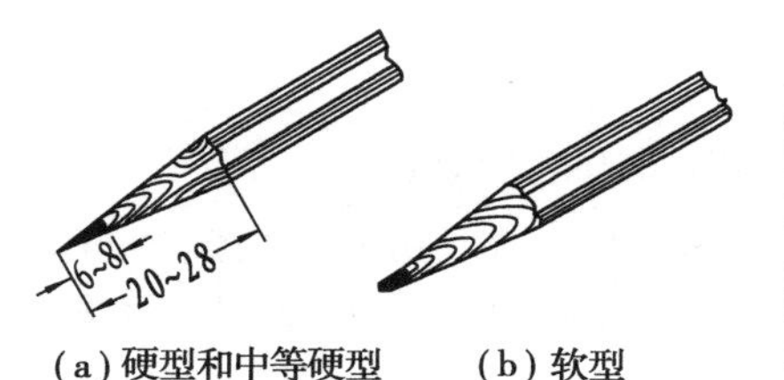

(a)硬型和中等硬型　(b)软型

图1.2 铅笔

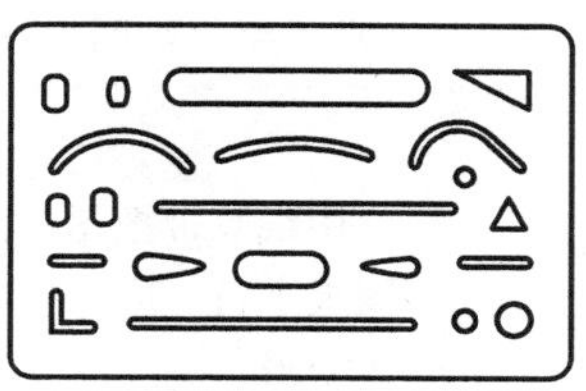

图1.3 不锈钢薄片

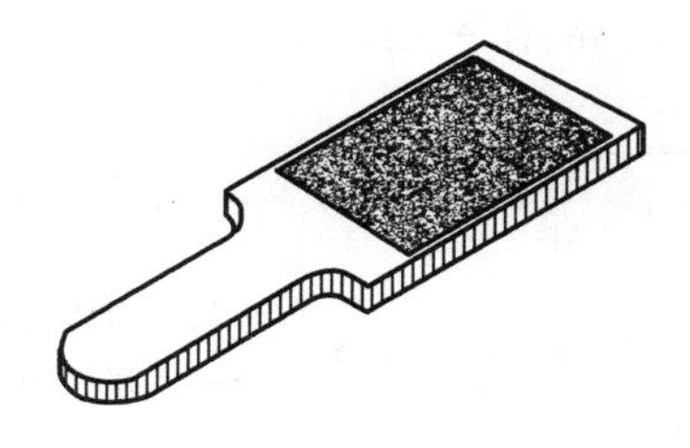

图1.4 砂纸

表 1.1　常用手工绘图用品

名　称	分　类	图　名	用　途	使用要求及注意事项
图　纸	绘图纸	—	绘制图样	质地坚硬,纸面洁白。有正、反面之分,橡皮擦拭不起毛的为正面
	描图纸	—	描制图样,晒制工程蓝图	不能折、脏、受潮
铅　笔	硬型用“H”表示	图 1.2(a)	绘制底图	用小刀削成圆锥形,削切长度应在 20 ~ 28 mm,露出铅芯 6 ~ 8 mm,如图 1.2(a)、(b)所示;为了保持画线粗细一致,为使画线平直准确,使用时边画边缓慢地旋转,并始终与尺的边缘保持一定角度。“H”前面的数字越大,表示铅笔越硬;“B”前面的数字越大,表示铅笔越软
	中等硬型用“HB”表示	图 1.2(a)	注写文字、尺寸	
	软型用“B”表示	图 1.2(b)	加深图线	
小　刀	单面刀片	—	削切铅笔	—
	双面刀片	—	修整墨线	
橡　皮	软橡皮	—	清洁图面	使用时沿一个方向擦除,用力均匀,不能过猛,以免损伤图纸
	硬橡皮	—	擦除墨线和墨污	
擦图片	不锈钢薄片	图 1.3	修改图线,控制擦图范围	空隙对准需擦除的部分,左手按紧擦图片,右手执橡皮轻轻擦拭
	透明胶片	—		
纸胶带	—	—	固定图纸	—
砂　纸	—	图 1.4	修磨铅芯成粗细不同的锥形或圆规的插脚	—

1.1.2　常用手工绘图工具

常用手工绘图工具见表 1.2。

表 1.2　常用手工绘图工具

名　称	图　名	用　途	使用要求及注意事项
图　板	图 1.5	垫平纸面,调整手工绘图时的倾角	用纸胶带把图纸固定在图板上,不使用图钉,图幅边应与图板平行。应保护好图板工作边,防止图板受潮、曝晒和重压变形
丁字尺	图 1.6	画水平线	尺头应紧靠图板工作边(左边),上下推动,使尺身上边缘对准画线位置,左手按住尺身中部,从左向右画线。不能在尺身下边画线,不能用小刀靠在尺身边上裁纸。丁字尺用完后应挂置妥当,以防止尺身变形和尺头松动

续表

名 称	图 名	用 途	使用要求及注意事项
三角板	图 1.7	与丁字尺配合使用，画 15°角倍数的各种斜线、垂直线及平行线	推动丁字尺到图线下方，左手按住尺身，靠上三角板，然后再用左手同时按住丁字尺和三角板画线，画线时由下往上、自左向右逐条绘制
曲线板	图 1.8	绘制非圆曲线	定出曲线控制点，徒手轻轻画出曲线，根据曲线弯曲趋势和曲率大小，选择曲线板上合适的部分，分段画出。每次至少有 3 点与曲线板吻合，前后段应有一小段重合，以保证曲线的平顺
比例尺	图 1.9	比例绘图时换算尺寸	用分规在尺身量取线段时，不能把针尖扎入尺面，不能将比例尺作三角板和直尺使用
建筑模板	图 1.10	绘制各种建筑标准图例和符号	用已选中建筑模板的图例，放在需要作图的位置上，用左手压紧模板，然后沿图例轨迹描画。在描画时，注意笔尖与模板的倾角应随时保持一致。建筑模板分为结构模板、设备模板、给排水模板等

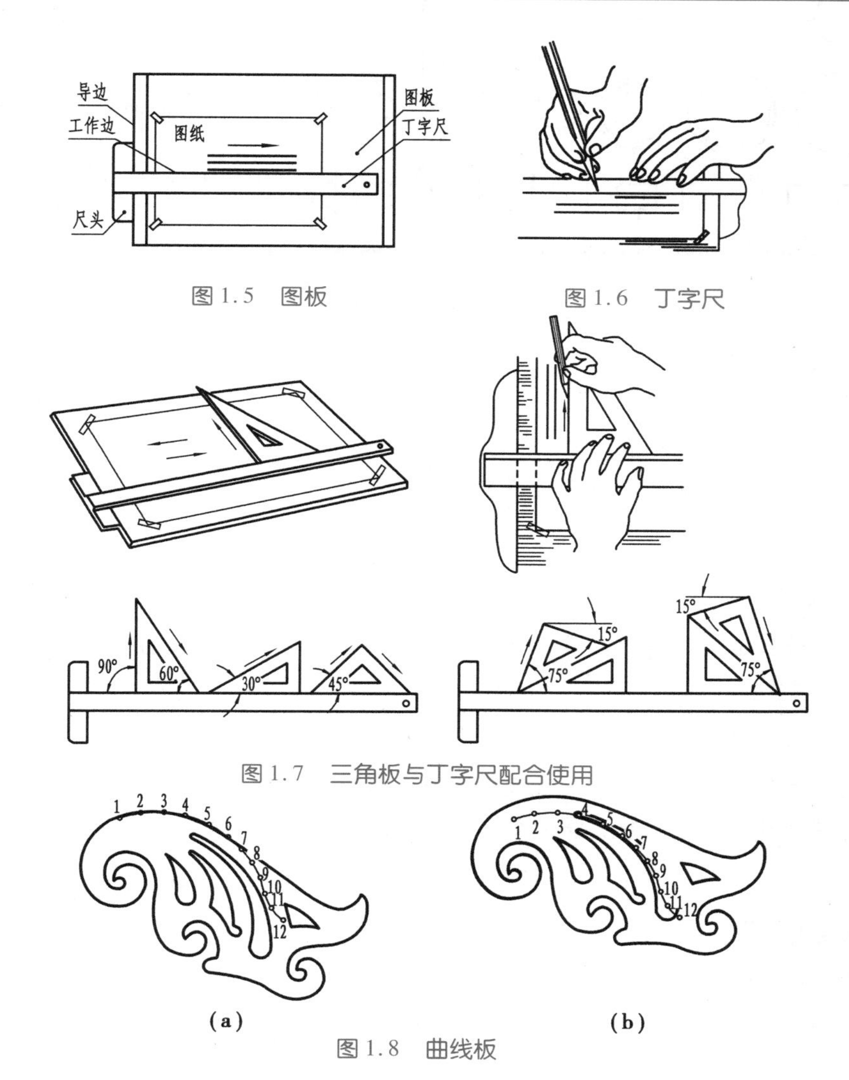

图 1.5　图板

图 1.6　丁字尺

图 1.7　三角板与丁字尺配合使用

图 1.8　曲线板

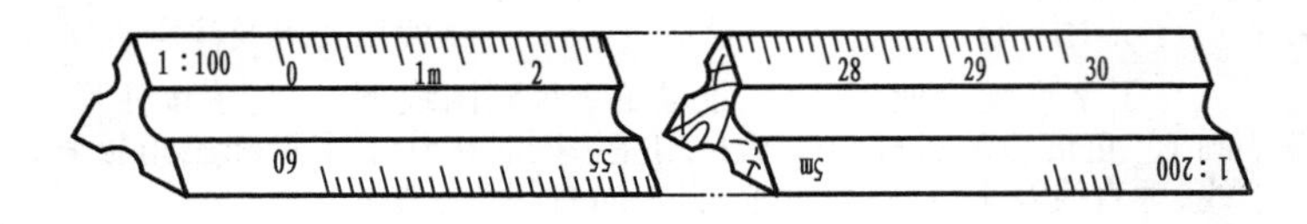

图 1.9　比例尺

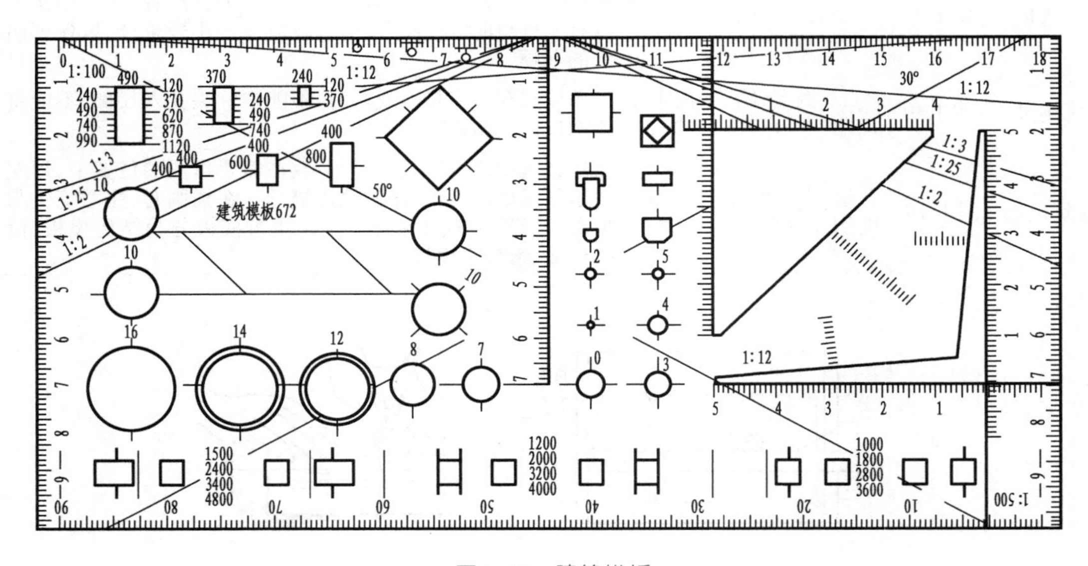

图 1.10　建筑模板

提问回答

1. 使用铅笔画线有哪些技巧？
2. 丁字尺为什么只能在图板左边推动画线？

观察思考

用曲线板绘制曲线时怎样找曲线控制点？控制点的数量对曲线的平滑有哪些影响？

小组讨论

1. 绘图工具的完好对绘图质量和绘图速度有什么影响？
2. 怎样使用曲线板使曲线画得更好？

实习实作

1. 使用图板、丁字尺、三角板画竖直线和平行线。
2. 使用曲线板绘制任意曲线。

1.1.3 常用绘图仪器

常用绘图仪器见表 1.3。

表 1.3 常用绘图仪器

<table>
<tr><th colspan="2">名称</th><th>图名</th><th>用途</th><th>使用要求及注意事项</th></tr>
<tr><td colspan="2">计算机</td><td>图 1.11、图 1.12</td><td>绘制工程图</td><td>—</td></tr>
<tr><td rowspan="4">手工绘图</td><td>圆规</td><td>图 1.13</td><td>绘制铅笔圆及圆弧和墨线圆及圆弧</td><td>调整针尖和铅芯分别垂直纸面，画粗线的铅芯磨成方头形，其他应磨成圆锥形，用右手大拇指和食指捏住圆规的手柄，按顺时针方向略向前倾 15°~20°，匀速旋转一次画完</td></tr>
<tr><td>分规</td><td>图 1.14</td><td>等分线段和量取线段长度</td><td>分规两针尖尽量调平。等分线段时应顺、反交换量取</td></tr>
<tr><td>鸭嘴笔</td><td>图 1.15</td><td>由钢片和笔杆组成，描图上墨线</td><td>调整两钢片间的间距，以满足所需墨线粗细，注墨高度 4 ~ 6 mm，螺帽向外，笔杆前后方向与纸面成 90°，使两钢片同时接触纸面。小指搁在尺身上，画线时笔头往前进方向倾斜 5°~20°，落笔时要轻，运笔速度要均匀</td></tr>
<tr><td>绘图墨水笔</td><td>图 1.16</td><td>绘制墨线</td><td>画线时笔头向画线前方倾斜 5°~20°，速度适中、快慢均匀，不能反向画线</td></tr>
</table>

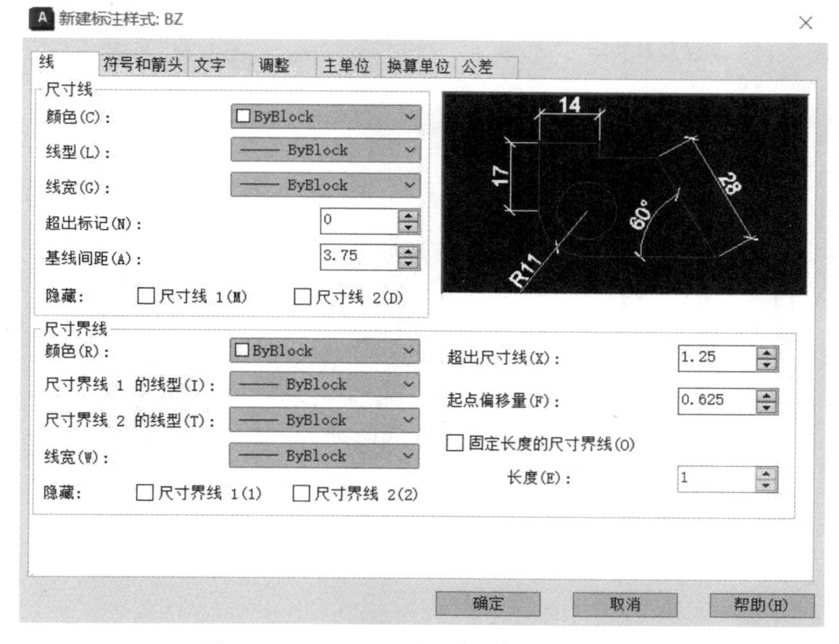

图 1.11 AutoCAD 2024 修改标注样式窗口

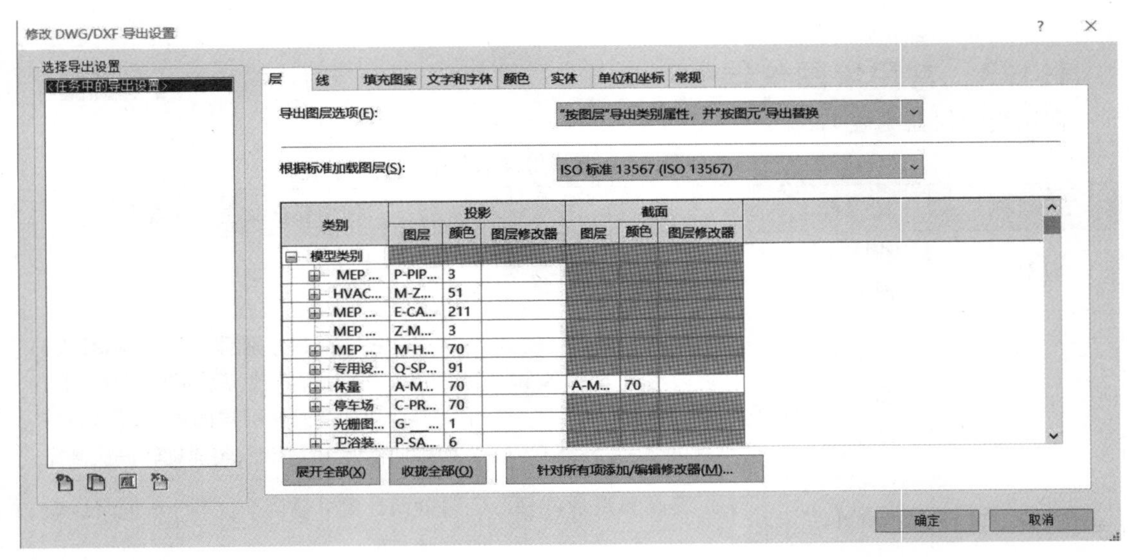

图 1.12　Revit 2023 图纸导出设置窗口

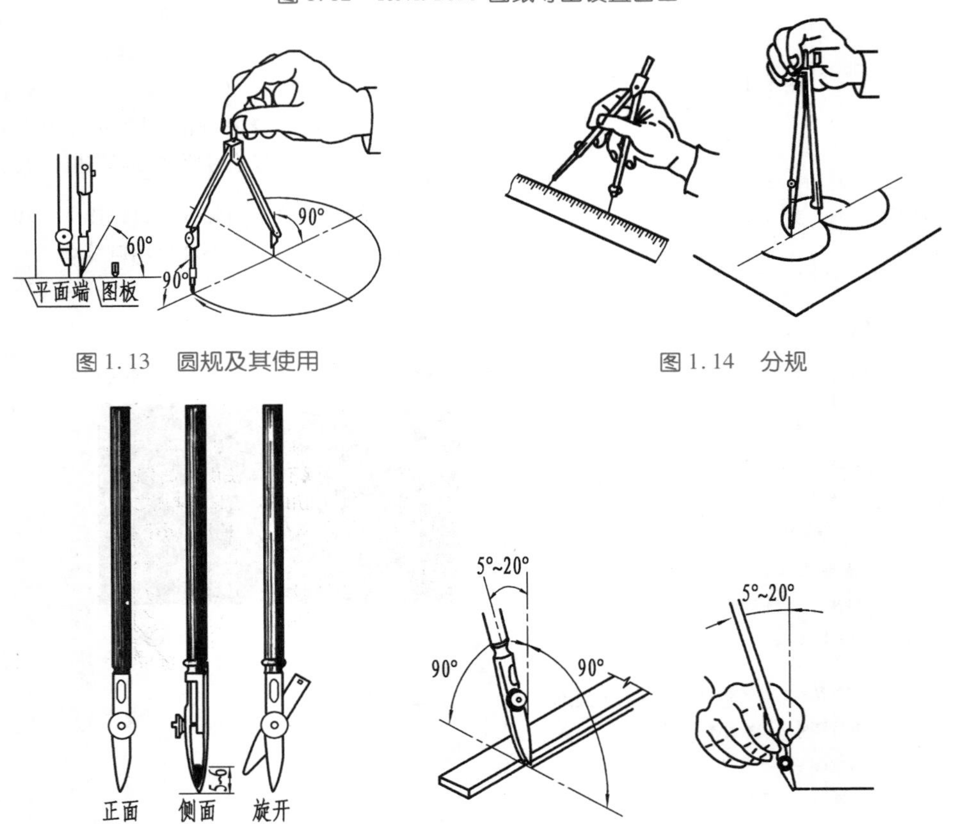

图 1.13　圆规及其使用

图 1.14　分规

图 1.15　鸭嘴笔及其使用

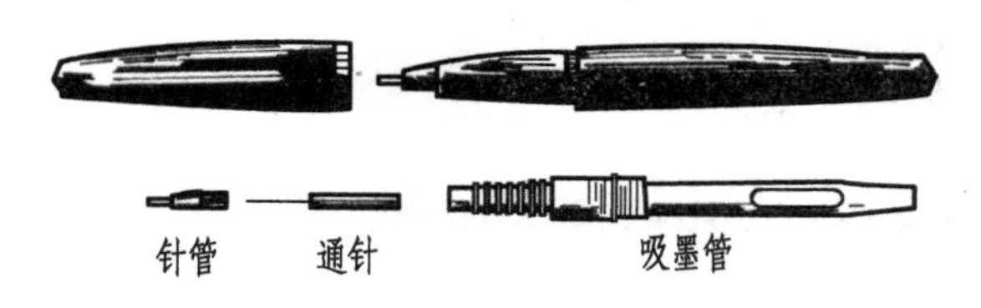

图 1.16　绘图墨水笔

小组讨论

1. 如何正确控制圆规针脚绘制圆弧？
2. 为保证描图质量，使图面整洁，如何使用好鸭嘴笔和墨水笔？

实习实作

分别把铅芯磨成方头形和圆锥形，试绘不同大小的圆及圆弧与直线的连接。

1.2　图线线型与文字书写

问题引入

图线是构成图形的基本元素。在工程制图中，通常通过图线的线型和粗细来分清主次，以表达不同的含义和内容。那么，工程图中都使用哪些线型？不同的线型都有哪些用途？另外，《房屋建筑制图统一标准》(GB/T 50001—2017)对工程图中的文字书写也有要求。下面，我们就来学习工程图中图线线型和文字书写方面的知识。

1.2.1　图线的类型、用途及画法

1)图线的类型

图线的类型共分为以下 5 种：

①实线。实线分为粗、中粗、中、细，其线宽规定为 b、$0.7b$、$0.5b$、$0.25b$。

②虚线。虚线就是间隔线，线段长度和间隔宜各自相等。

③点画线。点画线有单点长画线和双点长画线。线段长度和间隔宜各自相等，当在较小图形中绘制有困难时，可用实线代替。

④折断线。折断线是在断裂处斜画一个 Z 形符号。

⑤波浪线。波浪线如水波一样上下起伏。

2)图线的线型、用途和画法

(1)线型和用途

根据《建筑制图标准》(GB/T 50104—2010)的规定,图线的线型和用途见表1.4。

表1.4 线型和用途

名称		线型	线宽	用途
实线	粗	▬▬▬	b	①平、剖面图中被剖切的主要建筑构造(包括构配件)的轮廓线; ②建筑立面图或室内立面图的外轮廓线; ③建筑构造详图中被剖切的主要部分的轮廓线; ④建筑构配件详图中的外轮廓线; ⑤平、立、剖面的剖切符号
	中粗	━━━	0.7b	①平、剖面图中被剖切的次要建筑构造(包括构配件)的轮廓线; ②建筑平、立、剖面图中建筑构配件的轮廓线; ③建筑构造详图及建筑构配件详图中的一般轮廓线
	中	———	0.5b	小于0.7b的图形线、尺寸线、尺寸界线、索引符号、标高符号、详图材料做法引出线、粉刷线、保温层线,以及地面、墙面的高差分界线等
	细	───	0.25b	图例填充线、家具线、纹样线等
虚线	中粗	━ ━ ━ ━	0.7b	①建筑构造详图及建筑构配件不可见的轮廓线; ②平面图中的起重机(吊车)轮廓线; ③拟建、扩建建筑物轮廓线
	中	— — — —	0.5b	投影线、小于0.5b的不可见轮廓线
	细	- - - - -	0.25b	图例填充线、家具线等
单点长画线	粗	━ · ━ · ━	b	起重机(吊车)轨道线
	细	— · — · —	0.25b	中心线、对称线、定位轴线
折断线	细	—\/\—	0.25b	部分省略表示时的断开界线
波浪线	细	～～～	0.25b	①部分省略表示时的断开界线,曲线形构件断开界线; ②构造层次的断开界线

注:地平线宽可用1.4b。

(2)线宽组

图线的基本线宽b,宜按照图纸比例及图纸性质从1.4、1.0、0.7、0.5 mm线宽系列中选取。每个图样应根据复杂程度与比例大小,先选定基本线宽b,再选用表1.5中相应的线宽组。

表 1.5 线宽组

单位:mm

线宽比	线宽组			
b	1.4	1.0	0.7	0.5
$0.7b$	1.0	0.7	0.5	0.35
$0.5b$	0.7	0.5	0.35	0.25
$0.25b$	0.35	0.25	0.18	0.13

注:①需要微缩的图纸,不宜采用0.18 mm及更细的线宽。

②同一张图纸内,各不同线宽的细线可统一采用较细的线宽组的细线。

(3)图线的画法

①同一张图纸内,相同比例的各图样应选用相同的线宽组。

②相互平行的图例线,其净间隙或线中间隙不宜小于0.2 mm。

③虚线、单点长画线或双点长画线的线段长度和间隔,宜各自相等。

④单点长画线或双点长画线,当在较小图形中绘制有困难时,可用实线代替。

⑤单点长画线或双点长画线的两端,不应采用点。点画线与点画线交接点或点画线与其他图线交接时,应采用线段交接。

⑥虚线与虚线交接或虚线与其他图线交接时,应采用线段交接。虚线为实线的延长线时,不得与实线相接。

⑦图线不得与文字、数字或符号重叠、混淆,不可避免时,应首先保证文字的清晰。

小组讨论

1. 为什么说图线的粗细和线型能反映图形的主次?

2. 为什么同一张图纸内,相同比例的图样,采用的线宽不能超过4种?

1.2.2 文字书写

工程图纸上书写的文字、数字或符号等,均应笔画清晰、字体端正、排列整齐;标点符号应清楚正确。

1)文字

①文字的字高应从表1.6中选用。字高大于10 mm的文字宜采用True type字体,如需书写更大的字,其高度应按$\sqrt{2}$的倍数递增。

表 1.6 文字的字高

单位:mm

字体种类	汉字矢量字体	True type字体及非汉字矢量字体
字　高	3.5、5、7、10、14、20	3、4、6、8、10、14、20

②图样及说明中的汉字宜优先采用True type字体中的宋体字型,采用矢量字体时应为长仿宋体字型。同一图纸字体种类不应超过两种。矢量字体的宽高比宜为0.7,且应符合表1.7的规定,打印线宽宜为0.25~0.35 mm;True type字体宽高比宜为1。大标题、图册封面、地形

图等的汉字,也可书写成其他字体,但应易于辨认,其宽高比宜为1。

表1.7　长仿宋体字高宽关系

单位:mm

字　高	3.5	5	7	10	14	20
字　宽	2.5	3.5	5	7	10	14

③汉字的简化字书写应符合国家有关汉字简化方案的规定。

④长仿宋体字书写要领:横平竖直、起落分明、粗细一致、钩长锋锐、布局均匀、填满方框。

⑤长仿宋体字的基本笔画见表1.8。

表1.8　长仿宋体字的基本笔画

名　称	横	竖	撇	捺	挑	点	钩	
形　状	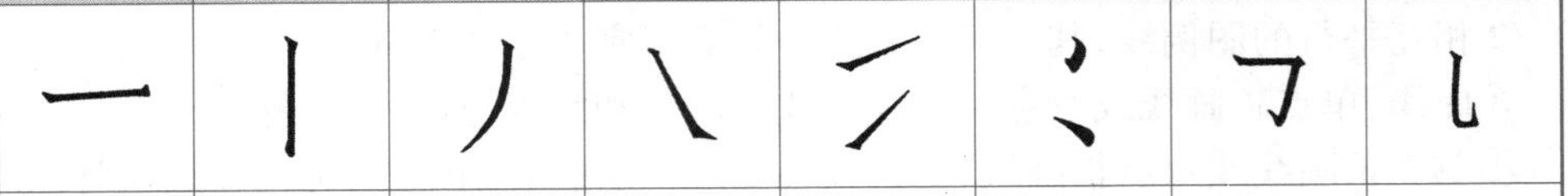							
笔　法	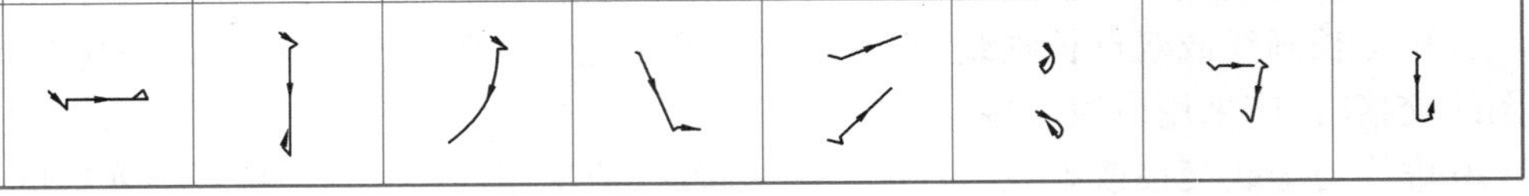							

⑥长仿宋体字结构分析见表1.9。

表1.9　长仿宋体字结构分析

类　型		字　例	
独体字		工 上下对称；业 左右对称；米 中点对称；千 近似对称；与 不对称型	
合体字	上下结构	要 上下结构；等 上中下结构；崖 多层结构	多　武　森　器
	左右结构	明　科 左右结构；班 左中右结构	
	包围结构	图 全包围；间　同 半包围；司　匠 角包围	

2)数字和字母

①图样及说明中的字母、数字宜优先采用 True type 字体中的 Roman 字型，书写规则应符合表 1.10 的规定。

表 1.10　字母及数字的书写规则

书写格式	字　体	窄字体
大写字母高度	h	h
小写字母高度(上下均无延伸)	$7/10h$	$10/14h$
小写字母伸出的头部或尾部	$3/10h$	$4/14h$
笔画宽度	$1/10h$	$1/14h$
字母间距	$2/10h$	$2/14h$
上下行基准线的最小间距	$15/10h$	$21/14h$
词间距	$6/10h$	$6/14h$

②字母及数字，当需写成斜体字[图 1.17(a)]时，其斜度应是从字的底线逆时针向上倾斜 75°。斜体字的高度和宽度应与相应的直体字[图 1.17(b)]相等。

ABCDEFGHIJKLMN
OPQRSTUVWXYZ

0123456789

I II III IV V VI VII VIII IX X

(a)斜体字

ABCDEFGHIJKLMN
OPQRSTUVWXYZ

0123456789

I II III IV V VI VII VIII IX X

(b)直体字

图 1.17　字体

③字母及数字的字高不应小于 2.5 mm。

④数量的数值注写应采用正体阿拉伯数字。各种计量单位凡前面有量值的，均应采用国家颁布的单位符号注写。单位符号应采用正体字母。

⑤分数、百分数和比例数的注写，应采用阿拉伯数字和数字符号。

⑥当注写的数字小于 1 时，应写出个位的“0”，小数点应采用圆点，齐基准线书写。

比　例

《房屋建筑制图统一标准》(GB/T 50001—2017)中，对比例作出了以下规定：

①图样的比例应为图形与实物相对应的线性尺寸之比。比例有扩大比例和缩小比例，如 2∶1 是扩大比例，图形是实物的 2 倍；1∶2 是缩小比例，图形是实物的 1/2。比例的大小是指其

比值的大小，如1∶50大于1∶100。

平面图 1:100　　⑥ 1:20

图1.18　比例的注写

②比例的符号应为“∶”，比例应以阿拉伯数字表示，如1∶1、1∶2、1∶100等。

③比例宜注写在图名的右侧，字的基准线应取平；比例的字高宜比图名的字高小一号或二号，如图1.18所示。

④绘图所用的比例应根据图样的用途与被绘对象的复杂程度，从表1.11中选用，并应优先采用表中的常用比例。

表1.11　绘图所用的比例

常用比例	1∶1、1∶2、1∶5、1∶10、1∶20、1∶30、1∶50、1∶100、1∶150、1∶200、1∶500、1∶1 000、1∶2 000
可用比例	1∶3、1∶4、1∶6、1∶15、1∶25、1∶40、1∶60、1∶80、1∶250、1∶300、1∶400、1∶600、1∶5 000、1∶10 000、1∶20 000、1∶50 000、1∶100 000、1∶200 000

⑤一般情况下，一个图样应选用一种比例。根据专业制图需要，同一图样可选用两种比例。

⑥特殊情况下也可自选比例，这时除应注出绘图比例外，还必须在适当位置绘制出相应的比例尺。需要缩微的图纸应绘制比例尺。

活动建议

1. 练习长仿宋体字的书写。
2. 请几位运用制图仪器较好的同学，交流介绍制图仪器的操作要点。

练习作业

1. 图线的类型有哪几种？各有什么用途？
2. 画图线时，有哪些要求？

1.3　几何作图

1）作已知直线的垂直平分线（图1.19）

已知：直线AB。

作图步骤：

①以大于$AB/2$的线段R为半径，分别以A、B点为圆心在直线两旁画弧，得交点C和D；

②连接 CD，交直线 AB 于 M 点，即为直线 AB 的垂直平分线。

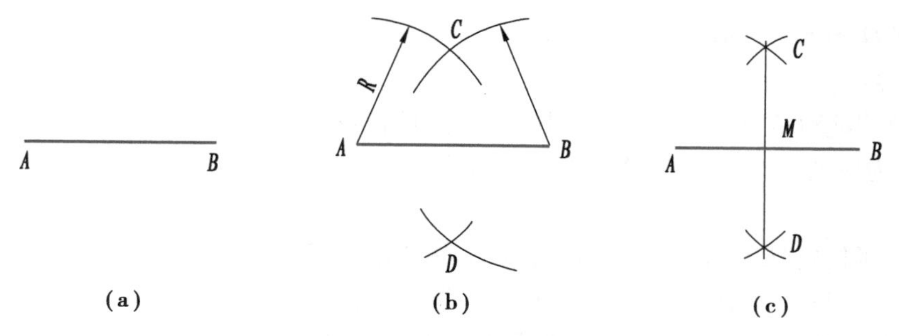

图 1.19 作已知直线的垂直平分线

2)分已知直线段为任意等份(图 1.20)

已知：直线 AB。

作图步骤：

①过点 A 作任意直线 AC，如图 1.20(a)所示；

②用直尺在 AC 上，从 A 点起截取整数刻度的任意等份(如 5 等份)，即得 5 个点，如图1.20(b)所示；

③连接 B 和最后一个等分点 5，如图 1.20(c)所示；

④然后过其他等分点分别作直线平行于 $B5$，交 AB 于 5 个等分点，即为所求。

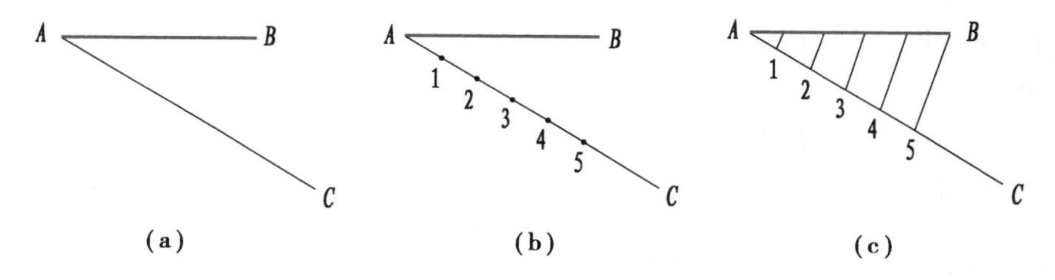

图 1.20 分直线段为任意等份

3)分两平行线间的距离为任意等份(图 1.21)

已知：平行线 AB 和 CD，作 AB、CD 两平行线内任意 6 等份。

作图步骤：

①置直尺的零刻度于 CD 或 AB 上，摆动尺身，使刻度 6 落在另一直线上，如图 1.21(b)所示；

②截取 1、2、3、4、5 各等分点，过各等分点作 AB 的平行线，即为所求，如图 1.21(d)所示。

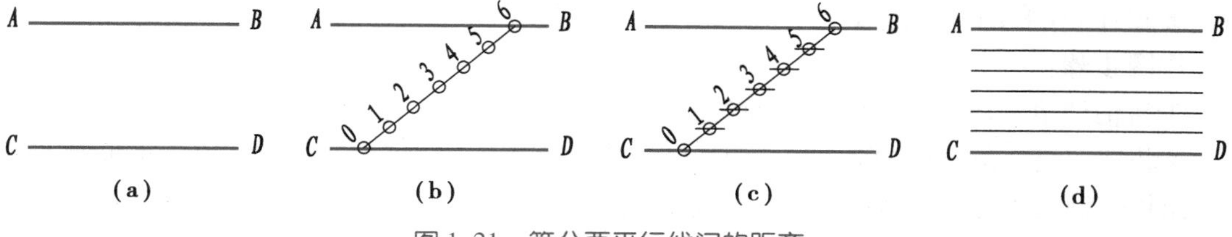

图 1.21 等分两平行线间的距离

4)作正五边形(图 1.22)

已知:圆 O,作圆 O 的内接正五边形。

作图步骤:

①先平分半径 ON,得平分点 M,如图 1.22(a)所示;

②以 M 为圆心、AM 为半径作圆弧交 MO 延长线于 K,AK 即为五边形的边长,如图 1.22(b)所示;

③以 A 为圆心、AK 为半径,作圆弧得 B、E 点,如图 1.22(c)所示;

④以 AK 为半径,分别以 B、E 点为圆心,在圆弧上截取 C、D 点;

⑤顺次连接 A、B、C、D、E、A 各点,即得正五边形,如图 1.22(d)所示。

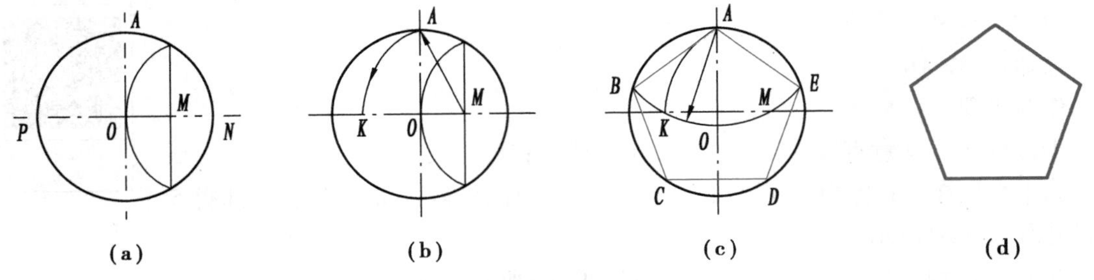

图 1.22　作正五边形

5)作正六边形(图 1.23)

已知:圆 O,作圆 O 的内接正六边形。

作图步骤:

①分别以 A、D 为圆心,R 为半径作弧得 B、F、E、C 各点,如图 1.23(b)所示;

②依次连接 A、B、C、D、E、F、A 各点,即得圆内接正六边形,如图 1.23(c)、(d)所示。

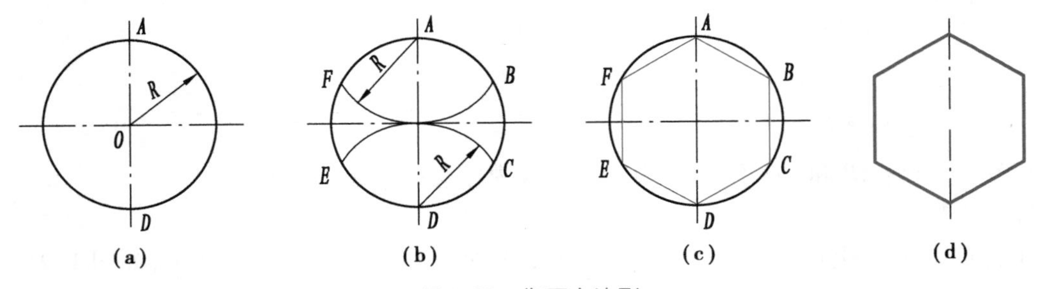

图 1.23　作正六边形

6)过圆外一点作已知圆的切线(图 1.24)

已知:圆 O 和圆外一点 A。

作图步骤:

①目估使第一块三角板的一边通过已知点 A,并与圆相切,如图 1.24(a)所示;

②将第二块三角板紧靠第一块三角板的斜边,使它固定不动,然后将第一块三角板沿着第二块三角板接触边滑动,使其另一直角边通过圆心 O,并与圆周相切得切点 B,如图 1.24(b)所示;

③将切点 B 与 A 点连接,即为所求,如图 1.24(c)所示。

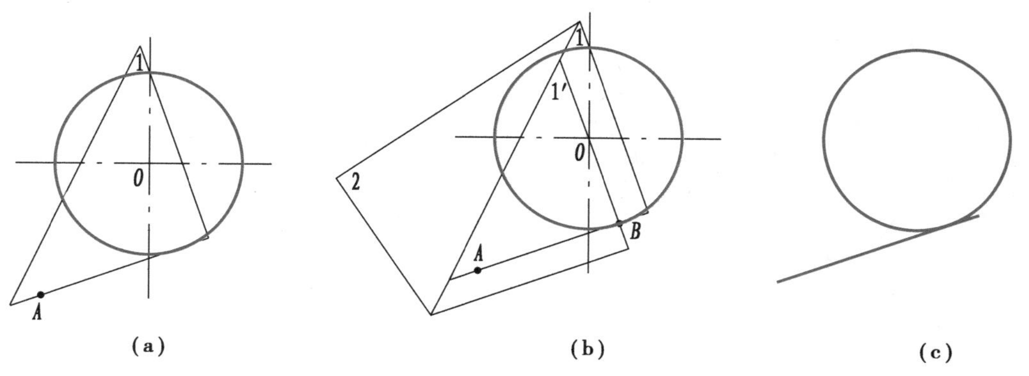

图 1.24 过圆外一点作已知圆的切线

7）两斜交直线间的圆弧连接（图 1.25）

已知：两斜交直线 AB、CD 和半径 R，作直线间的圆弧连接。

作图步骤：

①分别作与 AB、CD 平行且相距为 R 的两直线，交点 O 即为所求圆弧的圆心，如图 1.25（b）所示；

②过点 O 分别作直线 AB 和 CD 的垂线，垂足 F、E 即为所求的切点，如图 1.25（c）所示；

③以 O 为圆心、R 为半径作圆弧，连接 F、E 点画弧即为所求，如图 1.25（d）所示。

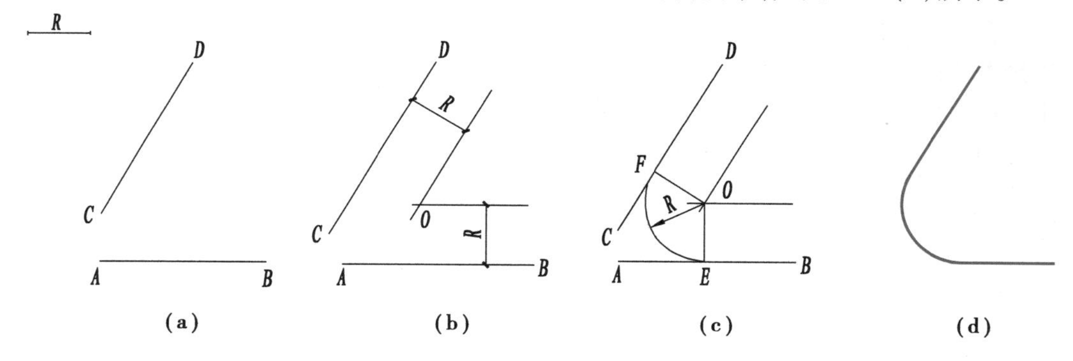

图 1.25 圆弧连接两直线

8）两圆弧间的外切圆弧连接（图 1.26）

连接条件：两圆弧的圆心间距应小于两已知圆弧半径的和加 2 倍连接圆弧半径。

已知：圆心为 O_1、半径为 R_1 和圆心为 O_2、半径为 R_2 的两圆，及连接圆弧的半径 R。

作图步骤：

①以 O_1 为圆心、R_1+R 为半径作圆弧，如图 1.26（b）所示；

②以 O_2 为圆心、R_2+R 为半径作圆弧，两圆弧相交于 O 点，即为所求连接圆弧的圆心 O，如图 1.26（b）所示；

③连接 OO_1 和 OO_2，分别交两已知圆弧于 E、F 点，E、F 点即为所求切点，如图 1.26（c）所示；

④以 O 为圆心、R 为半径，连接 E、F 点画弧，即为所求，如图 1.26（d）、（e）所示。

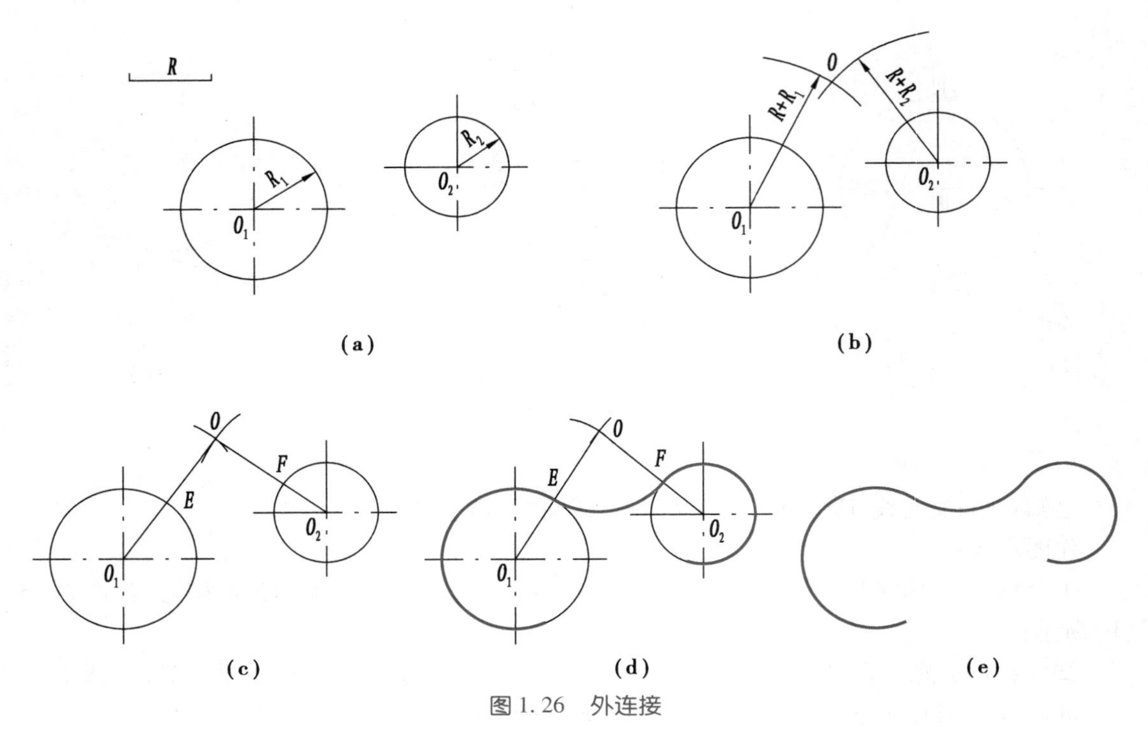

图 1.26　外连接

9）两圆弧间的内切圆弧连接（图 1.27）

连接条件：

①连接圆弧半径应大于较大已知圆弧半径；

②已知圆弧的圆心距大于已知两圆弧半径之和。

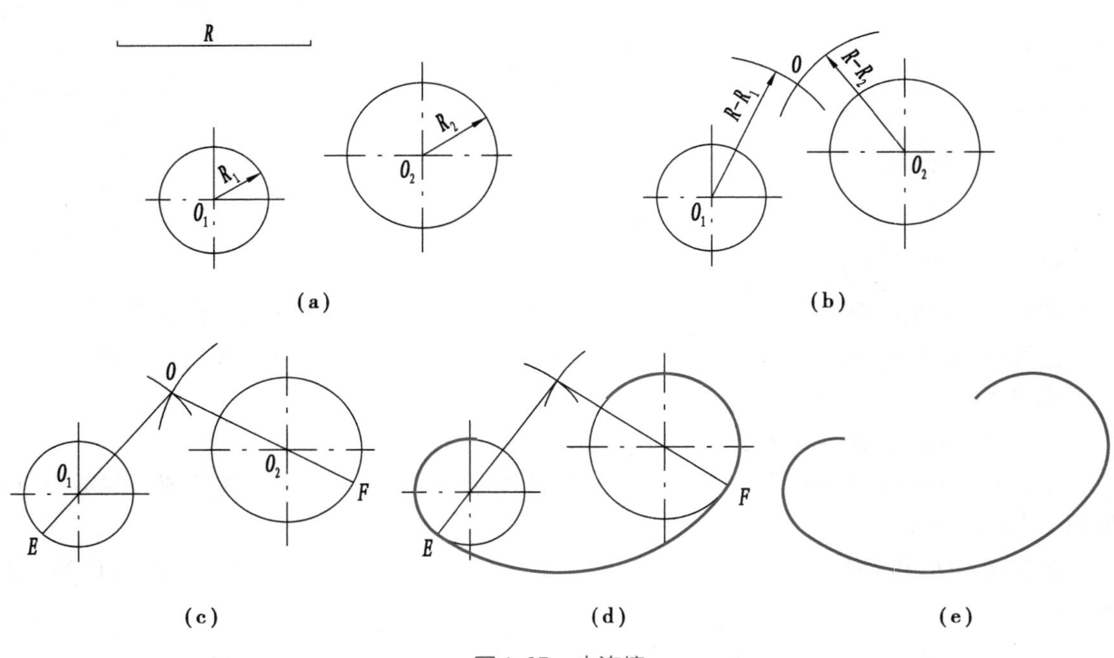

图 1.27　内连接

已知:圆心为 O_1、半径为 R_1 和圆心为 O_2、半径为 R_2 的两圆弧,及连接圆弧的半径 R。

作图步骤:

①以 O_1 为圆心、$R-R_1$ 为半径作圆弧,如图 1.27(b)所示;

②以 O_2 为圆心、$R-R_2$ 为半径作圆弧,两圆弧相交于 O 点,即为所求圆弧圆心 O,如图 1.27(b)所示;

③连接 OO_1 和 OO_2 并延长,交两已知圆弧于 E、F 点,E、F 点即为所求切点,如图 1.27(c)所示;

④以 O 为圆心、R 为半径,连接 E、F 点画弧,即为所求,如图 1.27(d)、(e)所示。

10)作与一已知圆弧外切,与另一已知圆弧内切的圆弧连接(图 1.28)

已知:圆心为 O_1、半径为 R_1 和圆心为 O_2、半径为 R_2 的两圆弧,及连接圆弧的半径 R。

作图步骤:

①以 O_1 为圆心、$R-R_1$ 为半径作圆弧,如图 1.28(b)所示;

②以 O_2 为圆心、$R+R_2$ 为半径作圆弧,两圆弧相交于 O 点,即为所求圆弧的圆心 O,如图 1.28(b)所示;

③连接 OO_2 与 O_2 圆上交于 F 点,连接 OO_1 与 O_1 圆上交于 E 点,E、F 点即为所求圆弧切点,如图 1.28(c)所示;

④以 O 为圆心、R 为半径,连接 E、F 点画弧,即为所求,如图 1.28(d)、(e)所示。

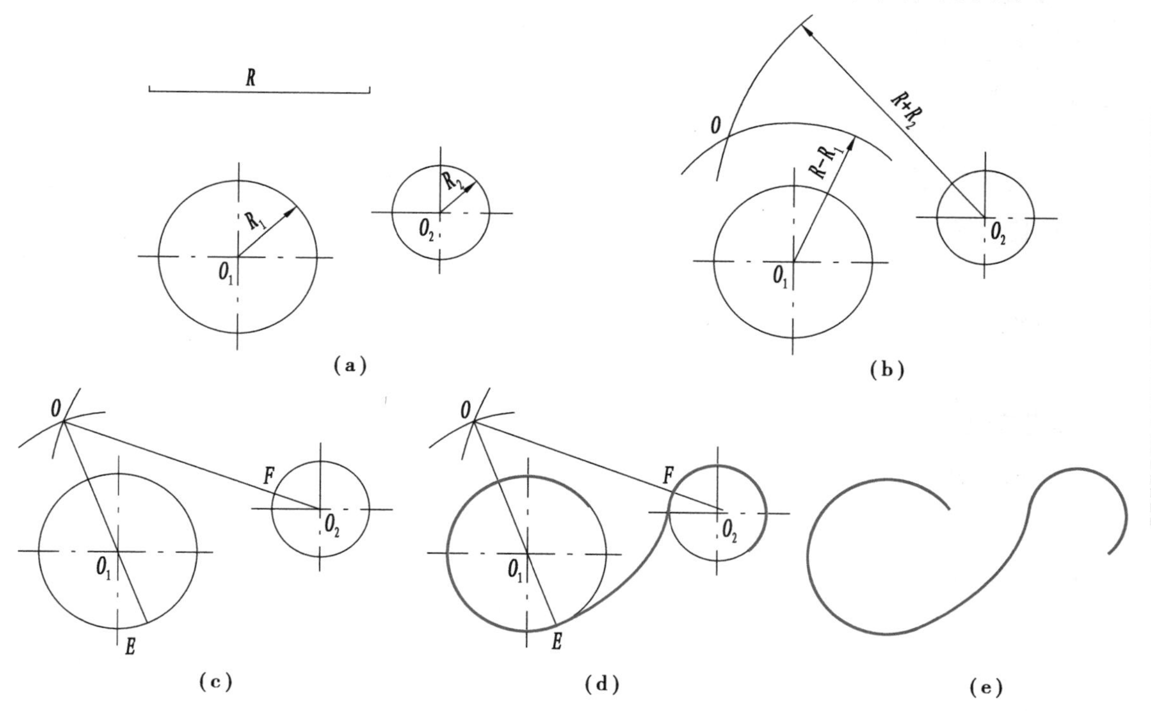

图 1.28　与一圆弧内切,与另一圆弧外切连接

练习作业

1. 连接圆弧半径与已知圆弧半径相加所求得的圆心,用该圆心所画得的弧与已知圆弧是什么关系?

2. 连接圆弧与已知圆弧内切,那么连接圆弧的圆心到已知圆弧的圆心距离怎么计算?

1. 选择题

(1)丁字尺由尺头和尺身组成,并相互固定成90°角,用来画(　　)。

A. 斜线　　B. 垂线　　C. 水平线　　D. 切割纸张

(2)分规是用来(　　)和量取线段长短的工具。

A. 等分线段　　B. 平分线段　　C. 线段作记号　　D. 找圆心

(3)比例尺有3条棱边,刻有(　　)不同的比例刻度。

A. 3种　　B. 4种　　C. 5种　　D. 6种

(4)绘图铅笔的铅芯有软硬之分,(　　)表示软硬适中。

A. H　　B. B　　C. HB　　D. BH

2. 问答题

(1)在使用铅笔过程中有哪些方法和技巧?

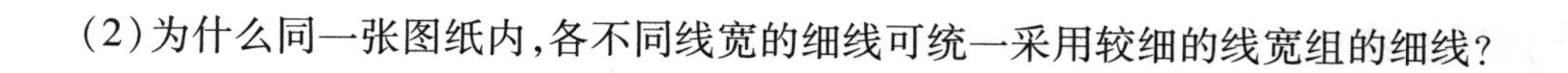
(2)为什么同一张图纸内,各不同线宽的细线可统一采用较细的线宽组的细线?

(3)丁字尺的使用方法及注意事项有哪些?

(4)三角板与丁字尺配合使用可画出与水平线成15°的倍数角度的斜线吗?

(5)图线的线型有哪几种？各有什么用途？

(6)用一连接圆弧(半径 R 为 3 cm)，与一已知圆弧半径 R_1(R_1 为 1.8 cm)外切，与另一已知圆弧半径 R_2(R_2 为 1.2 cm)内切。两已知圆弧的圆心距 O_1O_2 为 5.5 cm。请作出该圆弧连接。

教学评估表见本书附录。

2　投影的基本知识

知识目标

1. 熟悉投影的概念及种类；
2. 掌握点、线、面的投影方法；
3. 掌握一般物体三视图的作图方法；
4. 熟悉不同轴测投影图的画法；
5. 掌握物体剖面图与断面图的绘制方法。

技能目标

1. 能绘制点、线、面的三面投影图；
2. 能绘制一般物体的三面投影图；
3. 能根据三视图绘制轴测图；
4. 能正确绘制物体的剖面图与断面图。

素养目标

1. 形成正投影的学习思维模式；
2. 发现空间形体各个投影面的美并能将其组合为建筑学的美；
3. 养成自主学习的良好习惯；
4. 能规范使用建筑从业人员的专业用语；
5. 培养善于摸索、敢于实践、相互探究的团队合作精神。

问题引入

要完整、全面地表示出物体的外形轮廓和尺寸，就需要从不同方向对物体进行观察，观察的过程就是大脑接收来自物体不同方向投影的过程。怎么把这个投影过程反映在纸面上形成图样，是我们本章需要学习和掌握的内容。

2.1　点、线、面的投影

小组讨论

请同学们举出在日常生活中见到的投影现象，说一说它的变化规律和条件。例如，我们在路灯或阳光下行走，能看见自己的影子，影子一会儿大，一会儿又小，它们随时随地都在变化。这些变化与光源的种类和光源的角度、距离有关。

2.1.1　投影的基本概念

日常生活中，太阳光或灯光照射到物体，就会在墙面或地面上出现物体的影子。影子是一种自然现象，将影子进行几何抽象所得到的平面图形，称为物体投影。用投影表示物体形态和大小的方法称为投影法，如图 2.1 所示。用投影法画出的物体图形称为投影图。

观看动画

投影的形成过程。

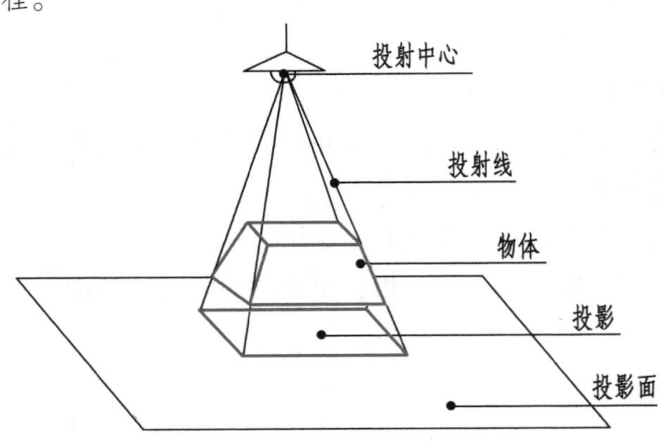

投影的形成和分类

图 2.1　投影的形成

在作图过程中，我们把光源（太阳或电灯）称为投射中心。连接投射中心和形体上点的直线称为投射线。接收投影的平面称为投影面。

光线射出的方向称为投射方向。按投射光线的形式不同，可将投影法分为中心投影法和平行投影法。

(1)中心投影法

投射线从一点射出，对物体进行投影的方法称为中心投影法，简称中心投影。

用中心投影法画出的投影图，其大小与原物体不相等，而与投射中心、物体、投影面三者之间的距离有关，因此用中心投影法画出的投影图不能准确地表示出物体的尺寸，一般不常用，如图2.2所示。

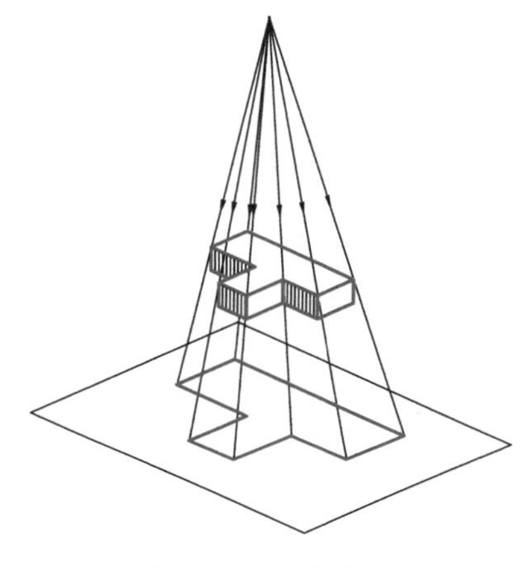

图2.2 中心投影

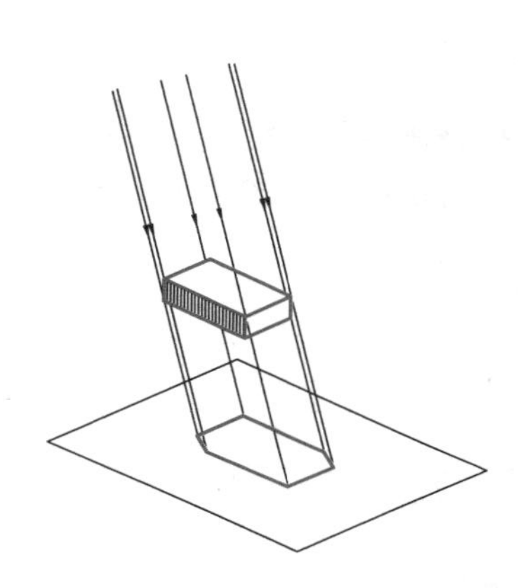

图2.3 斜投影

(2)平行投影法

用相互平行的投射线投影的方法称为平行投影法，简称平行投影。根据投射线和投影面的角度关系，平行投影分为斜投影和正投影两种。

①斜投影：平行投射线倾斜于投影面，如图2.3所示。它不能反映物体的真实形状和大小。

②正投影：平行投射线垂直于投影面，如图2.4所示。它能反映物体的真实形状和大小，如果物体倾斜，则不能反映真实形状。为了把物体各面和内部形状特征都反映在投影图中，我们需假设投射线透过物体，用虚线表示看不见的轮廓线，如图2.4(b)所示。一般的房屋建筑图都是用正投影法绘制的，利用正投影法绘制的工程图样，称为正投影图。

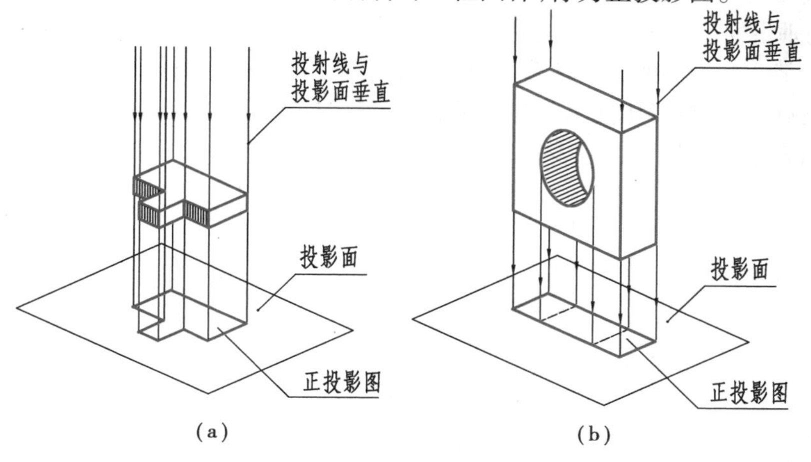

图2.4 正投影

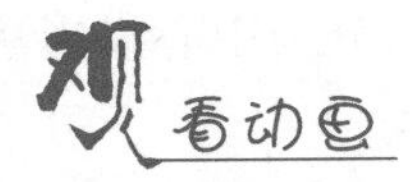

正投影的形成过程。

小组讨论

平行投影和中心投影都能反映物体的真实大小吗？为什么？

练习作业

1. 中心投影法和平行投影法的主要区别是什么？
2. 在工程制图中为什么常采用正投影法？

正投影的特性

2.1.2　点、线、面的正投影基本规律

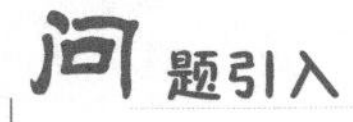

通过上述的讨论和学习，我们已经知道影子的几何抽象所得的平面图形就是投影，通过投影可以表达物体的形状。因为任何物体都可以看成由点、线、面等基本元素构成，所以我们从点、线、面的投影学起。那么点、线、面的投影是什么样子的？它们有什么规律呢？下面，我们就来学习点、线、面的正投影知识。

1）点的正投影基本规律

点是构成几何体的最基本元素，点的正投影始终是一个点，并且位于通过该点垂直于投影面的投射线的垂足处。空间点用大写字母表示，其投影用同名小写字母表示，如图2.5(a)所示。

两点位于某一投影面的同一条垂直线上时，两点在投影面上的投影必定重合，距投影面较远的点为可见点，它的投影用同名小写字母表示；另一个重影点则是不可见点，被可见点遮挡，它的投影用同名小写字母加括号表示，如图2.5(b)所示。

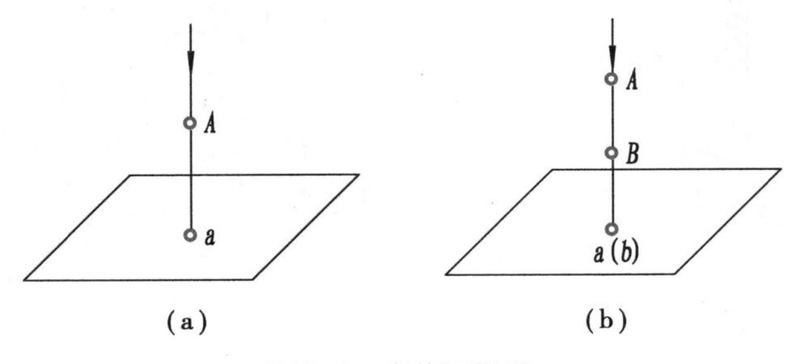

图2.5　点的正投影

2）直线的正投影基本规律

直线是由无数个点组成的，在直线两端点用大写字母表示。直线的正投影规律如下：

①直线平行于投影面时，它在该投影面上的投影仍是一条等长直线，如图 2.6(a)所示。

②直线垂直于投影面时，它在该投影面的投影积聚成一个点，如图 2.6(b)所示。

③直线倾斜于投影面时，它在该投影面的投影是一条缩短的直线，此缩短直线在点与等长直线范围内变化，其投影长短与原倾斜直线和投影面之间的倾斜角度有关，如图 2.6(c)所示。

④直线上任意一点的投影必在该直线的投影上，如图 2.6(c)所示。

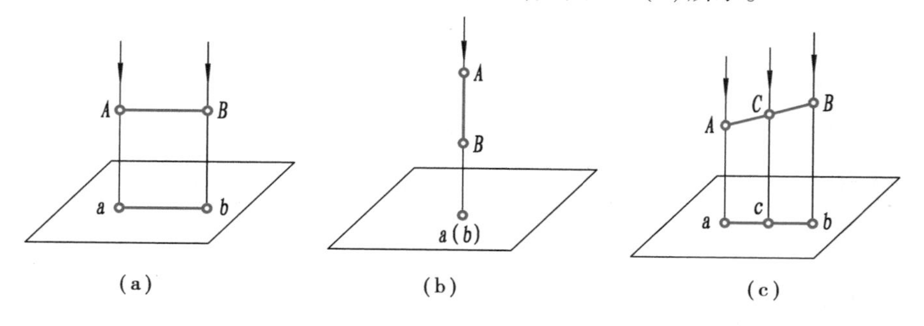

图 2.6 直线的正投影

3）平面的正投影基本规律

平面的表示方法及投影特性

平面是由几条线段围成的。平面的正投影规律如下：

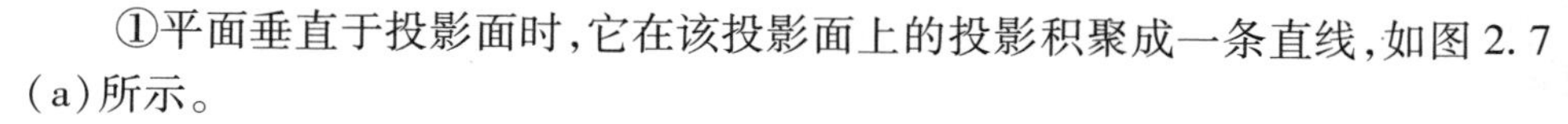

①平面垂直于投影面时，它在该投影面上的投影积聚成一条直线，如图 2.7(a)所示。

②平面平行于投影面时，它在该投影面上的投影为与原平面大小相等的实形，如图 2.7(b)所示。

③平面倾斜于投影面时，它在该投影面上的投影为一个缩小的平面，此缩小的平面在直线与该平面的实形之间变化，它的变化大小与原倾斜平面和投影面之间的倾斜角度 α 有关，如图 2.7(c)所示。

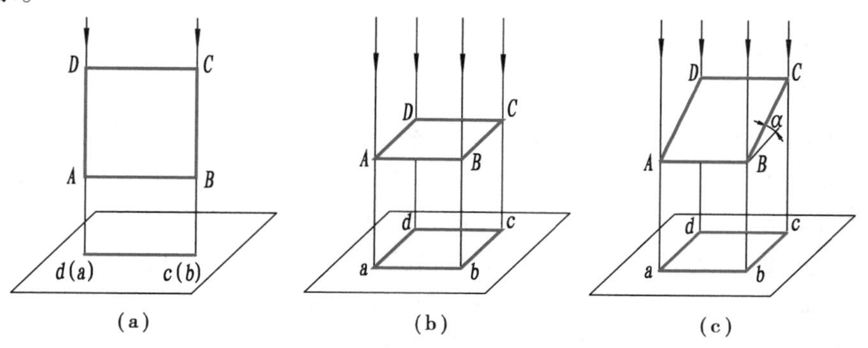

图 2.7 平面的正投影

小组讨论

1. 直线的正投影始终在点与原等长直线之间变化，请说出变化条件。

2. 平面的正投影在什么范围内变化？请举例说明。

练习作业

1. 作两点在同一铅垂线上的正投影。
2. 把日光灯视为一水平线段，作日光灯在地面和墙面上的正投影。

2.1.3 三面正投影图

问题引入

工程图样绘制的主要方法是正投影法，该方法简单，图样形状真实，能够满足设计与施工的要求。但是只用一个投影图来表达形体是不够的，要确定形体的形状和大小，通常采用三面正投影图。什么是三面正投影图？三面投影体系是怎样形成的？下面，我们就来学习三面正投影图。

阅读理解

一个物体只向一个投影面投影，它只能反映该物体一个面的形状和大小，不能全面、完整地表示出物体的真实形状和大小。如果将物体放在3个相互垂直的投影面(即正立投影面，位于观察者的正前方；水平投影面，位于观察者的正下方；侧立投影面，位于观察者的正右方)所构成的三投影面体系中，用3组分别垂直于3个投影面的平行投射线投影，就可得到物体3个不同方向的正投影图，即正立面图、水平面图、侧立面图。这样就能较全面、完整地反映出物体的形状和大小，为设计与施工提供可靠的依据。

1)三面正投影图的形成

三面正投影图的形成

将3个相互垂直的投影面构成三投影面体系，如图2.8所示。在三投影面体系中，呈水平位置的投影面称为水平投影面，用字母 H 表示，简称水平面，也称 H 面；与水平投影面垂直相交呈正立位置的投影面，称为正立投影面，用字母 V 表示，简称正立面，也称 V 面；与水平投影面和正立投影面同时垂直相交并位于右侧的投影面，称为侧立投影面，用字母 W 表示，简称侧立面，也称 W 面。

在三投影面体系中，投影面彼此垂直，两两相交。V 面与 H 面相交的线为 OX 轴，表示物体长度方向的信息；V 面与 W 面相交的线为 OZ 轴，表示物体高度方向的信息；W 面与 H 面相交的线为 OY 轴，表示物体宽度方向的信息。OX、OY、OZ 称为投影轴。投影轴相互垂直交于一点 O，称为原点。

将物体从上向下，向 H 面投射所产生的投影称为水平投影；将物体从前向后，向 V 面投射

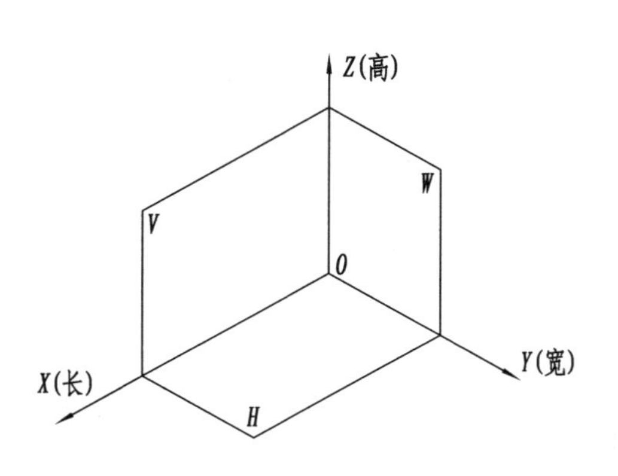

图 2.8　三投影面体系

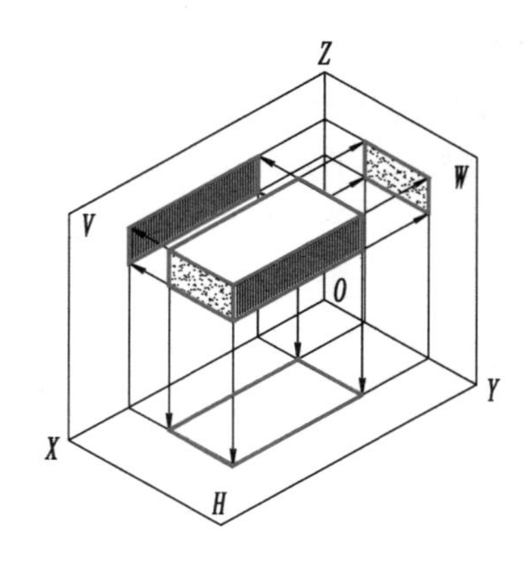

图 2.9　砖的 3 个不同方向的正投影图

所产生的投影称为正面投影;将物体从左向右,向 W 面投射所产生的投影称为侧面投影,如图 2.9 所示。

观看动画

三面正投影图的形成过程。

2)3 个投影面的展开

投影面的展开就是把处于空间位置的 H、V、W 3 个投影面展平到同一个平面上。首先确定 V 面保持不动,然后把 OY 轴一分为二,在 H 面上的用 OY_H 表示,在 W 面上的用 OY_W 表示;其次把 H 面绕 OX 轴向下旋转 90°,把 W 面绕 OZ 轴向右旋转 90°,使它们和 V 面处在同一个平面上,展开完成,如图 2.10(b)、(c)所示。

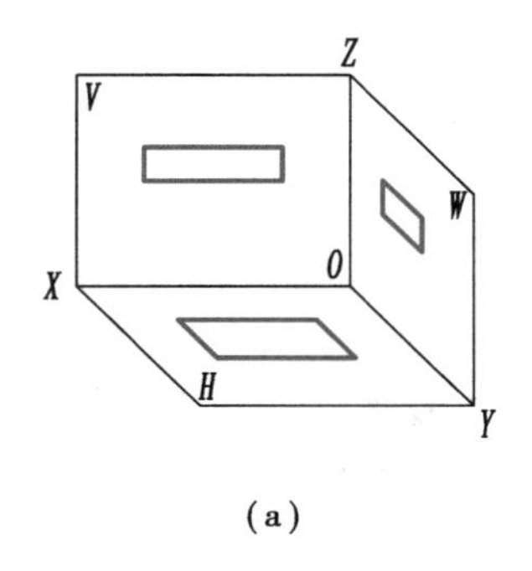

(a)

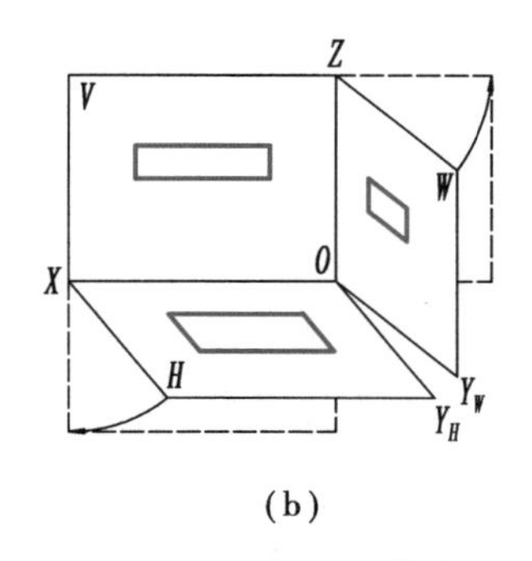

(b)

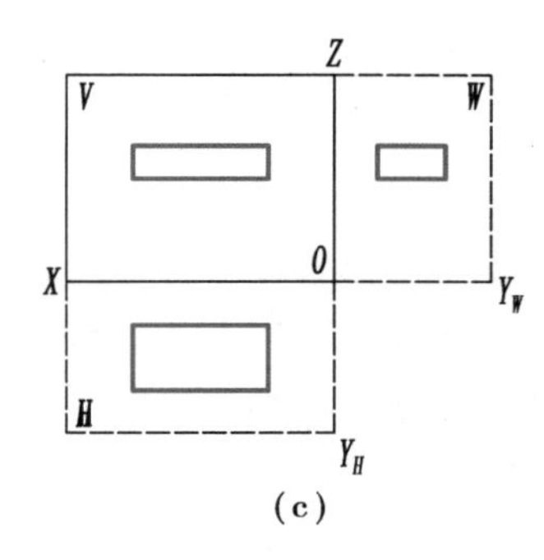

(c)

图 2.10　投影面的展开

观看动画

三投影面体系的展开。

(1)三面正投影图的位置关系

水平投影图在正面投影图的正下方,侧面投影图在正面投影图的正右方,如图 2.10(c)所示。在用三面投影表达物体的投影时,可以不画出投影面的外框线和坐标轴,但一般三面投影图的位置关系保持不变。若受图幅限制,不能保持该关系时,需在变化后的图形下方标注明确。

(2)三面正投影图的三等关系

如图 2.11 所示,正面投影图与侧面投影图等高,称“正侧高平齐”;正面投影图与水平投影图等长,称“正平长对正”;水平投影图与侧面投影图等宽,称“平侧宽相等”。

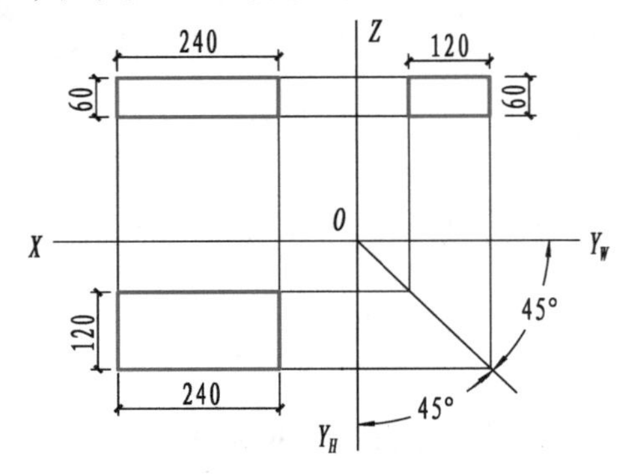

图 2.11　三面正投影图的三等关系

将 3 个相互垂直的空间平面展开,观察“三等关系”是怎样形成的。

2.2　一般物体的三视图

问题引入

前面我们学习了简单的点、直线、平面投影知识,了解了三视图的相关内容,接下来还需要了解平面体、斜面体、曲面体、简单组合体的投影知识,并掌握其规律。那么,平面体、曲面体、简单组合体的投影有什么规律呢?下面,我们就来学习一般物体的三视图。

2.2.1　平面体的投影

物体表面均由平面构成的几何体称为平面体,如长方体、三棱柱、三棱锥、四棱台等,如图 2.12 所示。

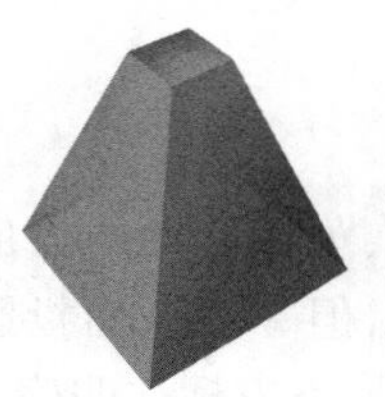
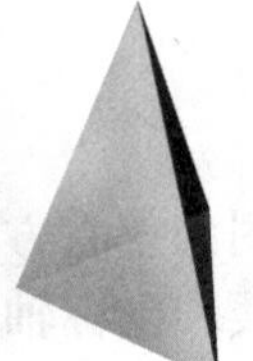

棱锥体的投影

图 2.12　平面体

1）长方体

长方体是由6个长方形的平面围成的，它们的棱线相互垂直或平行。

把长方体放在三投影面体系中，使长方体的各个面分别与各投影面平行或垂直，凡平行于投影面的平面（如长方体的前、后面与 V 面平行，左、右面与 W 面平行，上、下面与 H 面平行）必定在该投影面上反映出相应平面的实际形状和大小；而与另外两个投影面必定是垂直关系，在投影面上积聚成一条直线。这样所得到的长方体的三面正投影图，就能反映长方体的3个方向的实际形状与大小。如图2.9所示为砖的3个不同方向的正投影图。

长方体三面正投影图的作图步骤如下：

①先画长方体的正面投影图，向下引铅垂线（即等长线），向右引水平线（即等高线）。

②按物体宽度尺寸画出水平投影图，并向右引水平线至45°斜线处，再转向上画出侧面投影等宽线。

③用等高线与等宽线相交画出侧面投影图。

④检查图线，无误后进行加深，如图2.13所示。

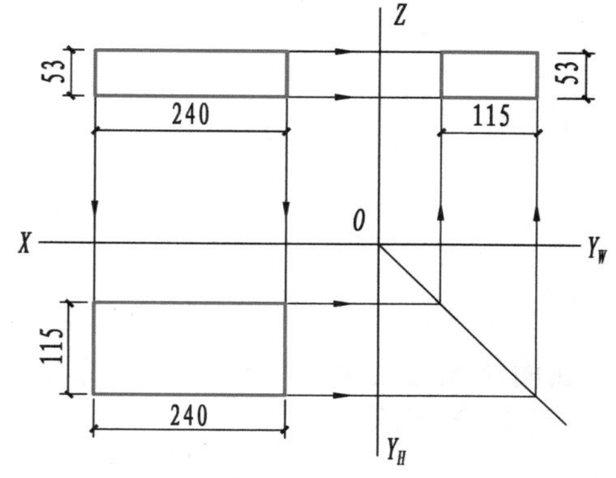

图2.13　长方体的三面正投影图

2）斜面体

带有斜面的平面体，称为斜面体。斜面体上的斜面、斜线是指它与投影面倾斜的面和线。在作图时判断斜面体的哪些面、线相对于哪个投影面倾斜是非常重要的。

（1）斜线及斜线的投影

与任意两个投影面倾斜，与第3个投影面平行的斜线，称为一般斜线，如图2.14（a）中的线段 AB；与3个投影面都倾斜的斜线，称为任意斜线，如图2.14（c）中的线段 CD。斜线与投影面倾斜，它的投影是一条缩短的直线；与投影面平行，它的投影是一条等长度的直线。

（2）斜面及斜面的投影

与任意两个投影面倾斜，与第3个投影面垂直的斜面，称为一般斜面，如图2.14（a）中的斜面 P、Q；与3个投影面都倾斜的斜面，称为任意斜面，如图2.14（c）中的斜面 S。斜面与投影面倾斜，它的投影是一个缩小的面；斜面与投影面垂直，它的投影是一条斜线。

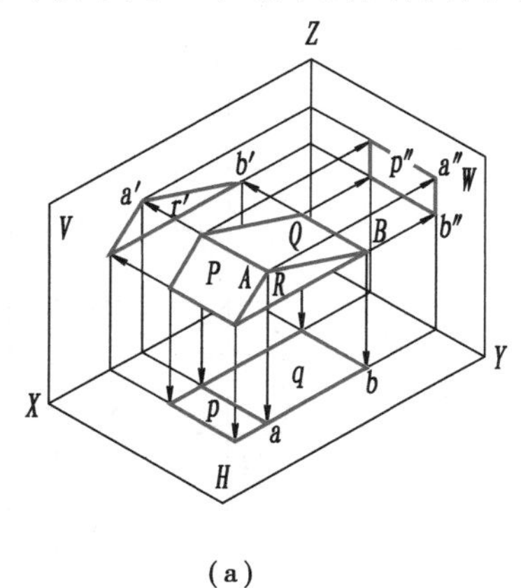

（a）

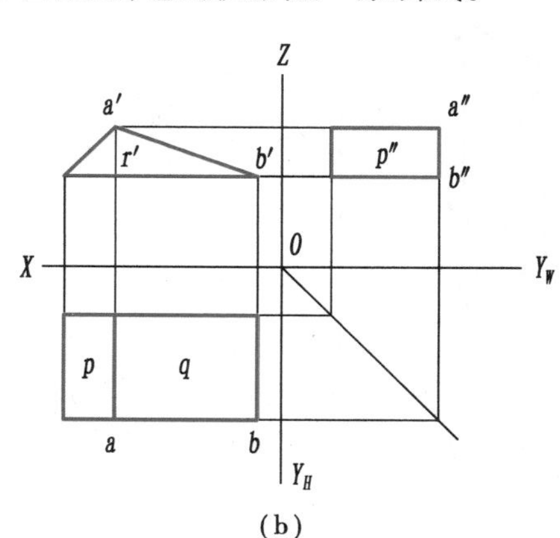

（b）

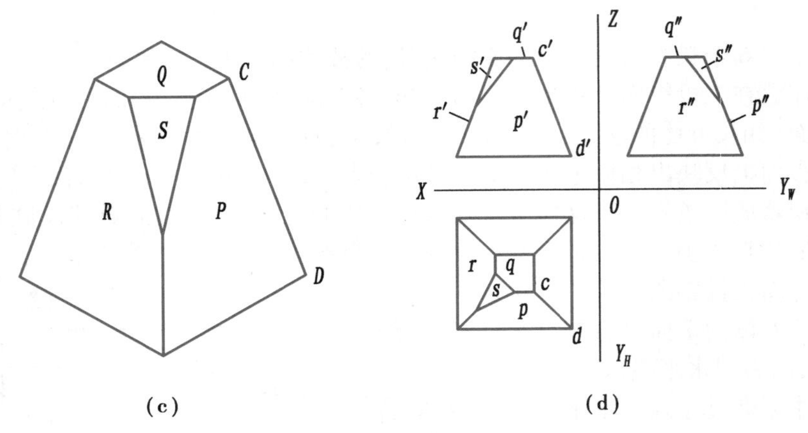

图 2.14　斜面体投影图

2.2.2　简单曲面体的投影

曲面体就是表面由平面与曲面或均由曲面组成的物体。简单曲面体有圆柱、圆锥、圆台等，如图 2.15 所示。

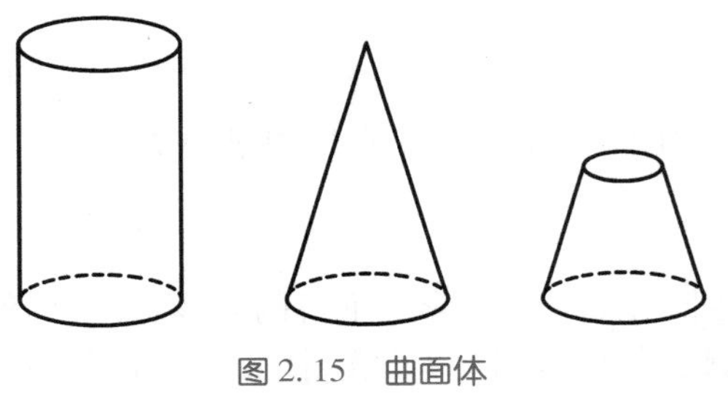

图 2.15　曲面体

1）圆柱体的投影特征

圆柱体是由一个矩形绕矩形的一条边旋转而成的回转体。如图 2.16 所示为圆柱体的三面正投影图。

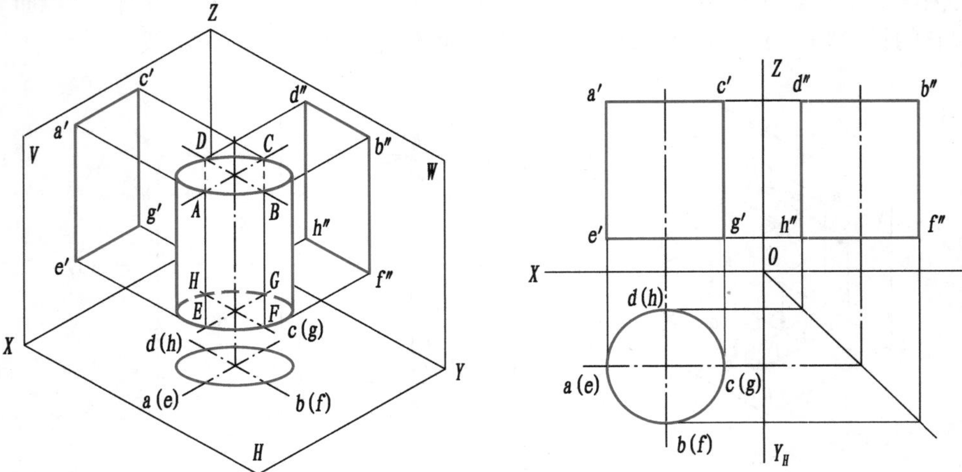

图 2.16　圆柱体的投影图

(1)底面的投影

两个底面在其所平行的投影面的投影是一个重合的圆,而在另外两个投影面上则积聚成一条与圆直径相等的直线。

(2)圆柱面的投影

圆柱面垂直于投影面的则积聚成一个圆,该圆与底面在该投影面上的投影重合;而在另外两个投影面上,反映的是处在不同位置的4条素线的投影。

2)圆锥体的投影特征

圆锥体的投影

圆锥体是一直角三角形绕其直角边旋转而成的回转体。如图2.17所示为圆锥体的三面正投影图。

(1)底面的投影

底面在其所平行的投影面上为一个圆,在另外两个投影面上则积聚成一条与圆直径相等的直线。

(2)圆锥曲面的投影

圆锥曲面在其回转轴所垂直的投影面上是带中心点的圆,与底面圆的投影重合,中心点是圆锥体顶点在投影面上的投影;而在另外两个投影面上,反映的是处在不同位置的4条素线的投影。

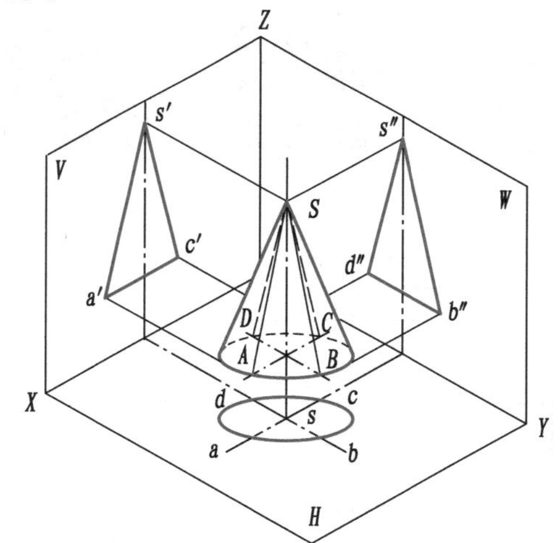

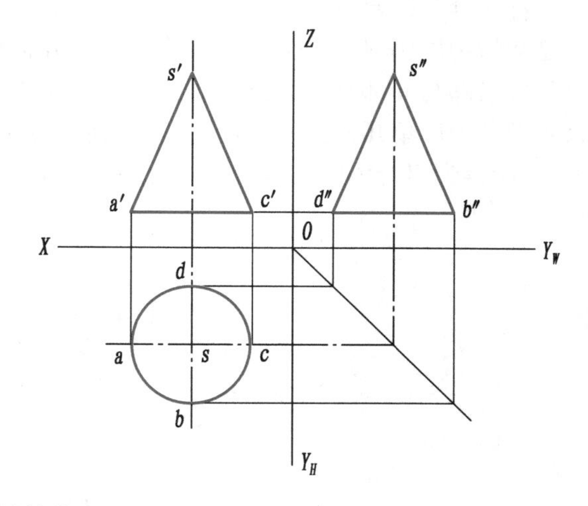

图2.17　圆锥体的投影图

练习作业

请根据图2.15所示的第3个曲面体,绘出它的三面正投影图。

2.2.3 简单组合体的投影

由两个或两个以上的简单几何体组成的物体称为简单组合体，如图 2.18 所示。

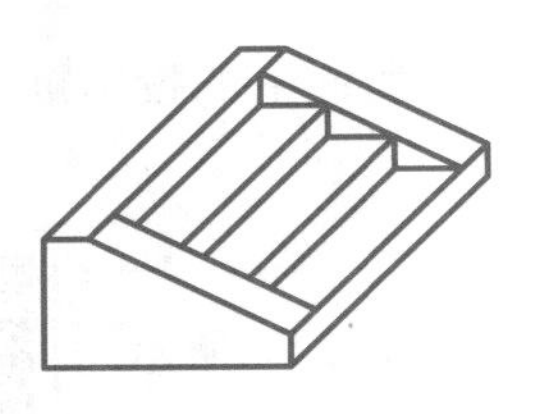
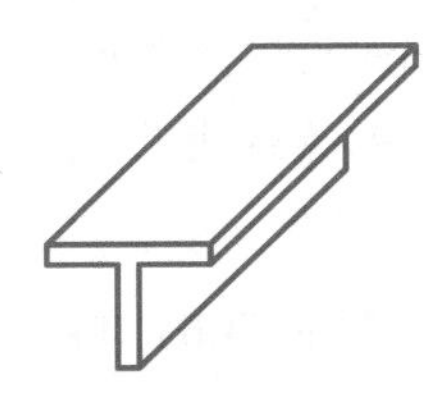
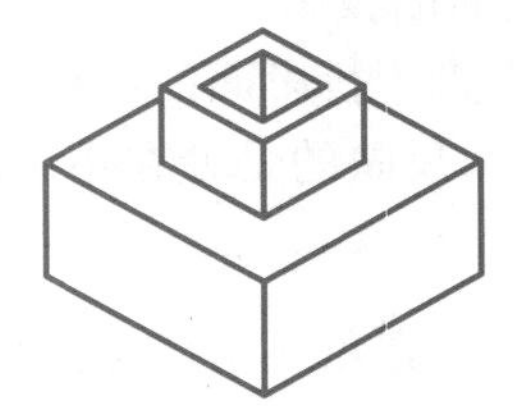

图 2.18 简单组合体

组合体的组合方式

组合体的三视图

1）组合体的常见组合方式

①叠加组合：由几个简单几何体堆砌拼合而成。

②切割组合：由一个简单几何体切除某些部分而成。

③综合组合：既叠加又切割而成。

2）组合体投影图

首先分析组合体上各个面和投影面的相对位置；其次把形状复杂的物体（整体）分解成若干个简单的几何体（局部）；然后再分析局部与局部、局部与整体之间的相对位置关系。作图时，只要把各个简单几何体的正投影图按它们相互间的位置连接起来，就能得到组合体的正投影图，如图 2.19（a）所示。

组合体的画图步骤

组合体的识图步骤

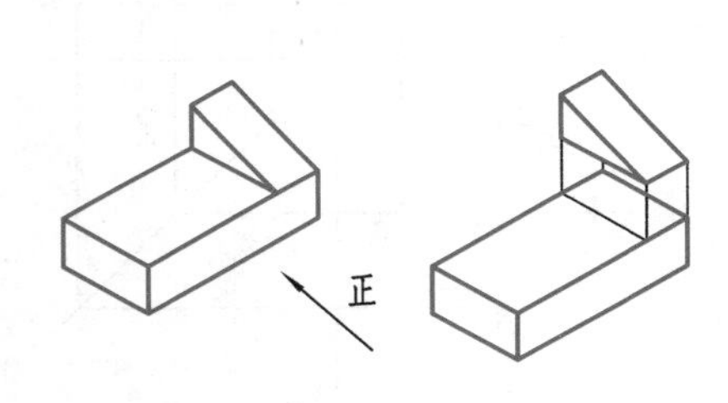

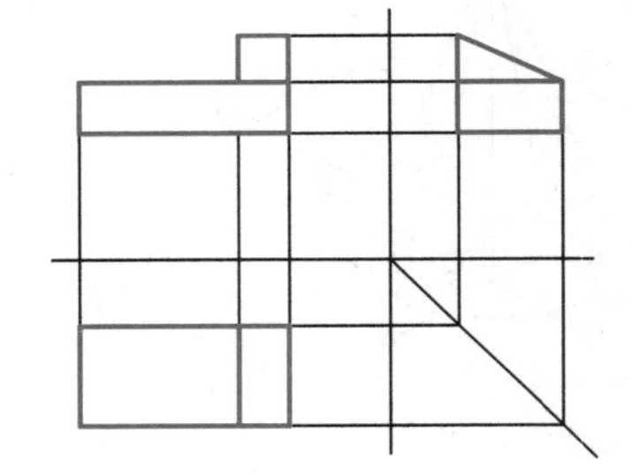

（a）

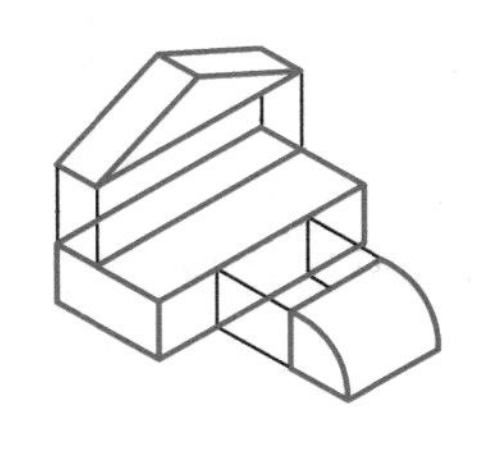

（b）

图 2.19 组合体的正投影图

画简单组合体的正投影图，应先大后小、先下后上。

组合体的安放位置应将反映形体特征的面作为正立面,同时应尽可能使画出的投影图的虚线少、图形清晰,如图 2.19(b)所示。

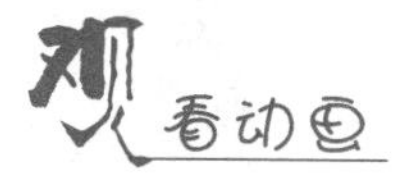

观看动画

组合体的正投影形成过程。

观察思考

观察图 2.19(b),组合体由哪些基本体组成?其相对位置如何?

练习作业

如图 2.20 所示,请画出其三面正投影图。

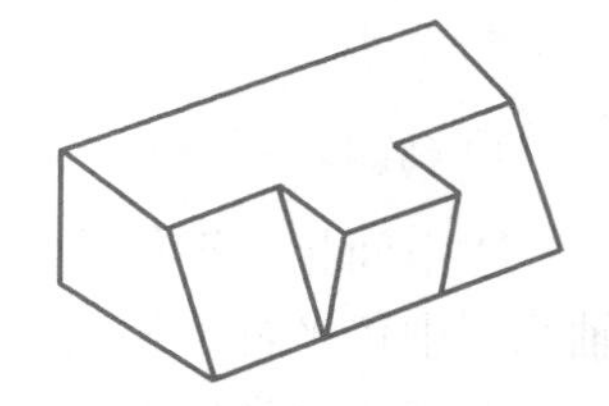

图 2.20　组合体

2.3　轴测投影

问题引入

前面我们学习的正投影图是在两个或多个投影面上绘制的投影图,它能够完整、准确地反映物体的形状和大小,但由于每个投影图只能表达两个方向的坐标(尺寸),因而缺乏立体感,必须把多个图联系起来才能想象出物体的全貌。为解决这一问题,我们常常需要画出物体的轴测投影图。那么,什么是轴测投影图?轴测投影图是怎么绘制的?有哪些规律、特点及绘制技巧?这些都是我们需要学习和掌握的,也是本节的重点。

2.3.1　认识轴测投影

用一组平行投射线按一特定方向,将空间物体的正面、侧面、顶面 3 个主要面和反映物体长、宽、高 3 个方向的坐标轴一起投射在选定的一个投影面上,这个投影面称为轴测投影面。用轴测投影的方法画出的投影图,称为轴测投影图,简称轴测图。轴测图能同时反映物体 3 个方向的信息,具有较强的立体感,如图 2.21 所示。

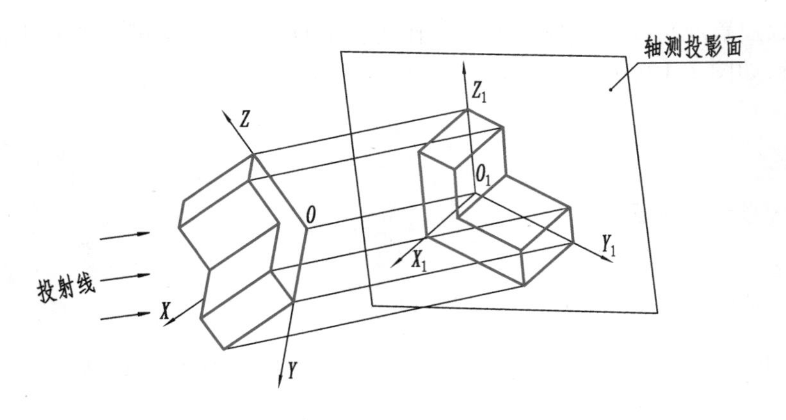

轴测图的基本知识1

图 2.21　轴测投影图的形成

1) 轴测投影的特点

①空间相互平行的直线其轴测投影仍相互平行，因此形体上与 3 个坐标轴平行的棱线在轴测图中仍平行于相应的坐标轴，其尺寸可沿轴的方向量取。

②与 3 个坐标轴倾斜的直线，画图时不能直接沿轴的方向量取，而要先画出斜线两端点的轴测投影位置，连接两点即为该斜线的轴测投影。

轴测图的基本知识2

③直线的分段比例在轴测投影中其比例保持不变。

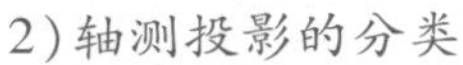
2) 轴测投影的分类

(1) 正轴测投影

物体的长、宽、高 3 个方向的坐标轴与轴测投影面的倾斜角度相等，投射线与轴测投影面相垂直所形成的轴测投影，称为正轴测投影，如图 2.22 所示。

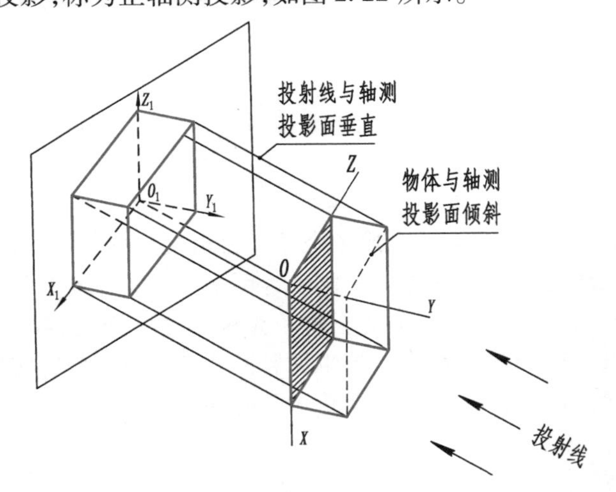

图 2.22　正轴测投影

(2) 斜轴测投影

物体两个方向的坐标轴与轴测投影面平行(即物体的一个面与投影面平行)，投射线与轴测投影面倾斜所形成的轴测投影，称为斜轴测投影，如图 2.23 所示。

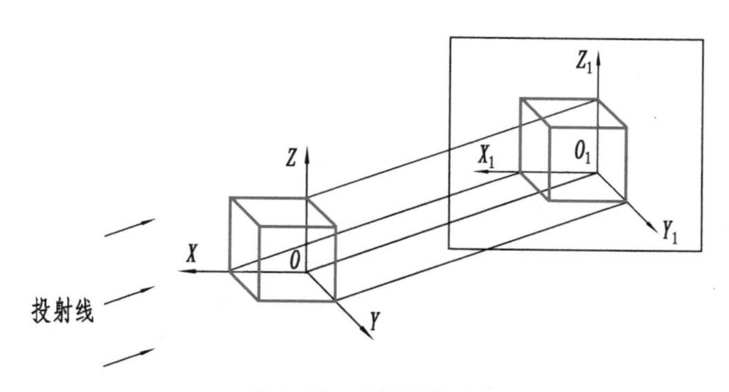

图 2.23　斜轴测投影

3）正等轴测投影的基本要素

（1）轴间角

空间物体长、宽、高 3 个方向的直角坐标轴 OX、OY、OZ 在轴测投影面上的投影 O_1X_1、O_1Y_1、O_1Z_1称为轴测轴，轴测轴之间的夹角称为轴间角，3 个轴间角 $\angle X_1O_1Y_1=\angle Y_1O_1Z_1=\angle Z_1O_1X_1=120°$。

（2）轴向伸缩系数

轴测图中平行于轴测轴 O_1X_1、O_1Y_1、O_1Z_1的线段，与对应的空间物体上平行于坐标轴 OX、OY、OZ 的线段的长度之比称为轴向伸缩系数，分别用 p、q、r 表示。由于轴测投影中空间物体的 3 个坐标轴与轴测投影面倾斜，且倾斜角相等，所以投影都比原长短，且 3 个轴测轴的轴向伸缩系数相等，均为 0.82，但为了作图方便均简化为 1。因此，画出的轴测图比实际形体略微大，但不影响效果，在实际加工制作中，以轴测图上标注的尺寸为准。

作图时，O_1Z_1轴竖直画出，O_1X_1、O_1Y_1与水平线的夹角为 30°，O_1Z_1向下为俯视、向上为仰视，画法如图 2.24 所示。

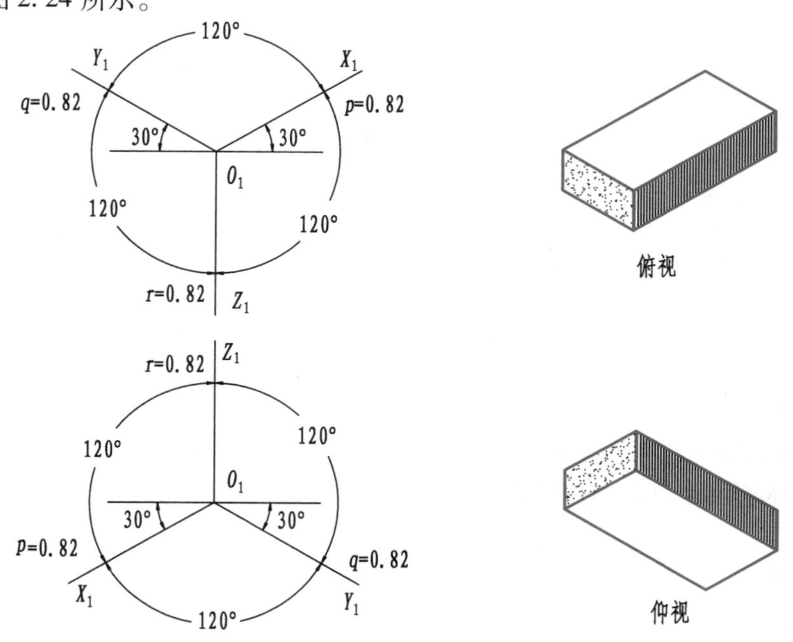

图 2.24　正等轴测的轴测轴画法

观看动画

正等轴测图的形成过程。

4)斜二轴测投影的基本要素

(1)轴间角

空间物体的两个方向的坐标轴 OX、OZ 与轴测投影面平行，即 O_1X_1 轴为水平线，O_1Z_1 轴竖直画出，故轴间角 $\angle X_1O_1Z_1$ 为 90°；O_1Y_1 轴为斜线，与水平线的夹角为 45°，轴间角 $\angle X_1O_1Y_1$ 与 $\angle Y_1O_1Z_1$ 相等，为 135°。

(2)轴向伸缩系数

空间物体的坐标轴 OX、OZ 平行于轴测投影面，其投影不变，轴向伸缩系数 p、r 为 1；O_1Y_1 轴则与投影面倾斜，轴向尺寸缩短，轴向伸缩系数 q 为 0.5。

作图时，O_1Z_1 轴竖直画出，O_1X_1 轴水平画出，斜二轴测轴 O_1Y_1 与水平线的夹角为 45°，有向左或向右两种画法，如图 2.25 所示。

对于正面形状较复杂的物体，用斜二轴测投影法绘制，作图较快且方便。

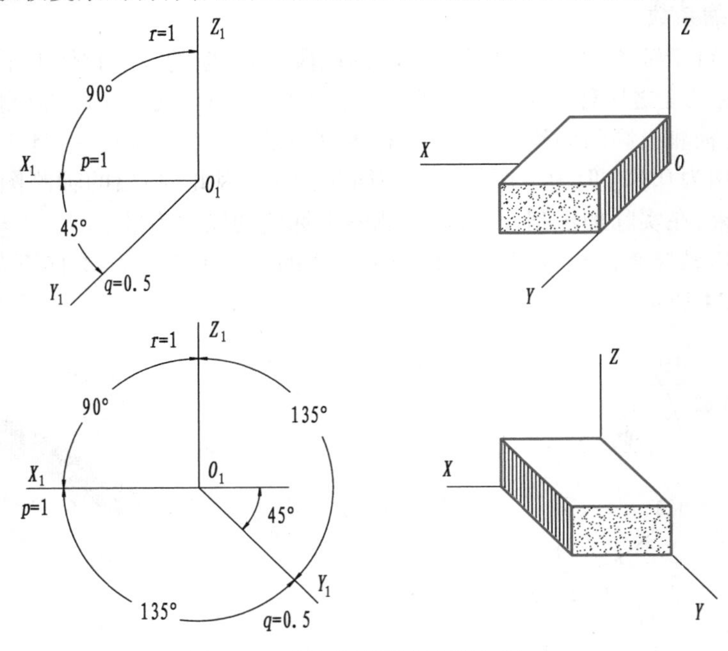

图 2.25 斜二轴测的轴测轴画法

5)斜等轴测投影

斜等轴测投影的要求和画法与斜二轴测投影图基本相同，只是 O_1Y_1 的轴向伸缩系数 q 为 1。该轴测图立体感较差，实际应用中较少采用。

练习作业

1. 正等轴测投影和斜二轴测投影有什么区别？

2. 轴测投影有哪些特点？

2.3.2 轴测图的画法

正等轴测图的画法

正等轴测图画法举例

1）基本步骤

①了解所画物体的实际形状和特征，选定物体的空间直角坐标原点并确定坐标轴，使坐标轴的方向与物体长、宽、高方向一致。

②选择轴测投影，对方正、平直的物体采用正等轴测投影法，对形状复杂的或带有曲线的物体采用斜二轴测投影法。

③选定比例，沿轴按比例量取物体的尺寸，根据空间平行线在轴测投影中仍平行的特性，确定图线方向，按关系连接所作的平行线，即完成轴测图底稿。

④底稿应轻、细、准，检查无误后再加深轮廓线，擦去辅助线，完成轴测图。

2）常用的作图方法

（1）坐标法

坐标法是根据物体表面特征点的 3 个坐标量，按轴向伸缩系数的大小在轴测投影面中画出各特征点，然后依次连接各点画出整个图形的方法，如图 2.26、图 2.27 所示。

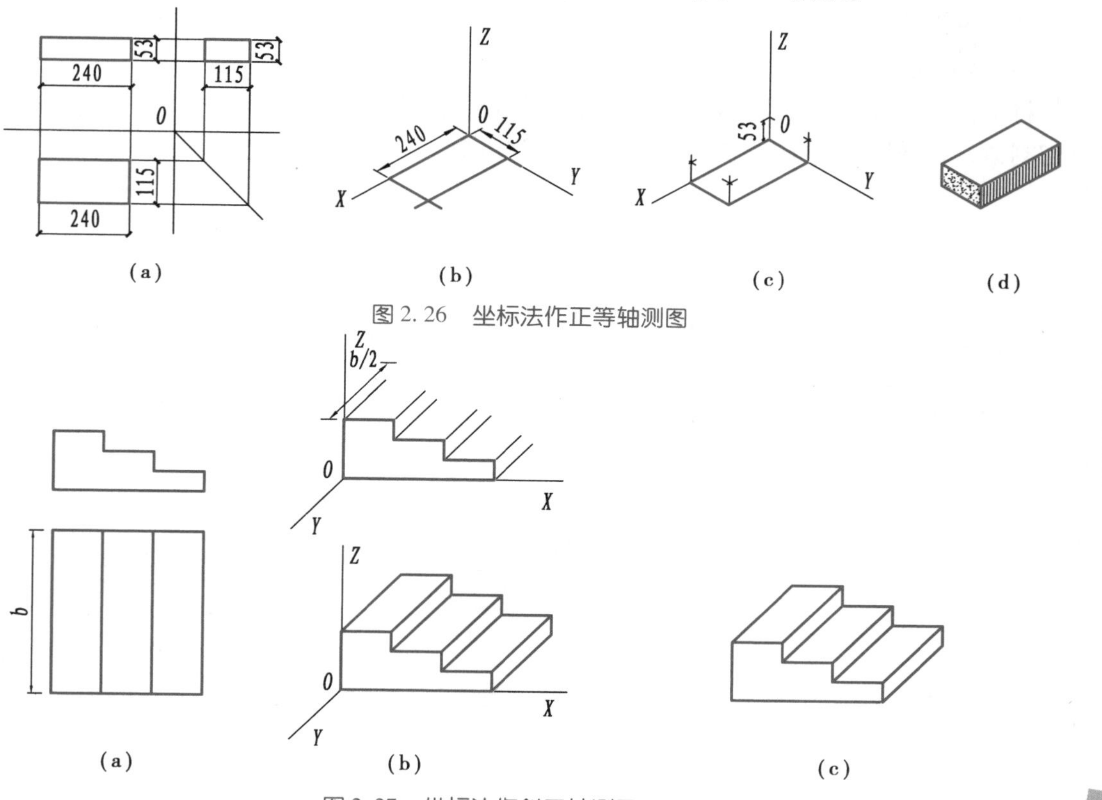

图 2.26　坐标法作正等轴测图

图 2.27　坐标法作斜二轴测图

(2)叠加法

某些物体往往是由若干个简单几何体叠加组合而成,画这类物体的轴测图时,可采用自下而上(从大到小)依照位置关系逐个叠加添画的方法,这种方法称为叠加法,如图 2.28 所示。

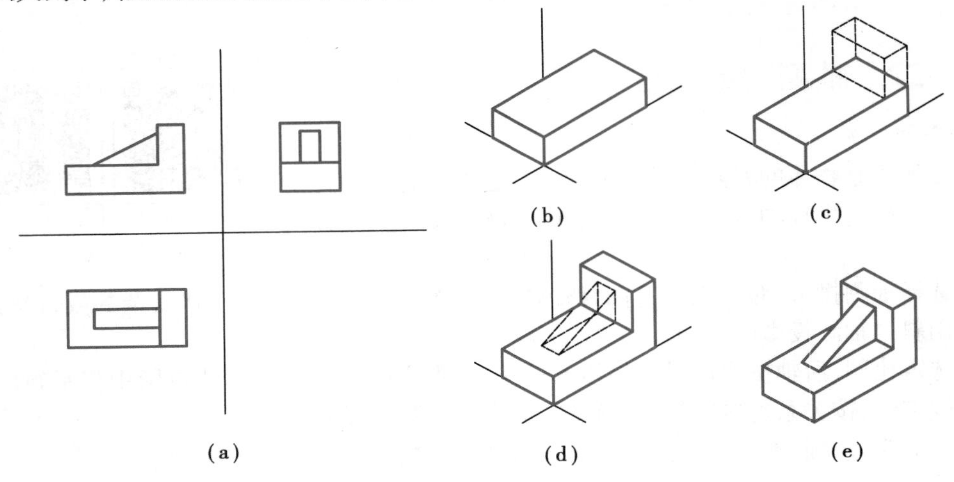

图 2.28　叠加法作组合体正等轴测图

观看动画

叠加法作组合体正等轴测图。

(3)切割法

将组合体视为一个完整的简单几何体,先画出它的轴测图,然后按位置和尺寸将多余的部分切割掉,从而得到组合体的轴测图的方法,称为切割法,如图 2.29 所示。

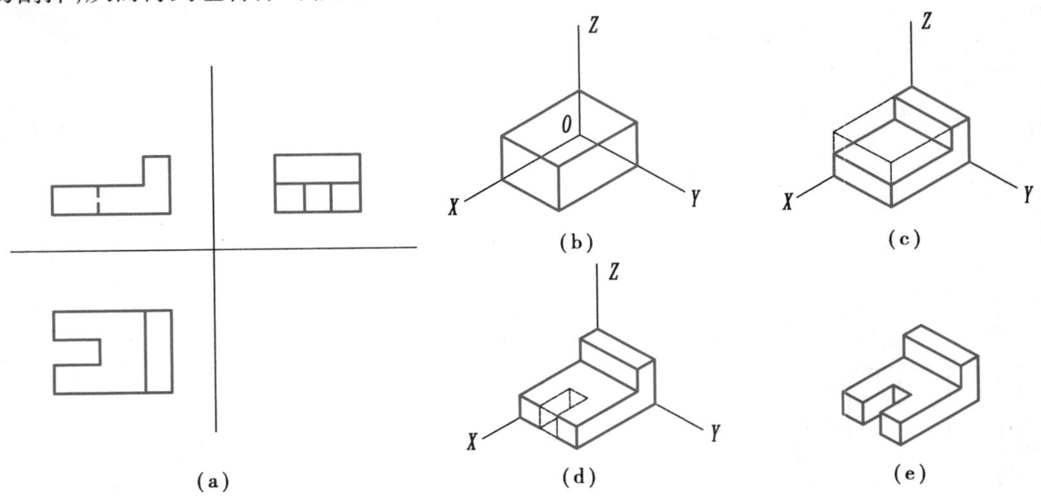

图 2.29　切割法作组合体正等轴测图

小组讨论

轴测图画法有哪些基本技巧？

2.4 一般物体的剖面图和断面图

问题引入

在形体的投影图中，可见外轮廓线用粗实线绘制，内部构造的不可见轮廓线用虚线绘制。但当形体较复杂时，投影图中的粗实线和虚线往往交叉或重合，无法表示清楚形体的内部构造，从而影响图形的全面表达，并且也不便于尺寸的标注和识读。为了克服投影图的上述缺点，我们采用剖视的方法画出其剖视图，以帮助我们了解物体的内部构造、材料组成。那么，什么是剖视图？如何画剖视图呢？下面我们学习一般物体的剖视图。

假想用一个垂直于投射方向的透明玻璃面（即剖切面），在物体适当位置将它剖开，并将观察者与剖切面之间的物体移去，然后对剩余部分进行投射，这种方法称为剖视，如图 2.30 所示。

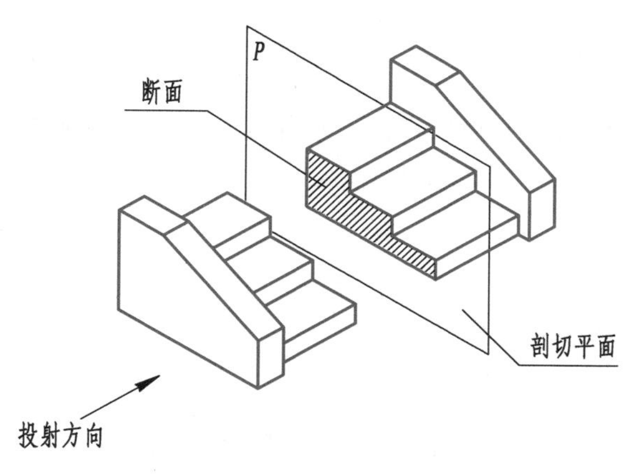

图 2.30 剖视图

用剖视方法画出的正投影图称为剖视图。剖视图按其表达的内容可分为剖面图、断面图。

2.4.1 剖面图

1)剖面图及其种类

剖面图的形成

剖面图就是假想用一个剖切平面,在形体的适当部位将物体剖切开,移走观察者与剖切平面之间的部分,将剩余部分向与剖切平面平行的投影面投射,所得到的图形称为剖面图。剖面图一般分为以下4种类型。

(1)全剖面图

全剖面图就是用一个剖切平面将物体全部剖开所得到的剖面图。全剖面图一般适用于非对称物体的剖切,如图2.31所示。

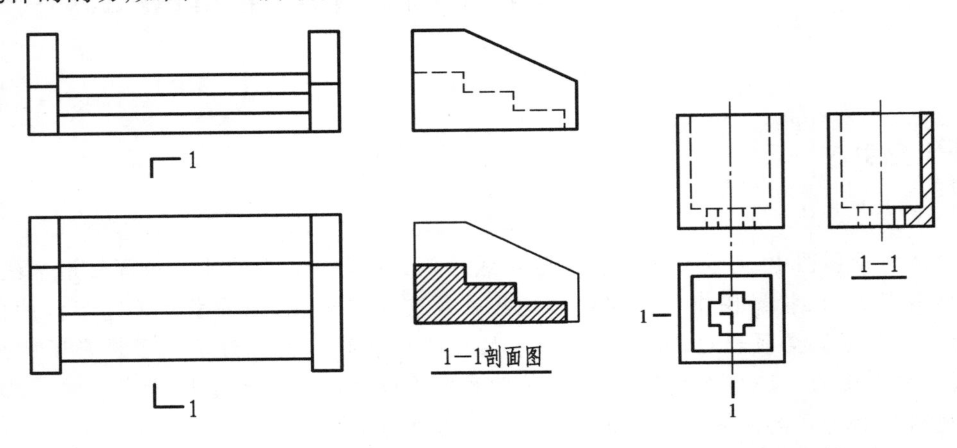

图2.31 台阶全剖面图

图2.32 半剖面图

全剖面图的形成过程。

全剖面图和
半剖面图

(2)半剖面图

利用对称物体投影图形的对称性,以图形对称线为界线,一半画视图,另一半画剖面图,这样构成的图形称为半剖面图,如图2.32所示。

半剖面图的形成过程。

(3)阶梯剖面图

用两个或两个以上相互平行的剖切面剖切物体所得到的剖面图称为阶梯剖面图,如图2.33(b)所示。剖切位置转折处用2个端部垂直相交的粗实线画出,如图2.33(a)所示;但转折处剖切转折所产生的轮廓线在剖面图中不应画出,如图2.33(c)所示。

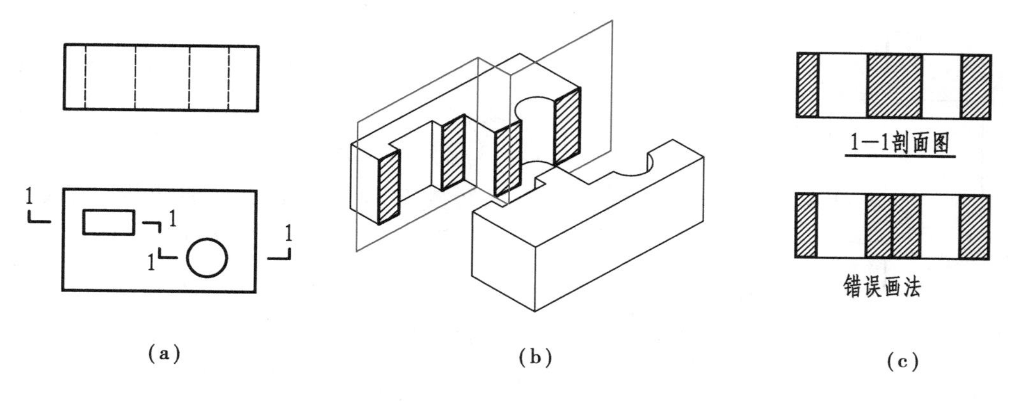

图 2.33 阶梯剖面图

观看动画

阶梯剖面图的形成过程。

(4)局部剖面图

保留原物体投影的部分外部形状,只将局部地方画成剖面图以表示物体内部构造,这种图形称为局部剖面图。在投影图与局部剖面图分界处徒手画出波浪线,如图 2.34 所示。

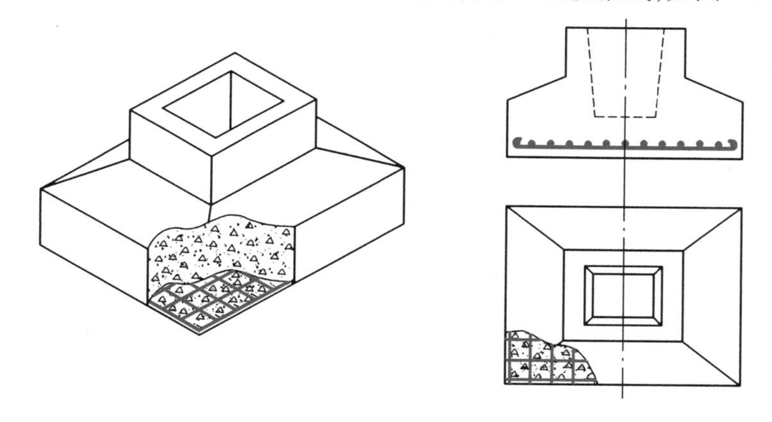

图 2.34 杯形柱基础局部剖面图

观看动画

局部剖面图的形成过程。

2)剖切符号的组成

(1)剖切线

用一组不应穿越其他图线的短粗实线表示剖切位置线,线段长度一般为 6 ~ 10 mm。

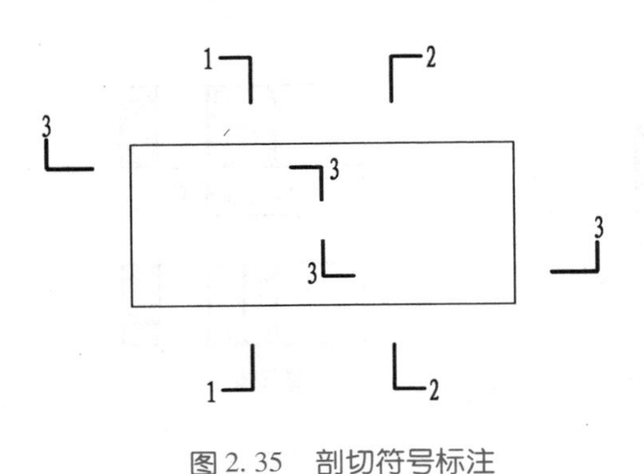

图 2.35　剖切符号标注

(2)剖视方向

在剖切线的两端用另一组垂直于剖切线的短粗实线表示投射方向,线段长度一般为 4 ~6 mm。

(3)剖切面编号

在短线方向用数字注写剖切符号的编号,如 1—1、2—2、3—3 等,如图2.35所示。

3)剖面图中的图线和线型要求

①被剖切后所形成剖面图形的轮廓线,用粗实线表示;未剖切到但仍在剖视方向的可见轮廓线,用中粗实线表示;不可见的线不应画出。

②被剖切到的部分,按物体组成的材料画出剖面图例,以区分剖切到和未剖切到的部分。各种材料剖面图例的画法见《房屋建筑制图统一标准》(GB/T 50001—2017)的规定,详见第 4 章表 4.3。未注明物体材料的用 45°等间距斜细实线表示,不同物体用相反 45°斜线区分。

4)剖面图的图名注写

剖面图的图名是以剖切面的编号来命名的,数字中间用 3 ~5 mm 短线连接,在其下画一粗实线,并注写在剖面图的正下方,如图 2.31 所示。

剖面图的标注

练习作业

1. 剖面图可分为哪几种?

2. 对称图形一般采用哪种剖切方法?

2.4.2　断面图

1)断面图的概念

假想用剖切面将物体的某处切断,仅画出与剖切面接触(断面)处的正投影图,并画出材料的剖面图例,所得到的图形称为断面图,如图 2.36 所示。

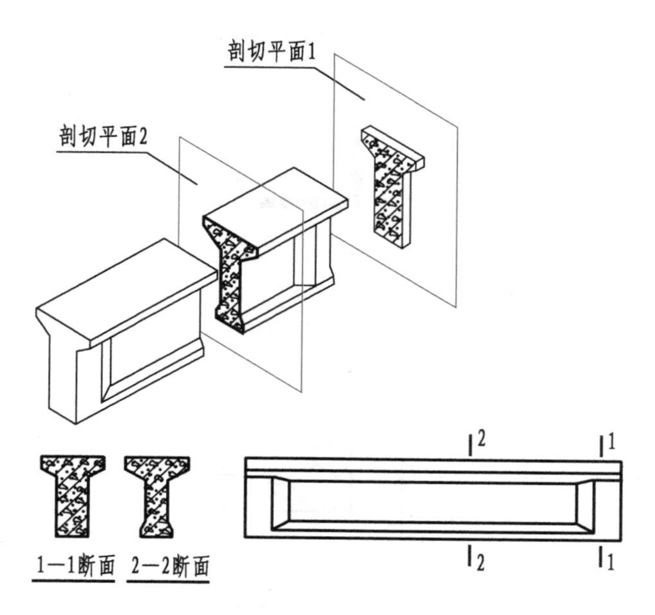

图 2.36 钢筋混凝土 T 形梁断面图

断面图的形成过程。

断面图与剖面图的区别

断面图是只画出物体与剖切面接触处的断面图形;剖面图不仅要画出物体与剖切面接触处的断面图形,还应画出投射方向能见到的其他可见轮廓线的投影。

提问回答

1. 什么是断面图?
2. 断面图与剖面图有什么区别?

断面图的种类

2)断面图的种类

(1)移出断面图

把物体某一部分剖切后画在原投影图外侧的断面图,称为移出断面图,如图 2.37 所示。

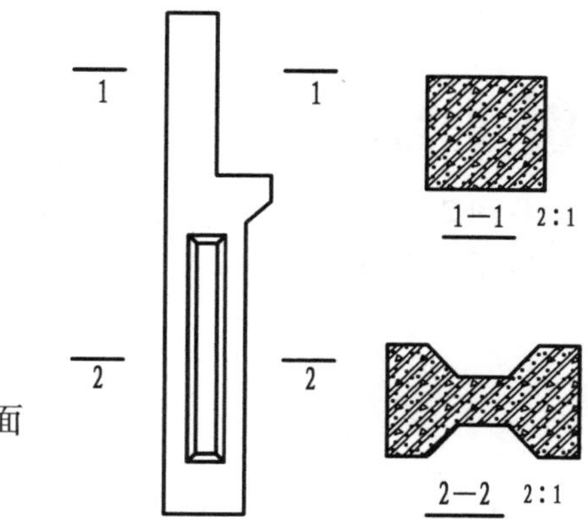

图 2.37 牛腿柱移出断面图

(2)重合断面图

把物体剖切后所形成的断面,从左向右重合侧倒

在原投影图上,称为重合断面图。当截面尺寸较小时,可以涂黑代替材料剖面图例,如图 2. 38 所示。

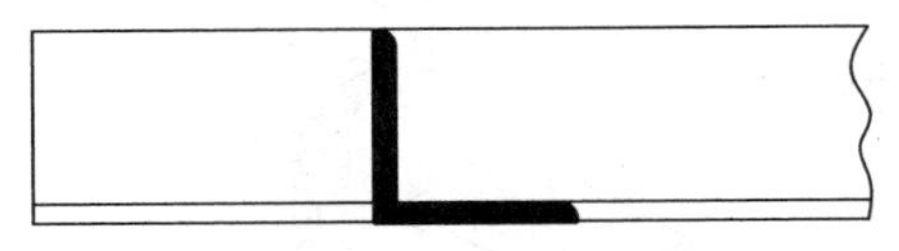

图 2. 38　重合断面图

(3)中断断面图

把物体剖切后所形成的断面图画在投影图的中断处,称为中断断面图。中断断面图适用于单一长杆件,不必画出断面剖切符号,但杆件按原长度尺寸标注,如图 2. 39 所示。

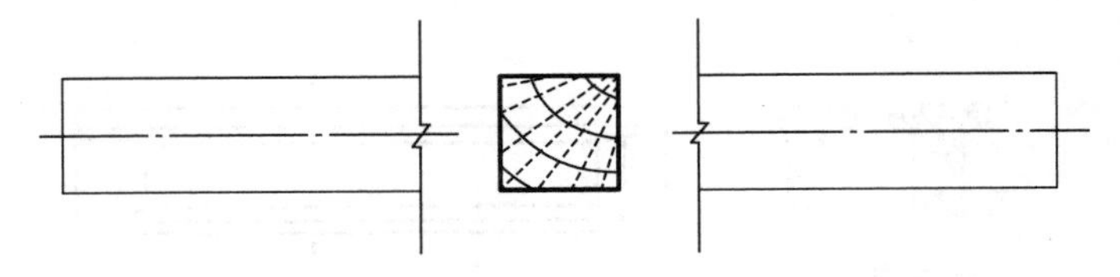

图 2. 39　中断断面图

3)断面图的标注

(1)断面剖切符号

剖切位置线用一组不穿越其他图线的粗实线表示,长度一般为 6 ~ 10 mm。

(2)断面编号

用阿拉伯数字表示断面编号,数字写在剖视方向一侧,如图 2. 36 所示。

4)断面图的图线及线型

断面图的图线、线型、图名注写和材料图例的画法等,与剖面图相同。

活动建议

1. 组织学生做中心投影实验,分析投影中心、物体、投影面三者与投影图大小的关系。
2. 把处于空间位置的 H、V、W 投影面展开,分析其三等关系。
3. 用一个剖切面将物体剖开,指出剖面图与断面图的区别。

练习作业

1. 将图 2. 31 所示 1—1 剖面图改画为断面图。
2. 将图 2. 36 所示 2—2 断面图改画为剖面图。

学习鉴定

1. **选择题**

(1)空间两点形成重合的条件是有(　　)个坐标相等。

A. 1　　B. 2　　C. 3　　D. 无要求

(2)空间某一点的水平投影到 OX 轴的距离等于该点到(　　)投影面的距离。

A. 正立面　　B. 水平面　　C. 侧立面　　D. 3 个面

(3)正等轴测的 3 个轴间角相等,均为(　　),轴向伸缩系数也相等,通常简化为(　　)。

A. 1　　B. 2　　C. 90°　　D. 120°

(4)剖面图剖切到的外轮廓线用(　　)表示。

A. 细实线　　B. 粗实线　　C. 点画线　　D. 45°斜线

2. **填空题**

(1)人们在太阳光或灯光下行走时,在地面或者墙面常常会出现自己的影子,我们称这一现象为________________。

(2)投影一般分为两种:________________和________________。

(3)平行于投影面的直线在该投影面上的投影是________________。

(4)直线上任意一点的投影必定在该直线的________________上。

(5)平行投射线由上向下垂直 H 面,在 H 面上产生的投影是________________投影图,一般反映物体的________________形状。

(6)3 个投影图才能充分表达一个物体,它们之间具有"三等关系",即:正面与平面________________、正面与侧面________________、平面与侧面________________。

(7)与两个投影面平行的直线,必然________________第 3 个投影面,与投影面平行的直线的投影反映直线实长,另外一个投影积聚为一个点。

(8)平行于一个投影面的斜线,在该投影面上的投影仍是斜线,而且反映________________________。

(9)画组合体投影图时,可见轮廓线画成实线,不可见轮廓线画成________________,当可见轮廓线与不可见轮廓线重合时,仍应画成________________。

(10)轴测投影分为两大类:________________和________________。

(11)作轴测图的方法通常有________________、________________、________________。

(12)在剖面图和断面图中,被剖切到的轮廓线内一般应画出________________。

3. **作图题**

(1)已知点的两个投影补画第三投影。

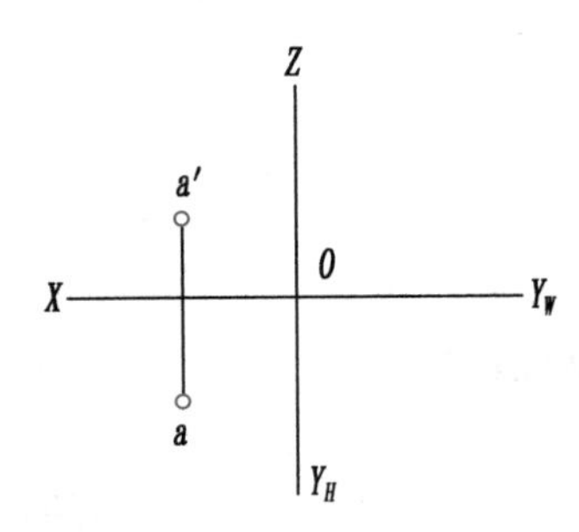

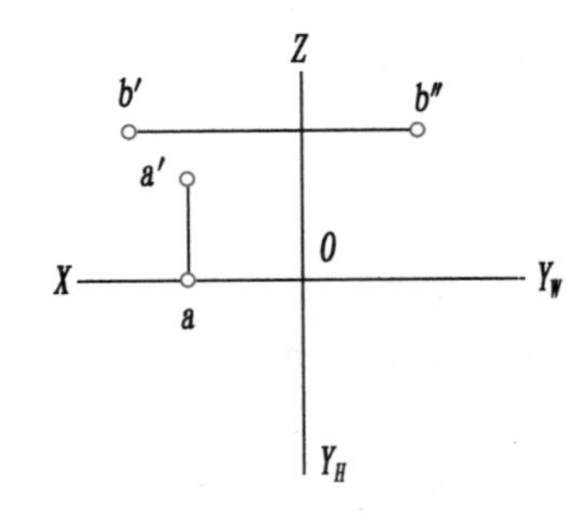

(2)已知直线 *CD* 平行于 *H* 面,距 *H* 面 15 mm。作 *CD* 的 *V*、*W* 面投影。

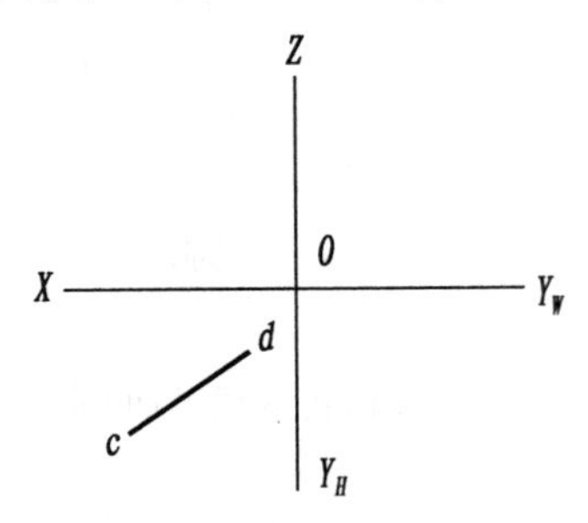

(3)作下列平面的第三投影,并说出平面与投影面的相对位置。

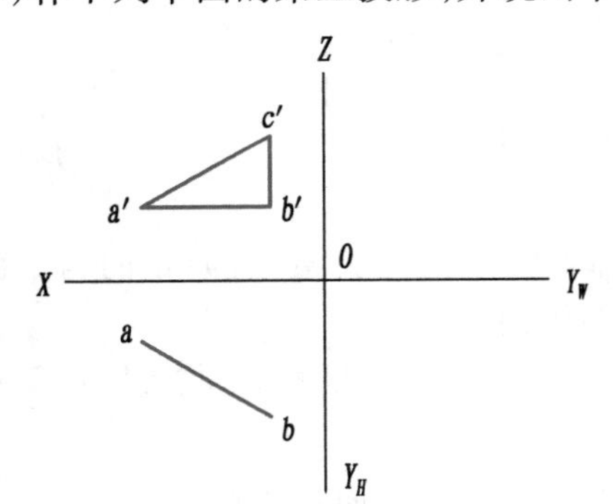

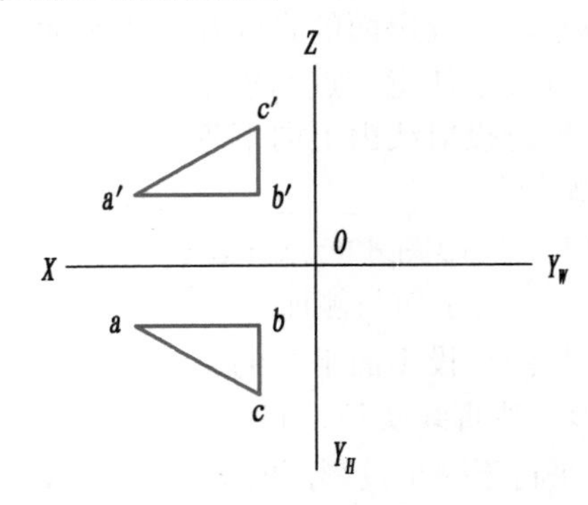

(4)已知形体的两个投影图,画出它的第 3 个投影图。

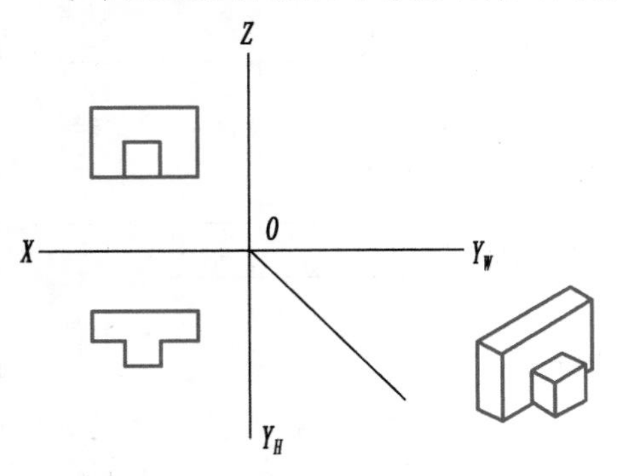

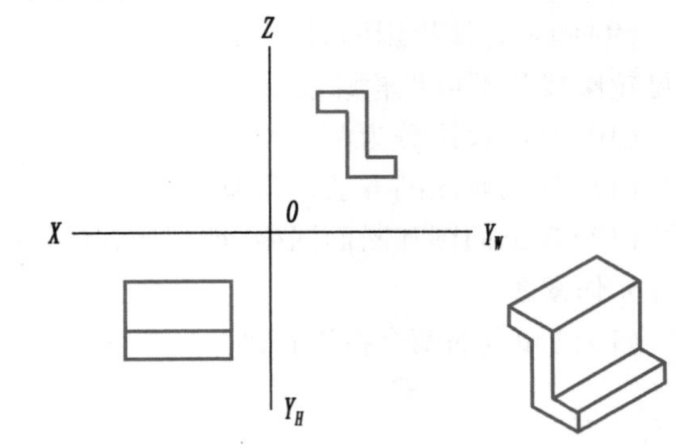

（5）根据投影图绘制正等轴测图。

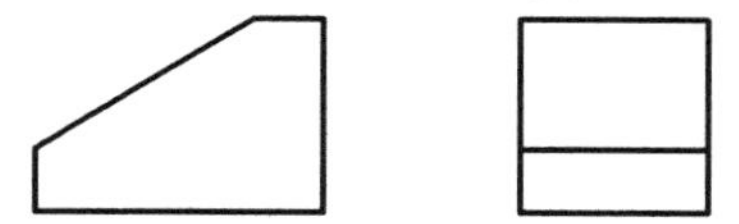

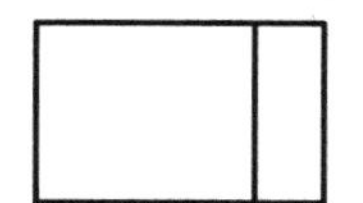

（6）根据投影图绘制斜二轴测图。

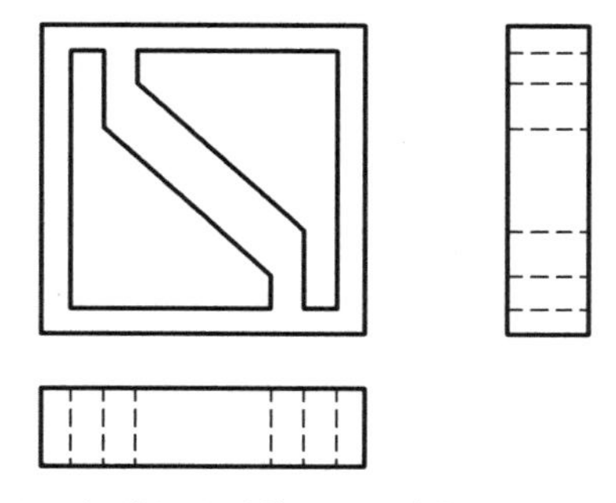

（7）根据下图作 2—2 剖面图与其断面图。

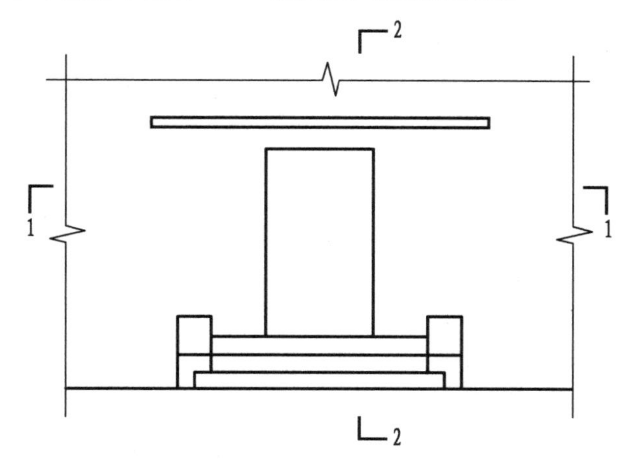

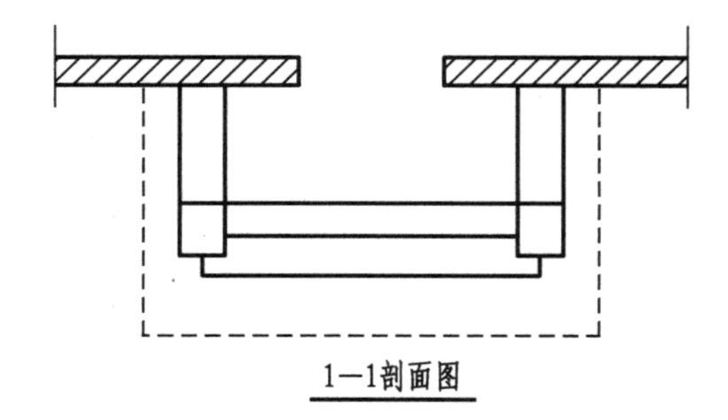

1—1剖面图

4. 问答题

(1)什么是平行投影?

(2)直线的投影始终是一条直线吗?如不是,那么它在什么范围内变化?

(3)什么是简单组合体?组合体的构成形式有哪几种?

(4)轴测投影图能否反映物体3个方向的信息?

(5)剖面图与断面图的区别是什么?

教学评估表见本书附录。

3 施工图概况

知识目标

1. 了解《房屋建筑制图统一标准》(GB/T 50001—2017)的主要内容;
2. 熟悉施工图图框尺寸及标题栏内容;
3. 掌握施工图的种类及其表达的内容。

技能目标

1. 能合理选择图纸的幅面尺寸;
2. 能正确绘制与填写标题栏和会签栏;
3. 能根据需要正确查找施工图。

素养目标

1. 养成科学合理、统筹安排的学习习惯;
2. 培养识读施工图的系统思维和大局观;
3. 培养遵守规则的意识。

问题引入

请大家翻开第1章，本章开篇就有一幅建筑施工图——二层平面图。我们可以看到，除了中间的二层平面图外，还有一些表格和框线，大家知道它们是什么吗？是不是每一幅图纸都需要它们呢？除了二层平面图外，建筑施工图还包括哪些图纸？下面，我们就来学习这些知识，以便为绘图和识图打下基础。

3.1 图幅、标题栏和会签栏

3.1.1 制图标准的意义和主要内容

1）制图标准的意义

①使房屋建筑制图达到规格基本统一、图面简洁清晰，保证图纸质量。

②提高绘图效率，符合设计、施工、存档要求。

阅读理解

制图标准是所有工程人员在设计、施工、管理中必须严格执行的标准，它是推荐性国家标准。由中华人民共和国住房和城乡建设部批准并颁布的有关建筑制图国家标准共7项，包括《房屋建筑制图统一标准》（GB/T 50001—2017）、《总图制图标准》（GB/T 50103—2010）、《建筑制图标准》（GB/T 50104—2010）、《建筑结构制图标准》（GB/T 50105—2010）、《建筑给水排水制图标准》（GB/T 50106—2010）、《暖通空调制图标准》（GB/T 50114—2010）、《建筑电气制图标准》（GB/T 50786—2012）。

2）制图标准的主要内容

《房屋建筑制图统一标准》（GB/T 50001—2017）的主要内容有：

①总则：规定了本标准适用的制图方式与工程图范围。

②术语：给出了房屋建筑制图常用术语的解释。

③图纸幅面规格与图纸编排顺序：规定了图纸幅面的格式与尺寸要求，标题栏与会签栏的位置及图纸编排顺序。

④图线：规定了图线的线型、线宽及用途。

⑤字体：规定了图纸上的文字、数字、字母、符号的书写要求和规则。

⑥比例：规定了比例的用法，提供了常用比例系列。

⑦符号：规定了剖切、索引、详图符号和引出线及其他符号的使用方法。

⑧定位轴线:规定了横向与竖向定位轴线的绘制和编写方法。

⑨常用建筑材料图例:规定了常用建筑材料图例的画法。

⑩图样画法:规定了图样的投影法、视图配置、剖面图和断面图、简化画法以及轴测图、透视图的画法。

⑪尺寸标注:规定了尺寸符号与数字以及标高的注写方法。

除上述内容外,对计算机辅助制图文件、制图文件图层、制图规则以及协同设计也作出了规定。

活动建议

请同学们上网下载《房屋建筑制图统一标准》(GB/T 50001—2017),并仔细阅读其内容。

3.1.2 图纸幅面和图框规格

1)图纸幅面

图纸幅面是指图纸本身的大小规格。绘制图样时,图纸大小应符合表3.1中规定的图纸幅面尺寸。

表3.1 幅面及图框尺寸 单位:mm

尺寸代号	幅面代号				
	A0	A1	A2	A3	A4
$b \times l$	841×1 189	594×841	420×594	297×420	210×297
c	10			5	
a	25				

注:表中 b 为幅面短边尺寸,l 为幅面长边尺寸,c 为图框线与幅面线间宽度,a 为图框线与装订边间宽度。

从表3.1中可以看出:A1图幅是A0图幅的对开,其他图幅以此类推。在一个工程设计中,每个专业所使用的图纸,一般不宜多于两种幅面。图纸的短边尺寸不应加长,A0~A3幅面长边尺寸可加长,但应符合《房屋建筑制图统一标准》(GB/T 50001—2017)的规定。

需要微缩复制的图纸,其一个边上应附有一段准确米制尺度,4个边上均附有对中标志。米制尺度的总长应为100 mm,分格应为10 mm。对中标志应画在图纸内框各边长的中点处,线宽应为0.35 mm,并应伸入内框边,在框外应为5 mm。

图纸以短边作为垂直边应为横式,以短边作为水平边应为立式。

2)图框规格

图框是图纸上限定绘图区域的线框。图框尺寸见表3.1,图框线用粗实线绘制。

图框格式有横式幅面(图3.1、图3.2和图3.3)和立式幅面(图3.4、图3.5和图3.6)。一般A0~A3图纸宜横式使用,必要时也可立式使用。

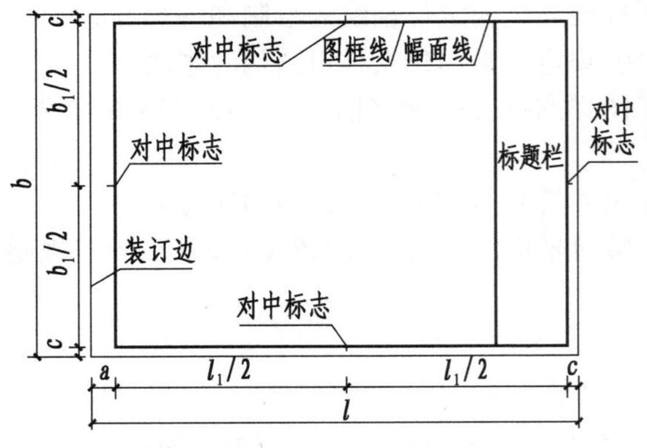

图 3.1　A0 ~ A3 横式幅面(1)

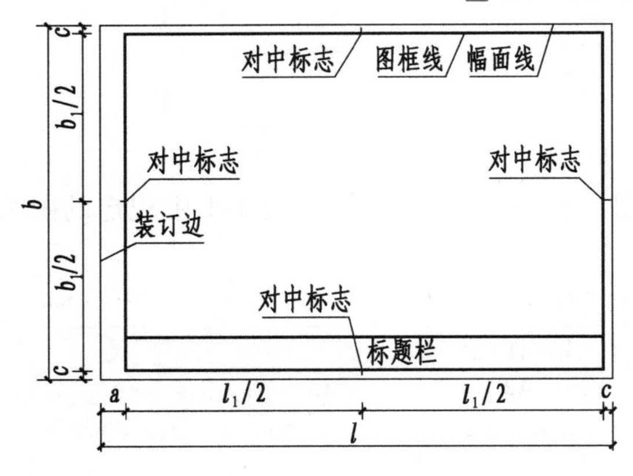

图 3.2　A0 ~ A3 横式幅面(2)

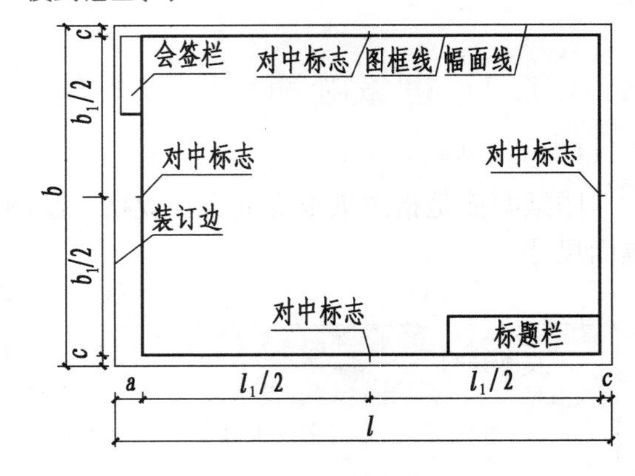

图 3.3　A0 ~ A1 横式幅面(3)

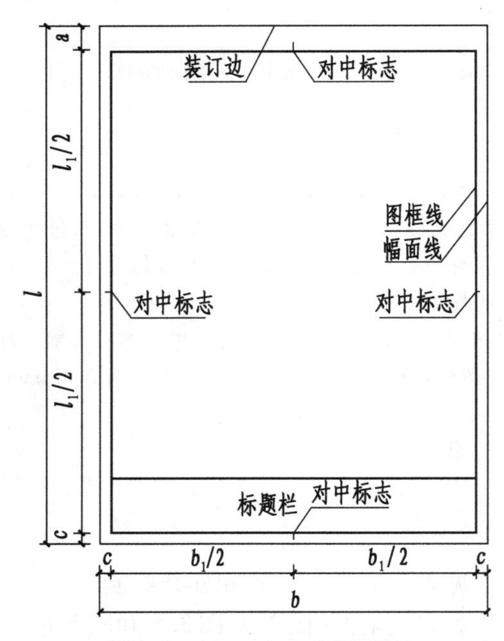

图 3.4　A0 ~ A4 立式幅面(1)

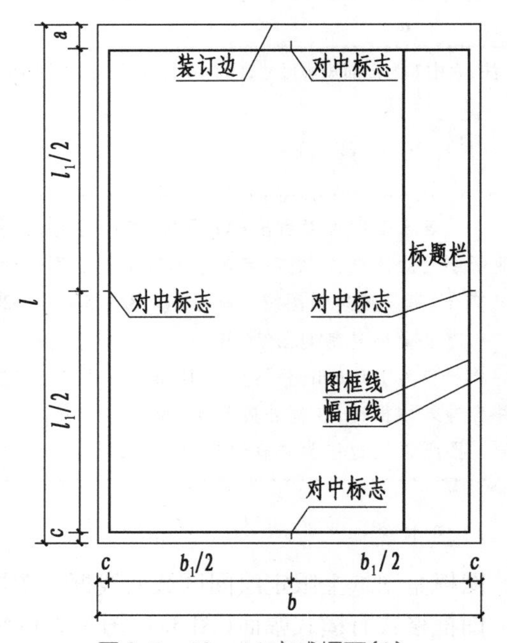

图 3.5　A0 ~ A4 立式幅面(2)

b
c
$b_1/2$
$b_1/2$
c
a
会签栏
装订边
对中标志
$l_1/2$
l
对中标志
对中标志
图框线
$l_1/2$
幅面线
对中标志
标题栏
c

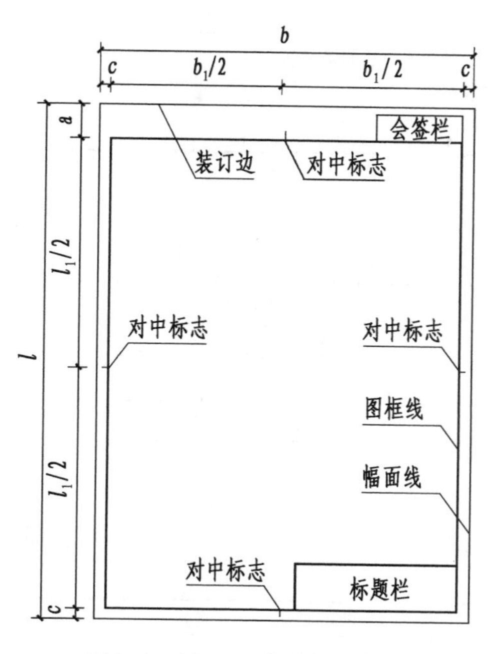

图 3.6　A0 ~ A2 立式幅面(3)

3.1.3　标题栏和会签栏

应根据工程需要确定标题栏、会签栏的尺寸、格式及分区。当采用图3.1、图3.2、图3.4 和图3.5 布置时,标题栏应按图 3.7 和图 3.8 所示布局;当采用图 3.3、图 3.6 布置时,标题栏、会签栏应按图 3.9、图 3.10 和图 3.11 布局。会签栏应包括实名列和签名列。涉外工程的标题栏内,各项主要内容的中文下方应附有译文,设计单位的上方或左方应加“中华人民共和国”字样。

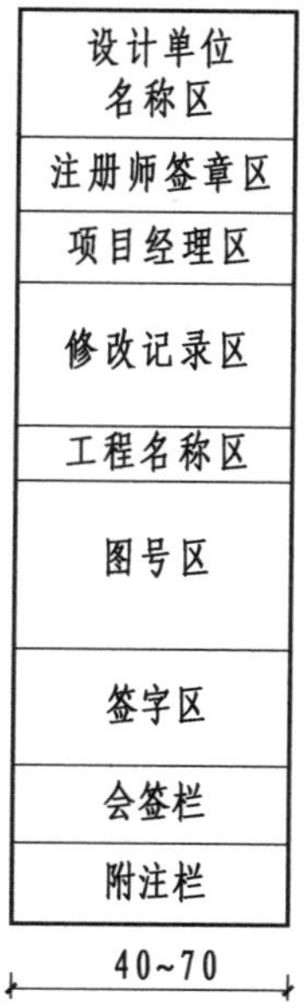

设计单位
名称区
注册师签章区
项目经理区
修改记录区
工程名称区
图号区
签字区
会签栏
附注栏
40~70

图 3.7　标题栏(1)

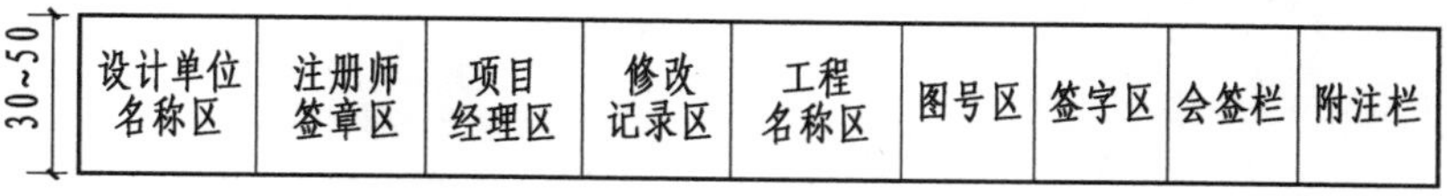

30~50
设计单位
名称区
注册师
签章区
项目
经理区
修改
记录区
工程
名称区
图号区
签字区
会签栏
附注栏

图 3.8　标题栏(2)

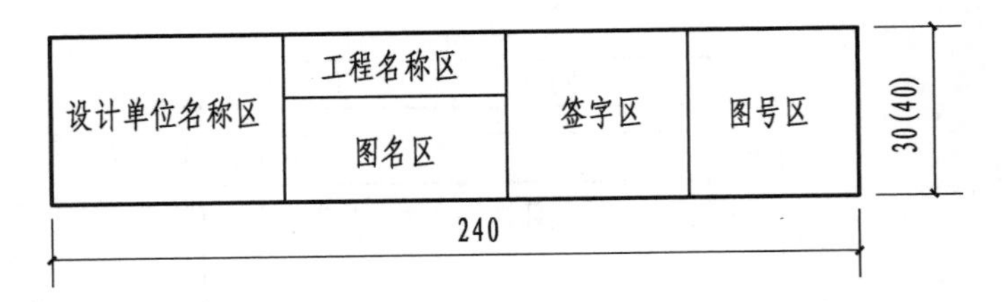

图 3.9　标题栏(3)

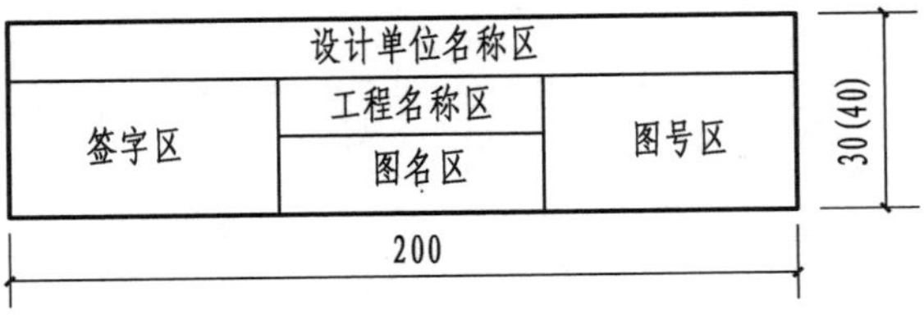

设计单位名称区		
签字区	工程名称区	图号区
	图名区	

200；30(40)

图 3.10　标题栏(4)

一个会签栏不够时，可另加一个，两个会签栏并列。不需会签的图纸可不设会签栏。

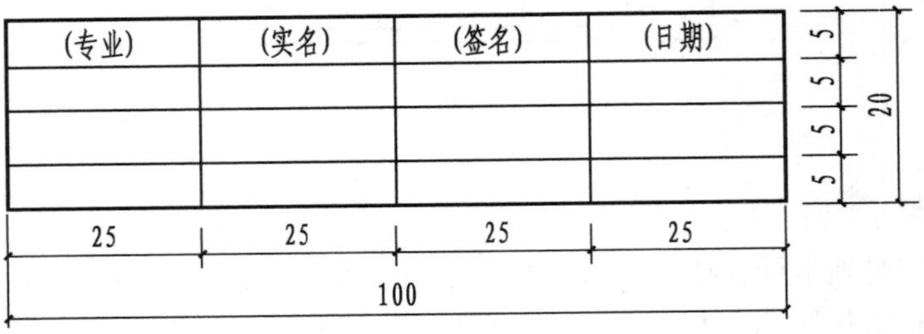

(专业)	(实名)	(签名)	(日期)

25　25　25　25；100；5　5　5　5；20

图 3.11　会签栏

学生在绘制本课程的制图作业时，可参考图 3.12 所示格式绘制标题栏，不需画出会签栏。

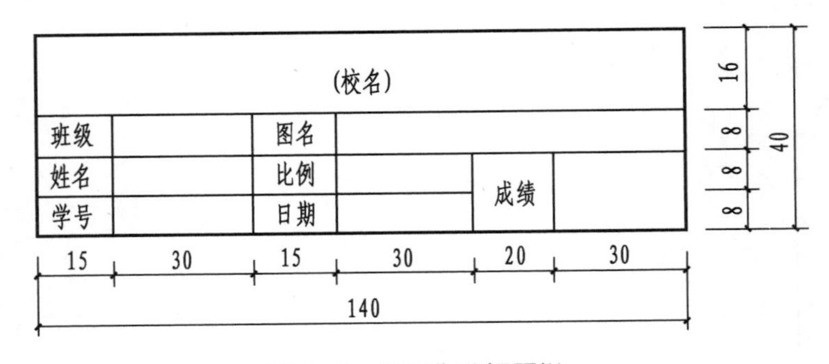

图 3.12　制图作业标题栏

小组讨论

为什么国家要对房屋建筑制图作出七大"标准"规定？

提问回答

1. 图纸幅面从A0至A4有何联系？
2. 标题栏和会签栏分别画在图幅的什么位置？

练习作业

1.《房屋建筑制图统一标准》(GB/T 50001—2017)的主要内容有哪些？
2. 图纸幅面有哪几种？它们之间的尺寸有何联系？

3.2 施工图的分类

观察思考

怎样才能把房屋构造通过图纸完整地表达出来？

3.2.1 施工图的产生

根据正投影原理及国家制图标准的规定，设计时把想象中的房屋全貌及各个细部用图样画出，即为房屋建筑图。房屋建筑设计一般分为两个阶段，即初步设计阶段和施工图设计阶段。当工程项目较复杂时，为了使工程技术问题和各专业工种之间能很好地协调衔接，还需要在初步设计阶段和施工图设计阶段之间插入一个技术设计阶段，形成三阶段设计。

1)初步设计阶段

①根据建设单位提出的设计任务，明确要求，收集资料，进行调查研究。

②提出设计方案，主要包括平面图、立面图、剖面图和设计说明等。

③将设计方案提交给建设单位，进一步研究、修改及报批。

2)施工图设计阶段

①将已批准的初步设计图进行具体设计。

②设计内容包括各专业工程施工中需要的尽可能详尽的信息。

③施工图作为工程施工、预算、竣工验收和结算的依据。

3)技术设计阶段

技术设计阶段的主要任务是在初步设计的基础上,协调各专业工种之间的关系和为绘制施工图做准备。在此阶段要绘制相应的技术图纸。

3.2.2 施工图的种类

房屋施工图按照专业分工的不同,分为建筑施工图(简称“建施”)、结构施工图(简称“结施”)和设备施工图(简称“设施”)。

1)建筑施工图

建筑施工图是表示建筑物的总体布局、外部造型、内部布置、细部构造与内外装饰等的图样。它是在确定了建筑平面、立面、剖面初步设计的基础上绘制而成的。

建筑施工图包括建筑总平面图、建筑平面图、建筑立面图、建筑剖面图和建筑详图。

建筑施工图主要作为施工放线、浇(砌)筑工程主体、装饰,以及编制施工组织设计和预算等的依据。

2)结构施工图

结构施工图是表示建筑物各承重构件(如基础、承重墙、柱、梁、板、屋架等)的布置、形状、尺寸、材料、构造及其相互关系的图样。

结构施工图包括结构平面图和构件详图。

结构施工图主要作为施工放线、挖基坑(槽)、浇(砌)筑基础、安装构件等,以及编制施工组织设计和预算等的依据。

3)设备施工图

设备施工图包括给水排水施工图、暖通空调施工图和电气施工图等。

上述房屋施工图的编排顺序是:首页图,包括图纸目录、设计总说明等;建筑施工图;结构施工图;设备施工图。

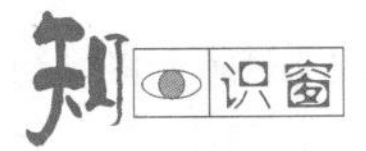

在编排施工图纸时,各专业的施工图应按国家制图标准的要求进行排列,全局性的图纸在前,局部性的图纸在后;布置图在前,构件图在后。

练习作业

1. 建筑施工图有什么作用?

2. 结构施工图包括哪些图样?

3.3 识图注意事项

一套完整的房屋施工图,根据其复杂程度,图纸数量有所不同。当我们识读房屋施工图时,必须按合理的方法进行,并应注意以下几点:

1)了解工程概况

①先看图纸目录、设计总说明和总平面图,对照目录检查图纸是否齐全。

②收集齐相关的标准图集。

③识读建筑平面图、立面图、剖面图,在头脑中建立起建筑物的立体模型。

2)依次识读

根据施工的先后顺序进行识读,如基础、墙体(或框架)、楼层结构布置、建筑构造与装饰等。

3)相互对照

①建筑平面图与剖面图对照。

②建筑施工图与结构施工图对照。

③建筑施工图与设备施工图以及相关联的任意两个图之间对照。

4)重点细读

重点、关键部位仔细读图,把握细节。如遇有疑问,及时向设计部门反映,严禁自行修改。

活动建议

1. 分组组织学生识读一套完整的房屋施工图,并达到以下目的:

①熟悉图纸的规格与图纸编排顺序。

②了解标题栏和会签栏填写的内容。

③熟悉建筑施工图、结构施工图和设备施工图所包含的图样及所表达的内容。

④学会正确识读房屋施工图的方法与步骤。

2. 组织学生绘制 A2 或 A3 图幅的图框、标题栏和会签栏,并做线型练习。

练习作业

识读一套施工图时应注意哪些问题?

学习鉴定

1. **填空题**

(1)图框线用____________线绘制。

(2)若 A2 图纸幅面尺寸为 420 mm×594 mm,则 A3 图纸幅面尺寸为____________。

(3)图框格式有____________和____________两种幅面。

(4)建筑施工图包括建筑总平面图、____________、____________、____________和建筑详图。

(5)结构施工图包括____________和____________。

(6)设备施工图包括____________、____________和____________等。

2. **选择题**

(1)房屋施工图的编排顺序依次为(　　)。

A. 首页图、结构施工图、建筑施工图、设备施工图

B. 首页图、建筑施工图、结构施工图、设备施工图

C. 首页图、建筑施工图、设备施工图、结构施工图

D. 首页图、结构施工图、设备施工图、建筑施工图

(2)通常按(　　)的先后顺序对房屋施工图进行识读。

A. 设计　　B. 施工　　C. 预算　　D. 施工图纸

3. **问答题**

(1)图框格式分为哪几种?分别适用于哪些图号的图纸?

(2)两阶段设计中,各阶段设计的主要内容是什么?

(3)房屋施工图按专业分工不同分为哪几类？

(4)建筑施工图表达了哪些内容？

(5)结构施工图的作用是什么？

(6)设备施工图包括哪些图样？

(7)房屋施工图按什么顺序编排?

教学评估表见本书附录。

4 建筑施工图

知识目标

1. 熟悉建筑总平面图表达的内容；
2. 掌握建筑平面图表达的内容；
3. 掌握建筑立面图表达的内容；
4. 掌握建筑剖面图表达的内容；
5. 掌握建筑详图表达的内容；
6. 熟悉建筑平面图、立面图、剖面图的绘制方法与步骤。

技能目标

1. 能正确识读建筑总平面图；
2. 能正确识读建筑平面图；
3. 能正确识读建筑立面图；
4. 能正确识读建筑剖面图；
5. 能正确识读建筑详图；
6. 能绘制简单的建筑平面图、立面图、剖面图。

素养目标

1. 培养学生的对比分析能力；
2. 激发学生的学习探究驱动能力；
3. 树立建筑行业规范从业的价值观。

4.1 建筑总平面图

问题引入

将新建建筑物一定范围内的建筑物、构筑物以及其周围的环境状况，用水平投影方法和相应图例画出的图样，称为建筑总平面图，简称总平面图或总图。它反映了这些房屋的平面形状、位置、朝向、高程以及与周围地形、地物的关系，如图4.1所示。那么，建筑总平面图中包含哪些内容？如何识读建筑总平面图呢？下面结合图4.1，学习如何识读建筑总平面图。

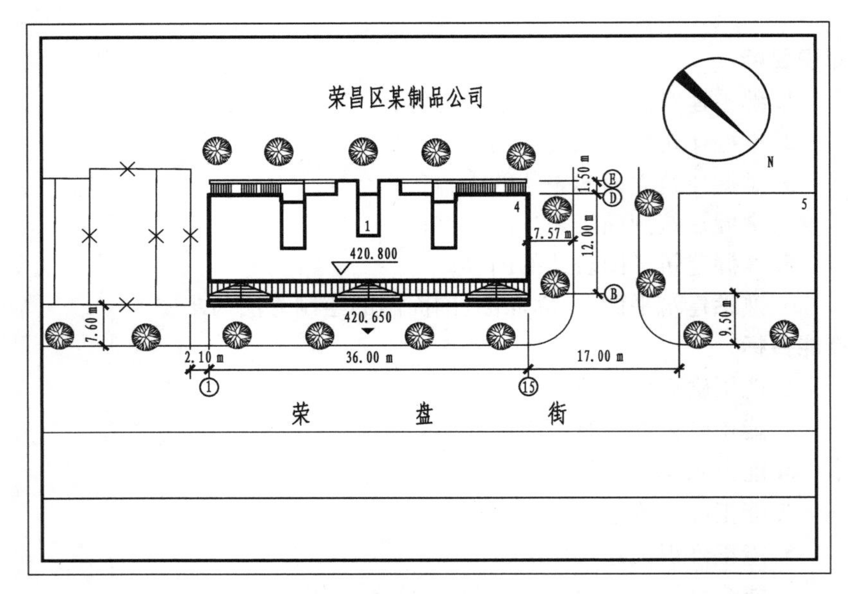

总平面图 1:500

注：本工程底层室内设计标高为±0.000

图4.1 建筑总平面图

4.1.1 基本概念

1）比例

建筑总平面图表示的范围比较大，一般采用的比例有1∶500、1∶1 000、1∶2 000。

2）标高

标高用来表示建筑物各部位的高度。应以含有±0.000标高的平面作为总平面图的平

面。总平面图中标注的标高应为绝对标高,如标注相对标高,则应注明相对标高与绝对标高的换算关系。

①标高符号应用等腰直角三角形表示,按图 4.2(a)所示形式用细实线绘制。如标注位置不够,也可按图 4.2(b)所示形式绘制。标高符号的具体画法如图 4.2(c)、(d)所示。

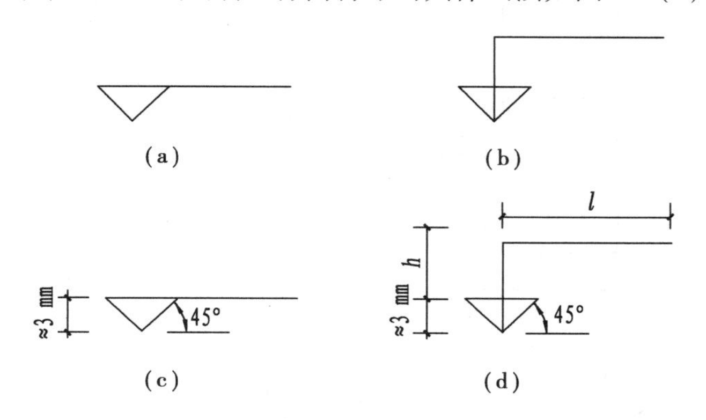

图 4.2　标高符号

l—取适当长度注写标高数字;h—根据需要取适当高度

②总平面图室外地坪标高符号宜用涂黑的三角形表示,具体画法如图 4.3 所示。

③标高符号的尖端应指至被注高度的位置。尖端宜向下,也可向上。标高数字应注写在标高符号的上侧或下侧,如图 4.4 所示。

图 4.3　总平面图室外地坪标高符号　　图 4.4　标高的指向

④标高数字应以 m 为单位,注写到小数点以后第三位。在总平面图中,可注写到小数点以后第二位。

⑤零点标高应注写成 ±0.000,正数标高不注"+",负数标高应注"-"。

⑥在图样的同一位置需表示几个不同标高时,标高数字可按图 4.5 所示形式注写。

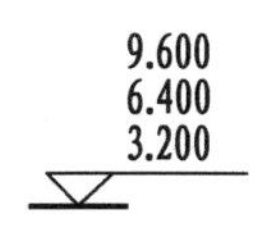

图 4.5　同一位置注写多个标高数字

3)图例

由于总平面图采用小比例绘制,有些图示内容不能按真实形状表示,所以在绘制总平面图时,通常按《总图制图标准》(GB/T 50103—2010)规定的图例画出。总平面图中常用的图例见表 4.1。

表 4.1　总平面图图例

序号	名　称	图　例	备　注
1	新建建筑物	X= Y= ① 12F/2D H=59.00 m	新建建筑物以粗实线表示与室外地坪相接处 ±0.00外墙定位轮廓线 建筑物一般以 ±0.00 高度处的外墙定位轴线交叉点坐标定位。轴线用细实线表示，并标明轴线号 根据不同设计阶段标注建筑编号，地上、地下层数，建筑高度，建筑出入口位置（两种表示方法均可，但同一图纸采用一种表示方法） 地下建筑物以粗虚线表示其轮廓 建筑上部（ ±0.00 以上）外挑建筑用细实线表示 建筑物上部连廊用细虚线表示并标注位置
2	原有建筑物		用细实线表示
3	计划扩建的预留地或建筑物		用中粗虚线表示
4	拆除的建筑物		用细实线表示
5	建筑物下面的通道		—
6	围墙及大门		—
7	坐标	1. X=105.00 Y=425.00 2. A=105.00 B=425.00	1. 表示地形测量坐标系 2. 表示自设坐标系 坐标数字平行于建筑标注
8	方格网交叉点标高	-0.50 | 77.85 78.35	“78.35”为原地面标高 “77.85”为设计标高 “ -0.50”为施工高度 “ -”表示挖方（“ +”表示填方）
9	填挖边坡		—

续表

序号	名 称	图 例	备 注
10	雨水口	1. 2. 3.	1. 雨水口 2. 原有雨水口 3. 双落式雨水口
11	消火栓井		—
12	室内 地坪标高	151.00 (±0.00)	数字平行于建筑物书写
13	室外 地坪标高	143.00	室外标高也可采用等高线
14	新建的道路	R=6.00 0.30% 100.00 107.50	“$R=6.00$”表示道路转弯半径;“107.50”为道路中心线交叉点设计标高,两种表示方式均可,同一图纸采用一种方式表示;“100.00”为变坡点之间距离,“0.30%”表示道路坡度,——→表示坡向
15	原有道路		—
16	计划扩建 的道路		—
17	桥梁		用于旱桥时应注明 上图为公路桥,下图为铁路桥

小组讨论

室内外地坪标高的标注方法有何不同?

4)其他符号

(1)引出线

建筑物的某些部位需要用文字或详图加以说明时,可用引出线从该部位引出。引出线线宽应为0.25b,宜采用水平方向的直线,或与水平方向成30°、45°、60°、90°的直线,并经上述角度再折成水平线。文字说明宜注写在水平线的上方[图4.6(a)],也可注写在水平线的端部[图4.6(b)]。索引详图的引出线,应与水平直径线相连接[图4.6(c)]。

同时引出的几个相同部分的引出线,宜互相平行[图4.7(a)],也可画成集中于一点的放射线[图4.7(b)]。

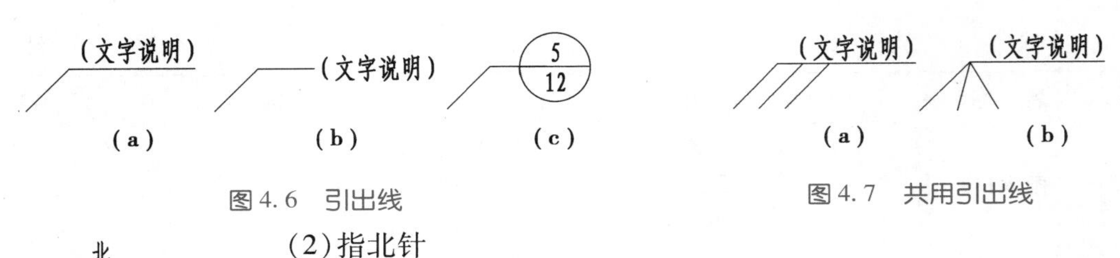

图 4.6 引出线

图 4.7 共用引出线

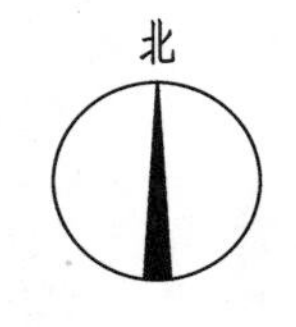

图 4.8 指北针

(2)指北针

指北针的形状如图 4.8 所示。其圆的直径宜为 24 mm,用细实线绘制;指针尾部的宽度宜为 3 mm,指针头部应注“北”或“N”字。需用较大直径绘制指北针时,指针尾部宽度宜为直径的 1/8。

(3)对称符号和连接符号

对称符应由对称线和两端的两对平行线组成。对称线应用单点长画线绘制,线宽宜为 0.25b;平行线应用实线绘制,其长度宜为 6 ~ 10 mm,每对的间距宜为 2 ~ 3 mm,线宽宜为 0.5b;对称线应垂直平分于两对平行线,两端超出平行线宜为 2 ~ 3 mm,如图 4.9 所示。

连接符号应以折断线表示需连接的部位。两部位相距过远时,折断线两端靠图样一侧应标注大写英文字母表示连接编号。两个被连接的图样应用相同的字母编号,如图 4.10 所示。

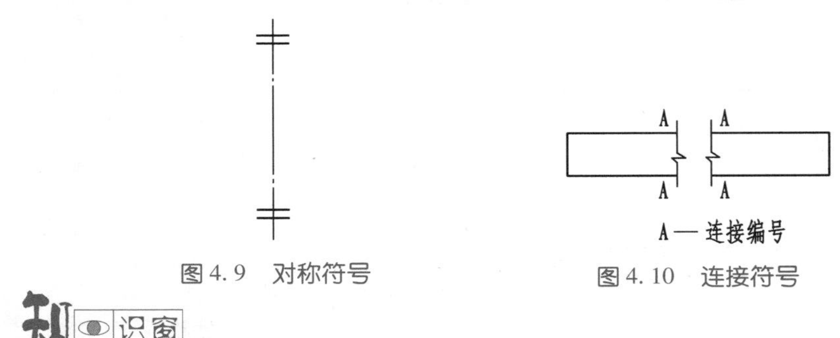

图 4.9 对称符号

图 4.10 连接符号

知识窗

风玫瑰和变更云线

指北针与风玫瑰结合时宜采用互相垂直的线段,线段两端应超出风玫瑰轮廓线 2 ~ 3 mm,垂点宜为风玫瑰中心,北向应注“北”或“N”字,组成风玫瑰的所有线宽均宜为 0.5b(图 4.11)。

对图纸中局部变更部分宜采用云线,并宜注明修改版次。修改版次符号宜为边长 0.8 cm 的正等边三角形,修改版次应采用数字表示(图 4.12)。变更云线的线宽宜按 0.7b 绘制。

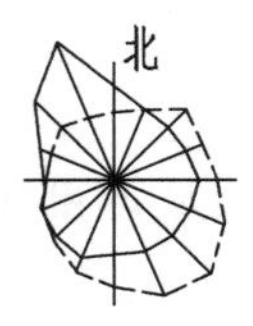

图 4.11 风玫瑰

图 4.12 变更云线(1 为修改次数)

建筑总平面图的识读

4.1.2 建筑总平面图的识读

图4.1是荣昌区某制品公司联建楼总平面图，比例为1∶500。下面以图4.1为例，学习如何识读建筑总平面图。

1）周边环境

图中用粗实线画出的图形是新建建筑物的底层平面轮廓，用细实线画出的是原有建筑物以及道路的外形轮廓，用带空心的圆表示绿化。其中，打“×”的是应拆除的建筑物。从平面图右上角标注的“4”可知，新建建筑物为4层，图中“1”表示该平面处为1层。

2）新建建筑物标高

建筑总平面图中，新建建筑物室内地坪±0.000 m处的绝对标高为420.800 m，室外地坪标高为420.650 m。注意室内外地坪标高标注符号的区别。

3）新建建筑物的平面尺寸

从图中的尺寸标注可知，新建建筑物总长（①~⑮轴）为36.00 m，宽度（Ⓑ~Ⓔ轴）为13.50 m。新建建筑物与西北侧原有建筑物相距17.00 m，与东南侧应拆建筑物相距2.10 m，与正面道路相距7.60 m，与西北侧道路相距7.57 m。

4）新建建筑物朝向

根据图中的指北针，可确定新建建筑物的朝向。

知识窗

当新建成群建筑物及构筑物、较大的公共建筑物或厂房时，通常用坐标来确定建筑群及道路转折点的位置。当地形起伏较大时，还应画出地形等高线。有的总平面图用风玫瑰图确定新建建筑物的朝向。

提问回答

描述图4.1中新建建筑物的朝向。

练习作业

房屋建筑总平面图反映了哪些内容？

4.2 建筑平面图

问题引入

如图 4.23 至图 4.27 所示的建筑平面图,它向我们反映了哪些信息?下面我们以图 4.23 至图 4.27 为例,学习如何识读和绘制建筑平面图。

4.2.1 建筑平面图的形成

假想用一水平剖切平面,沿着房屋各层门窗洞口处将房屋剖开,移去剖切平面以上部分,向水平投影面作正投影所得到的水平投影图,称为建筑平面图,简称平面图。

剖切平面沿房屋首层门窗洞口剖开,所得到的平面图称为首层平面图(或底层平面图、一层平面图)。沿二层、三层等剖开所得到的平面图称为二层平面图、三层平面图等。当有些楼层平面布置相同时,可只画一个共同的平面图。图名为标准层平面图或 $C\sim D$ 层平面图(如三~四层平面图)。此外还有屋顶平面图,屋顶平面图即为屋面的水平投影图。

观看动画

建筑平面图的形成过程。

4.2.2 建筑平面图的表现内容

1)比例

建筑平面图的比例应根据建筑物的大小和复杂程度选定,规范规定的比例有 1∶50、1∶100、1∶150、1∶200、1∶300,工程中常用 1∶100。

2)定位轴线

定位轴线是用来确定建筑物主要结构及构件位置的尺寸基准线。凡承重构件,如墙、柱、梁、屋架等主要承重构件都应画出轴线以确定其位置。

定位轴线应用 $0.25b$ 线宽的单点长画线绘制,并加以编号。编号应注写在轴线端部的圆内。圆应用 $0.25b$ 线宽的细实线绘制,直径宜为 8~10 mm。定位轴线圆的圆心应在定位轴线的延长线上或延长线的折线上。

平面图上定位轴线的编号,宜标注在图样的下方及左侧,当平面布置较复杂时,根据需要可标注在图样的四周。横向编号应用阿拉伯数字,从左至右顺序编写;竖向编号应用大写英文字母,从下至上顺序编写。

英文字母作为轴线号时，应全部采用大写字母，不应用同一个字母的大小写来区分轴线号。英文字母的 I、O、Z 不得用作轴线编号。当字母数量不够使用时，可增用双字母或单字母加数字注脚，如 A_A，B_A，…，Y_A或 A_1，B_1，…，Y_1。

对于某些次要构件的定位轴线，可用附加轴线的形式表示。附加定位轴线的编号应以分数形式表示，并应符合下列规定：

①两根轴线的附加轴线，应以分母表示前一轴线的编号，分子表示附加轴线的编号，编号宜用阿拉伯数字顺序编写。

②1 号轴线或 A 号轴线之前的附加轴线的分母应以 01 或 0A 表示。

例如：(1/2) 表示 2 号轴线之后附加的第 1 根轴线；

(3/C) 表示 C 号轴线之后附加的第 3 根轴线；

(1/01) 表示 1 号轴线之前附加的第 1 根轴线；

(3/0A) 表示 A 号轴线之前附加的第 3 根轴线。

一个详图适用于几根轴线时，应同时注明各有关轴线的编号，如图 4.13 所示。

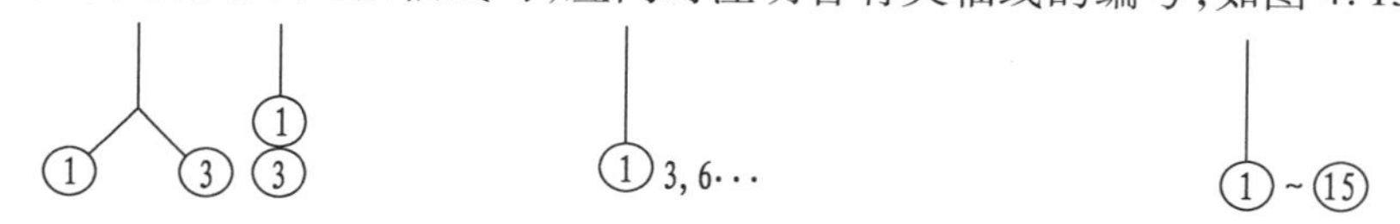

(a)用于2根轴线时　(b)用于3根或3根以上轴线时　(c)用于3根以上连续编号的轴线时

图 4.13　详图的轴线编号

3)图线

凡被剖切到的墙、柱的断面轮廓线用粗实线画出。砖墙一般不画图例，钢筋混凝土柱和墙的断面通常涂黑表示。粉刷层在 1∶100 的平面图中不必画出。没有剖切到的可见轮廓线，如窗台、楼梯、阳台等用中实线画出。尺寸线与尺寸界线、标高符号等用细实线画出。

4)图例

由于绘制平面图的比例较小，所以平面图内的建筑构造和配件常用表 4.2 的图例表示。在平面图中，门和窗的代号分别为“M”和“C”。对于不同类型的门窗，应在代号后面写上编号，以示区别。各种门窗的形式和具体尺寸可在“门窗表”中查找。

常用建筑构造与配件图例详见《建筑制图标准》(GB/T 50104—2010)。

表 4.2　常用建筑构造及配件图例

序号	名　称	图　例	备　注
1	墙　体		①上图为外墙，下图为内墙； ②外墙细线表示有保温层或有幕墙； ③应加注文字或涂色或图案填充表示各种材料的墙体； ④在各层平面图中防火墙宜着重以特殊图案填充表示
2	栏　杆		—

续表

序号	名 称	图 例	备 注
3	楼 梯	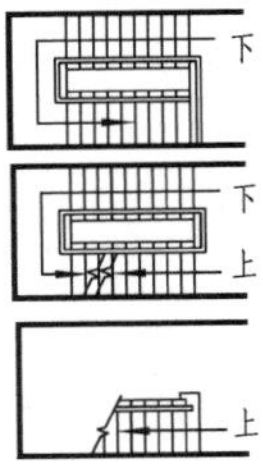	①上图为顶层楼梯平面,中图为中间层楼梯平面,下图为底层楼梯平面; ②需设置靠墙扶手或中间扶手时,应在图中表示
4	坡 道	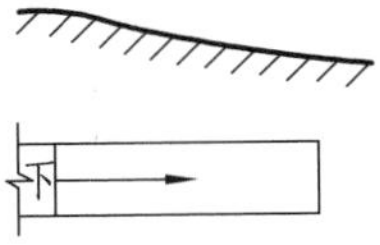	长坡道
		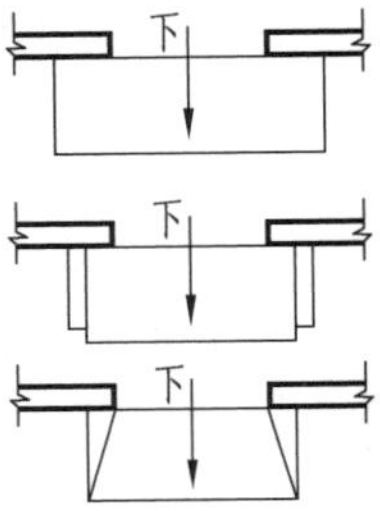	上图为两侧垂直的门口坡道,中图为有挡墙的门口坡道,下图为两侧找坡的门口坡道
5	检查口		左图为可见检查口,右图为不可见检查口
6	孔 洞		阴影部分亦可填充灰度或涂色代替
7	坑 槽		—
8	烟 道	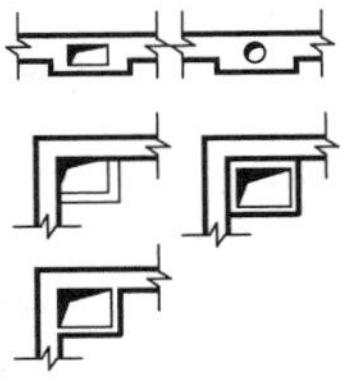	①阴影部分亦可填充灰度或涂色代替; ②烟道、风道与墙体为相同材料,其相接处墙身线应连通; ③烟道、风道根据需要增加不同材料的内衬
9	风 道	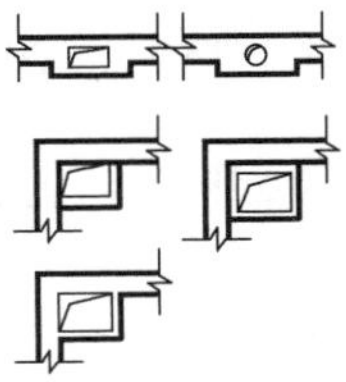	

续表

序号	名称	图例	备注
10	墙预留洞、槽	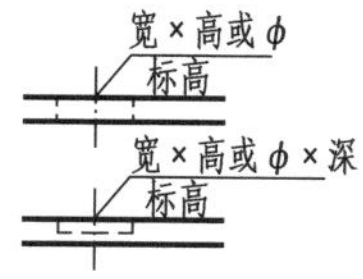 宽×高或ϕ 标高 宽×高或ϕ×深 标高	①上图为预留洞，下图为预留槽； ②平面以洞（槽）中心定位； ③标高以洞（槽）底或中心定位； ④宜以涂色区别墙体和预留洞（槽）
11	新建的墙和窗	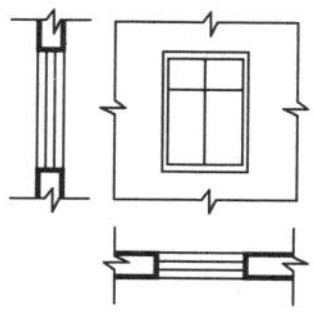	—
12	空门洞	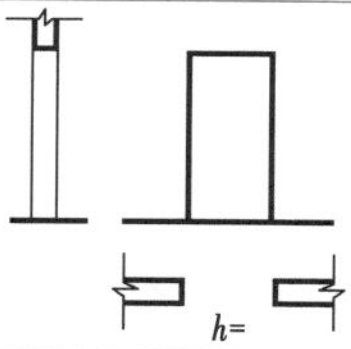 h=	h 为门洞高度
13	单面开启单扇门（包括平开或单面弹簧）	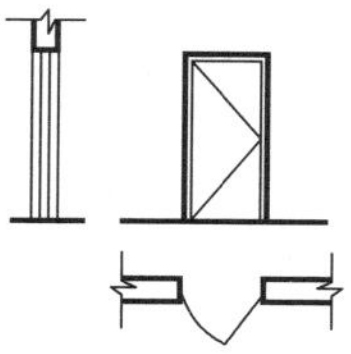	①门的名称代号用 M 表示。 ②平面图中，下为外，上为内；门开启线为 90°、60°或 45°，开启弧线宜绘出。 ③立面图中，开启线实线为外开、虚线为内开。开启线交角的一侧为安装合页一侧。开启线在建筑立面图中可不表示，在立面大样图中可根据需要绘出。 ④剖面图中，左为外，右为内。 ⑤附加纱扇应以文字说明，在平、立、剖面图中均不表示。 ⑥立面形式应按实际情况绘制
	双面开启单扇门（包括双面平开或双面弹簧）	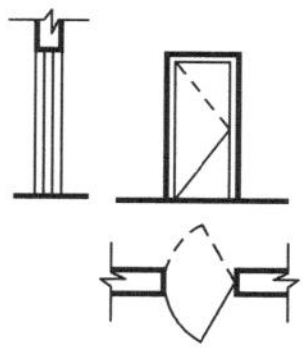	
	双层单扇平开门	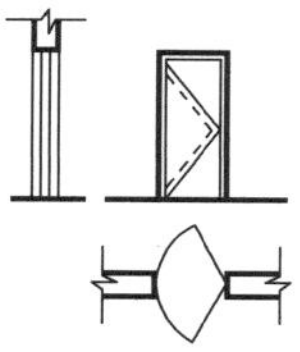	
14	单面开启双扇门（包括平开或单面弹簧）	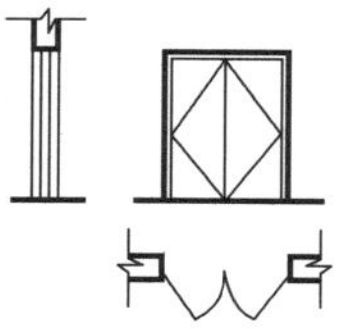	

续表

序号	名称	图例	备注
14	双面开启双扇门(包括双面平开或双面弹簧)	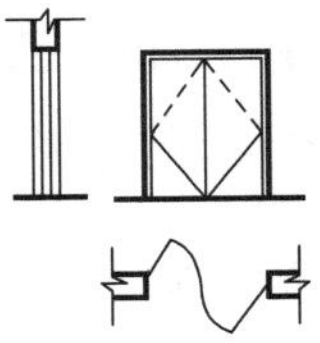	①门的名称代号用M表示。 ②平面图中,下为外,上为内;门开启线为90°、60°或45°,开启弧线宜绘出。 ③立面图中,开启线实线为外开、虚线为内开。开启线交角的一侧为安装合页一侧。开启线在建筑立面图中可不表示,在立面大样图中可根据需要绘出。 ④剖面图中,左为外,右为内。 ⑤附加纱扇应以文字说明,在平、立、剖面图中均不表示。 ⑥立面形式应按实际情况绘制
	双层双扇平开门	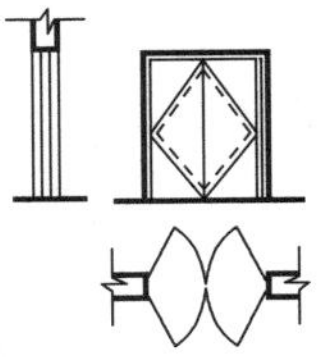	
15	折叠门	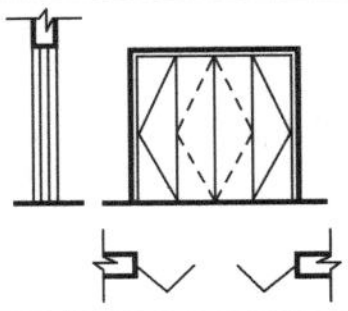	①门的名称代号用M表示。 ②平面图中,下为外,上为内。 ③立面图中,开启线实线为外开、虚线为内开。开启线交角的一侧为安装合页一侧。 ④剖面图中,左为外,右为内。 ⑤立面形式应按实际情况绘制
	推拉折叠门	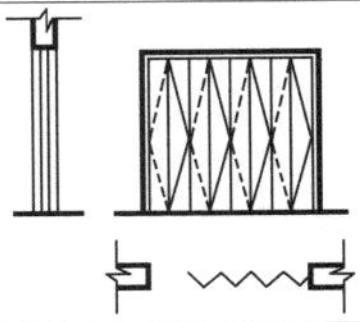	
16	墙洞外单扇推拉门	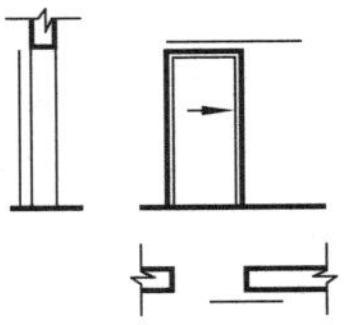	①门的名称代号用M表示; ②平面图中,下为外,上为内; ③剖面图中,左为外,右为内; ④立面形式应按实际情况绘制
	墙洞外双扇推拉门	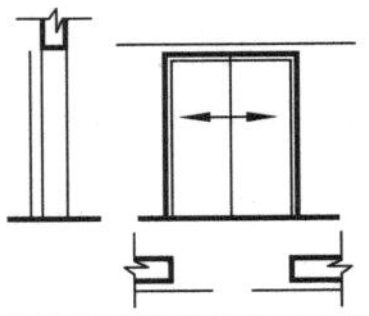	
	墙中单扇推拉门	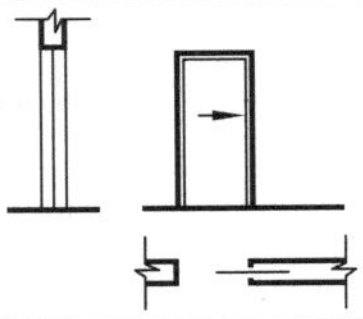	①门的名称代号用M表示; ②立面形式应按实际情况绘制
	墙中双扇推拉门	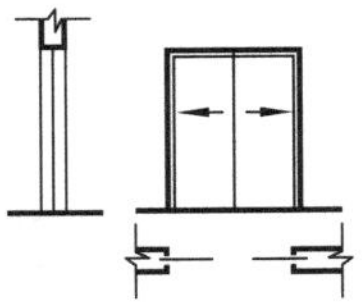	

续表

序号	名 称	图 例	备 注
17	推杠门	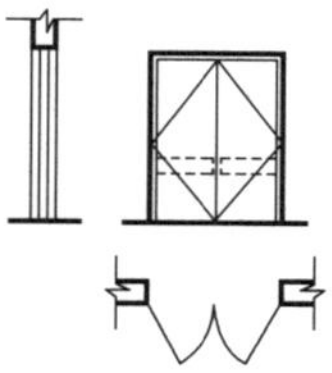	①门的名称代号用 M 表示。 ②平面图中，下为外，上为内；门开启线为 90°、60°或 45°。 ③立面图中，开启线实线为外开、虚线为内开。开启线交角的一侧为安装合页一侧。开启线在建筑立面图中可不表示，在室内设计门窗立面大样图中需绘出。 ④剖面图中，左为外，右为内。 ⑤立面形式应按实际情况绘制
18	门连窗	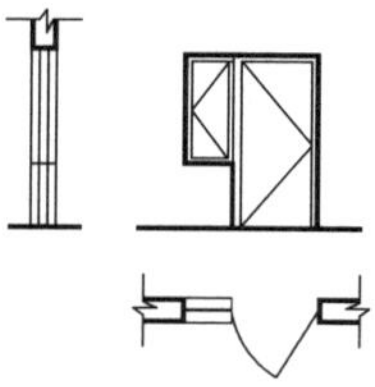	
19	固定窗	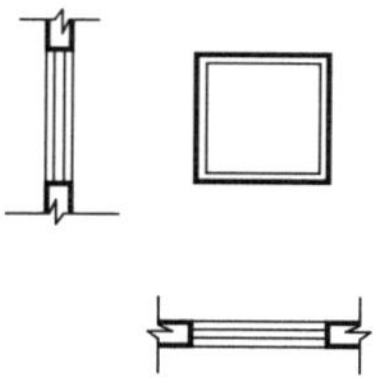	①窗的名称代号用 C 表示。 ②平面图中，下为外，上为内。 ③立面图中，开启线实线为外开、虚线为内开。开启线交角的一侧为安装合页一侧。开启线在建筑立面图中可不表示，在门窗立面大样图中需绘出。 ④剖面图中，左为外、右为内。虚线仅表示开启方向，项目设计不表示。 ⑤附加纱窗应以文字说明，在平、立、剖面图中均不表示。 ⑥立面形式应按实际情况绘制
20	上悬窗	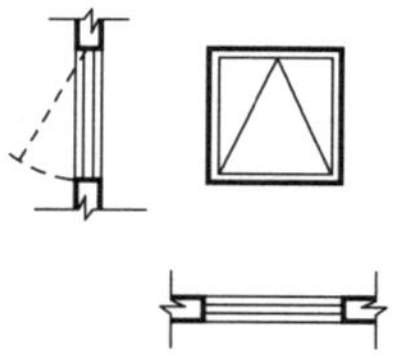	
	中悬窗	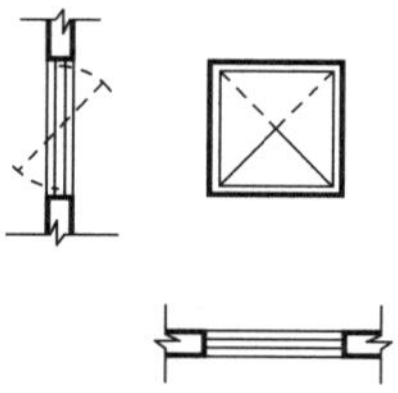	
	下悬窗	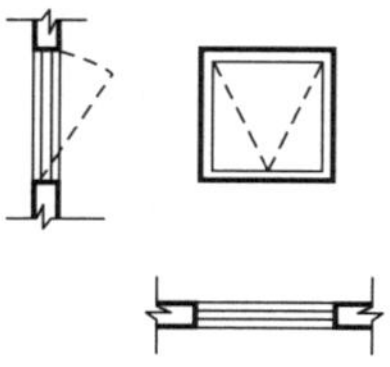	

续表

序号	名　称	图　例	备　注
21	单层外开平开窗		①窗的名称代号用C表示。 ②平面图中,下为外,上为内。 ③立面图中,开启线实线为外开、虚线为内开。开启线交角的一侧为安装合页一侧。开启线在建筑立面图中可不表示,在门窗立面大样图中需绘出。 ④剖面图中,左为外、右为内。虚线仅表示开启方向,项目设计不表示。 ⑤附加纱窗应以文字说明,在平、立、剖面图中均不表示。 ⑥立面形式应按实际情况绘制
	单层内开平开窗		
	双层内外开平开窗		

活动建议

请同学们上网下载《建筑制图标准》(GB/T 50104—2010),并仔细阅读有关内容。

5)剖切符号、索引符号和详图符号

(1)剖切符号

剖切符号宜优先选择国际通用方法表示(图4.14),也可采用常用方法表示(图4.15),同一套图纸应选用一种表示方法。

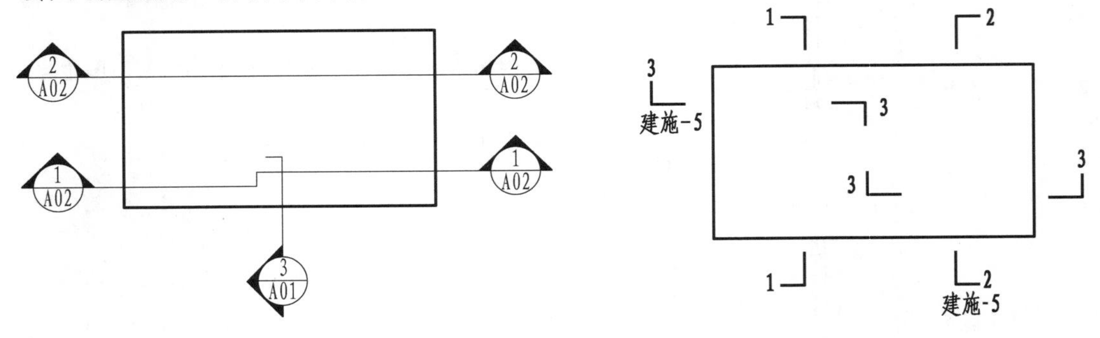

图4.14　剖视的剖切符号(1)　　图4.15　剖视的剖切符号(2)

剖切符号标注的位置应符合下列规定:

①建(构)筑物剖面图的剖切符号应注在±0.000标高的平面图或首层平面图上。

②局部剖切图(不含首层)、断面图的剖切符号应注在包含剖切部位的最下面一层的平面

图上。

采用常用方法表示时，剖面的剖切符号应由剖切位置线及剖视方向线组成，均应以粗实线绘制，线宽宜为 b。剖面的剖切符号应符合下列规定：

①剖切位置线的长度宜为 6 ~ 10 mm；剖视方向线应垂直于剖切位置线，其长度应短于剖切位置线，宜为 4 ~ 6 mm。绘制时，剖视剖切符号不应与其他图线相接触。

②剖视剖切符号的编号宜采用粗阿拉伯数字，按剖切顺序由左至右、由下向上连续编排，并应注写在剖视方向线的端部（图 4.15）。

③需要转折的剖切位置线，应在转角的外侧加注与该符号相同的编号。

④断面的剖切符号应仅用剖切位置线表示，其编号应注写在剖切位置线的一侧；编号所在的一侧应为该断面的剖视方向，其余同剖面的剖切符号（图 4.16）。

⑤当与被剖切图样不在同一张图内时，应在剖切位置线的另一侧注明其所在图纸的编号（图 4.16），也可在图上集中说明。

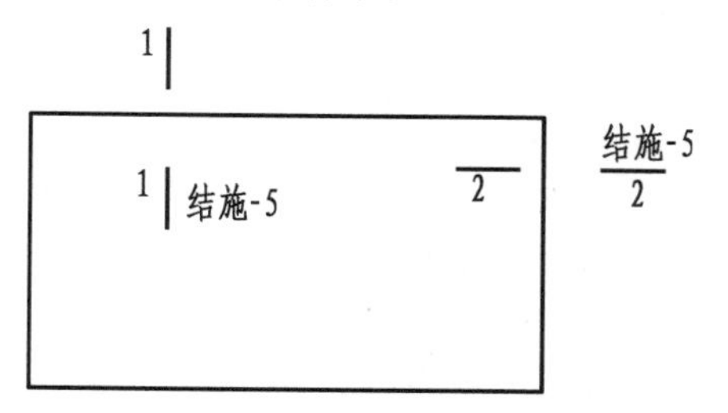

图 4.16　断面的剖切符号

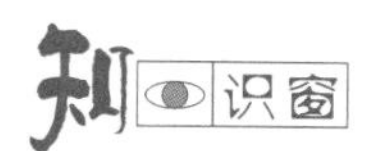

采用国际通用剖视表示方法时，剖面及断面的剖切符号应符合下列规定：

①剖面剖切索引符号应由直径为 8 ~ 10 mm 的圆和水平直径以及两条相互垂直且外切圆的线段组成。水平直径上方应为索引编号，下方应为图纸编号，线段与圆之间应填充黑色并形成箭头表示剖视方向，索引符号应位于剖线两端；断面及剖视详图剖切符号的索引符号应位于平面图外侧一端，另一端为剖视方向线，长度宜为 7 ~ 9 mm，宽度宜为 2 mm。

②剖切线与符号线线宽应为 $0.25b$。

③需要转折的剖切位置线应连续绘制。

④剖号的编号宜由左至右、由下向上连续编排。

（2）索引符号

图样中的某一局部或构件，如需另见详图，应以索引符号索引，如图 4.17（a）所示。索引符号应由直径为 8 ~ 10 mm 的圆和水平直径组成，圆及水平直径线宽宜为 $0.25b$。索引符号编写应符合下列规定：

①当索引出的详图与被索引的详图同在一张图纸内时，应在索引符号的上半圆中用阿拉伯数字注明该详图的编号，并在下半圆中间画一段水平细实线，如图 4.17（b）所示。

②当索引出的详图与被索引的详图不在同一张图纸中时，应在索引符号的上半圆中用阿拉伯数字注明该详图的编号，在索引符号的下半圆中用阿拉伯数字注明该详图所在图纸的编号，如图 4.17（c）所示。数字较多时，可加文字标注。

③当索引出的详图采用标准图时，应在索引符号水平直径的延长线上加注该标准图集的编号，如图 4.17（d）所示。需要标注比例时，应在文字的索引符号右侧或延长线下方，与符号下对齐。

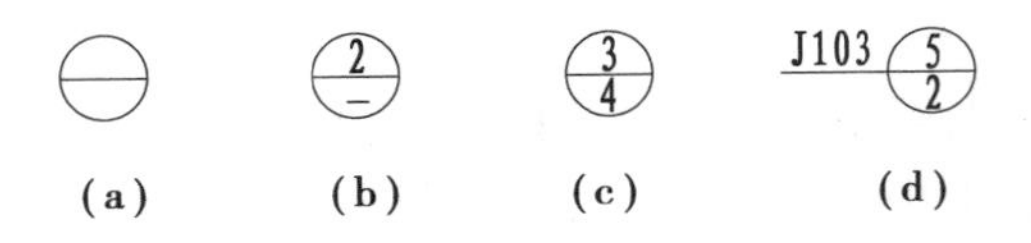

图 4.17　索引符号

当索引符号用于索引剖视详图时，应在被剖切的部位绘制剖切位置线，并以引出线引出索引符号，引出线所在的一侧应为剖视方向，如图 4.18 所示。

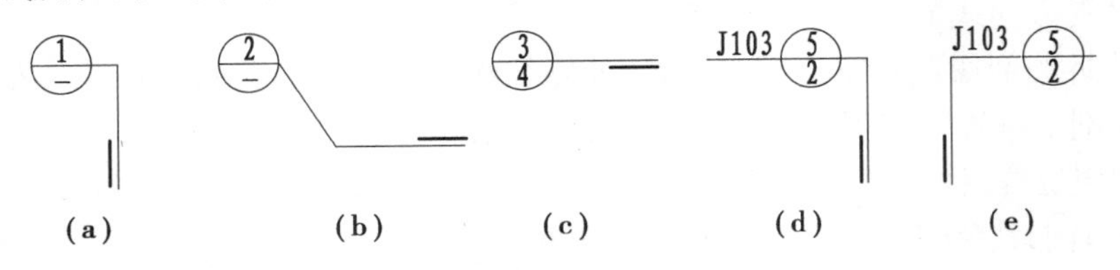

图 4.18　用于索引剖视详图的索引符号

(3)详图符号

详图的位置和编号应以详图符号表示。详图符号的圆直径应为14 mm，线宽为 b。详图编号应符合下列规定：

①当详图与被索引的图样同在一张图纸内时，应在详图符号内用阿拉伯数字注明详图的编号，如图 4.19(a)所示。

②当详图与被索引的图样不在同一张图纸内时，应用细实线在详图符号内画一水平直径，在上半圆中注明详图编号，在下半圆中注明被索引的图纸的编号，如图 4.19(b)所示。

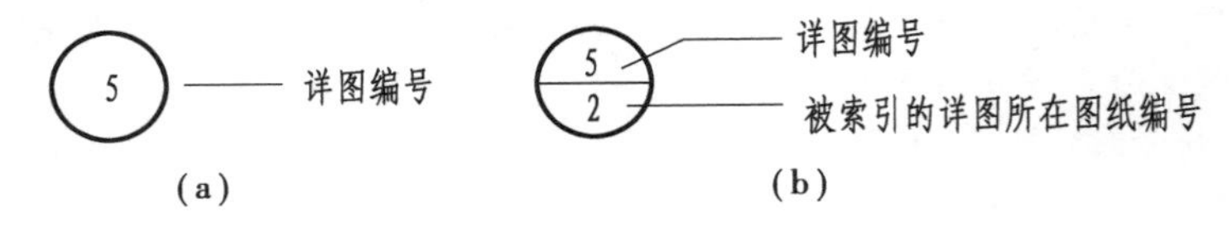

图 4.19　详图符号

6)尺寸标注

尺寸包括外部尺寸和内部尺寸。外部尺寸一般分为 3 道尺寸，通常注写在图形的下方和左方，最外面一道尺寸称为第 1 道尺寸，表示外轮廓的总尺寸；第 2 道尺寸表示轴线之间的距离，通常为房间的开间和进深尺寸；第 3 道尺寸为细部尺寸，表示门窗洞口的尺寸和位置，墙、柱的尺寸和位置等。内部尺寸用来表示室内的门窗洞、墙厚、房间净空等的尺寸和位置。在底层平面图中，还应注写室内外地面的标高。

阅读理解

如图 4.20 所示，图样上的尺寸由尺寸界线、尺寸线、尺寸起止符号和尺寸数字组成。

①尺寸界线。尺寸界线应用细实线绘制，应与被注长度垂直，其一端应离开图样轮廓线不小于 2 mm，另一端宜超出尺寸线 2 ~ 3 mm。图样轮廓线也可用作尺寸界线。

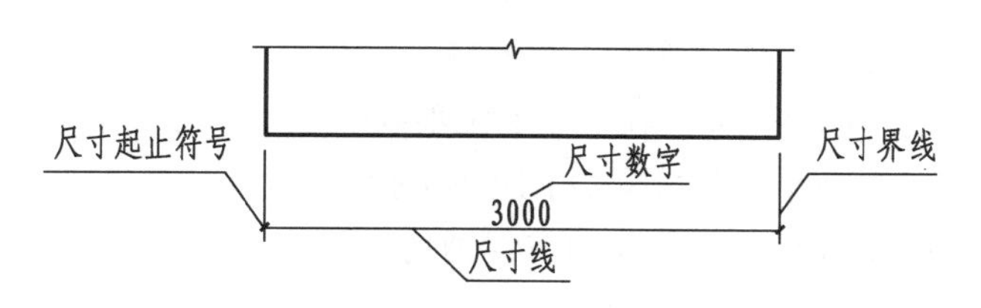

图 4.20 尺寸的组成

②尺寸线。尺寸线应用细实线绘制，应与被注长度平行，两端宜以尺寸界线为边界，也可超出尺寸界线 2 ~ 3 mm。图样本身的任何图线均不得用作尺寸线。

③尺寸起止符号。尺寸起止符号一般用中粗斜短线绘制，其倾斜方向应与尺寸界线成顺时针 45°角，长度宜为 2 ~ 3 mm。半径、直径、角度与弧长的尺寸起止符号宜用箭头表示，箭头宽度 b 不宜小于 1 mm[图 4.21(a)]。轴测图中用小圆点表示尺寸起止符号，小圆点直径为 1 mm[图 4.21(b)]。

④尺寸数字。图样上的尺寸应以尺寸数字为准，不得从图上直接量取。图样上的尺寸单位，除标高及总平面图以 m 为单位外，其他必须以 mm 为单位。尺寸数字应依据其方向注写在靠近尺寸线的上方中部。如果没有足够的注写位置，最外边的尺寸数字可注写在尺寸界线的外侧，中间相邻的尺寸数字可上下错开注写，可用引出线表示标注尺寸的位置，如图 4.22 所示。

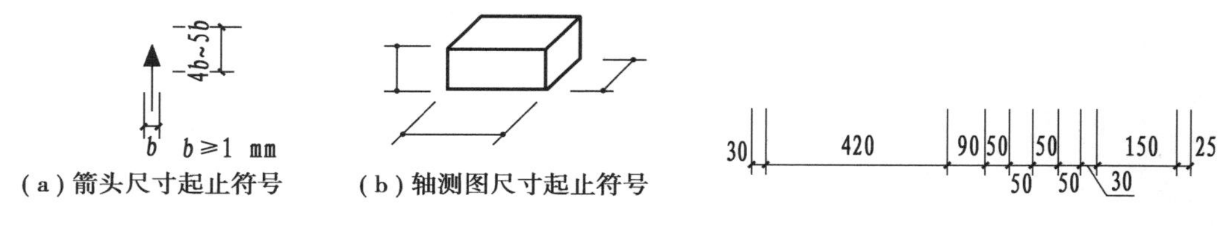

图 4.21 尺寸起止符号

图 4.22 尺寸数字的注写位置

7)其他标注

房间应根据其功能标注名称或编号。楼梯间的水平投影图要表示“上”与“下”的关系。首层平面图也需要画出室外的台阶、散水、明沟和花池等。

4.2.3 建筑平面图的识读

图 4.23 至图 4.27 为荣昌区某制品公司联建楼建筑平面图。现以一层平面图为例，看看我们可以从图中得到哪些信息。

①图 4.23 为一层平面图，用 1∶100 的比例绘制，该建筑物朝东北方向，平面图形状为矩形，为商业用房。

②室内标高为 ±0.000 m，室外标高为 −0.150 m。

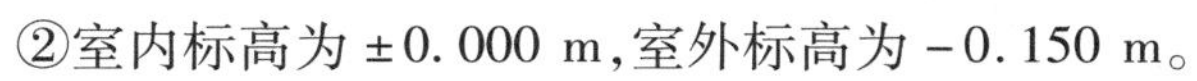

③房屋的横向①~⑮轴和纵向Ⓑ、Ⓓ轴都是以墙中线定位，Ⓒ轴以柱中线定位。

④砖墙厚 240 mm。涂黑的方形是钢筋混凝土框架柱，为主要承重构件，其断面尺寸不尽相同，详见结施图。

⑤图形的四周标注有尺寸，最外面的一道总体尺寸反映房屋的总长为 36 240 mm，总宽为 12 240 mm，室外楼梯宽为 1 500 mm；第 2 道定位轴线尺寸反映了柱子的间距，如②～③轴为 3 300 mm；平面图上方第 3 道细部尺寸是柱间窗洞的尺寸或窗间(窗柱间)墙的尺寸，如③～⑤轴 C5 窗洞宽 1 200 mm，窗两侧距离③轴与⑤轴均为 1 350 mm。

提问回答

阅读图 4.24，回答下列问题：

1. 在墙中涂黑的方块表示什么意思？

2. 图中在哪个位置做了 1—1 剖面符号？

3. 图中一梯几户？每户都有哪些房间？进户门多宽？C1 与 C2 多宽？二层楼面标高是多少？

4. 落水管采用的是什么材料？尺寸是多少？

图 4.27 表达了哪些内容？

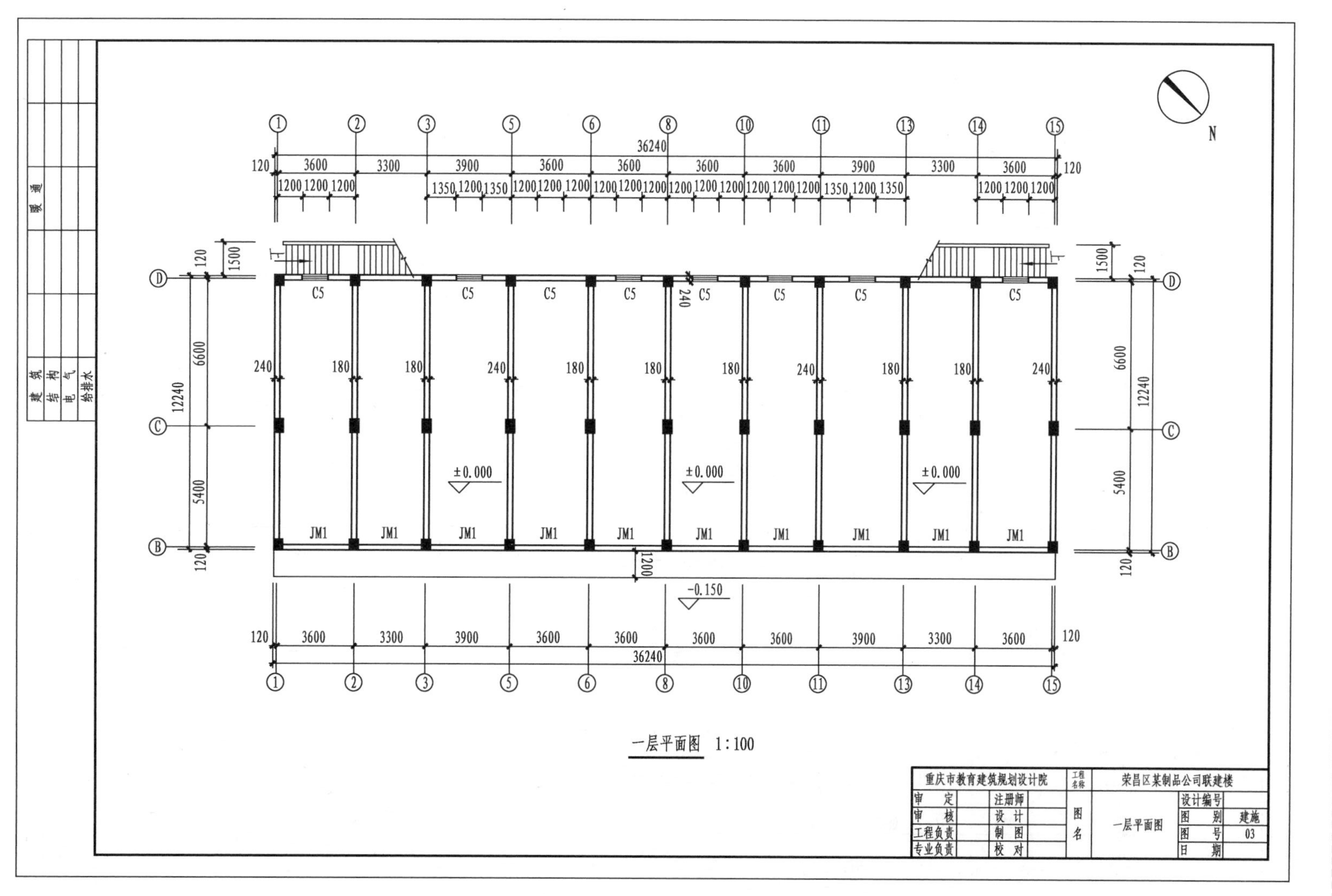
一层平面图 1:100
重庆市教育建筑规划设计院
工程名称
荣昌区某制品公司联建楼
审 定
审 核
工程负责
专业负责
注册师
设 计
制 图
校 对
图名
一层平面图
设计编号
图 别 建施
图 号 03
日 期
建 筑
结 构
电 气
给排水
暖 通
N
C5
JM1
±0.000
-0.150
36240
12240
6600
5400
1500
1200

图4.23 一层平面图

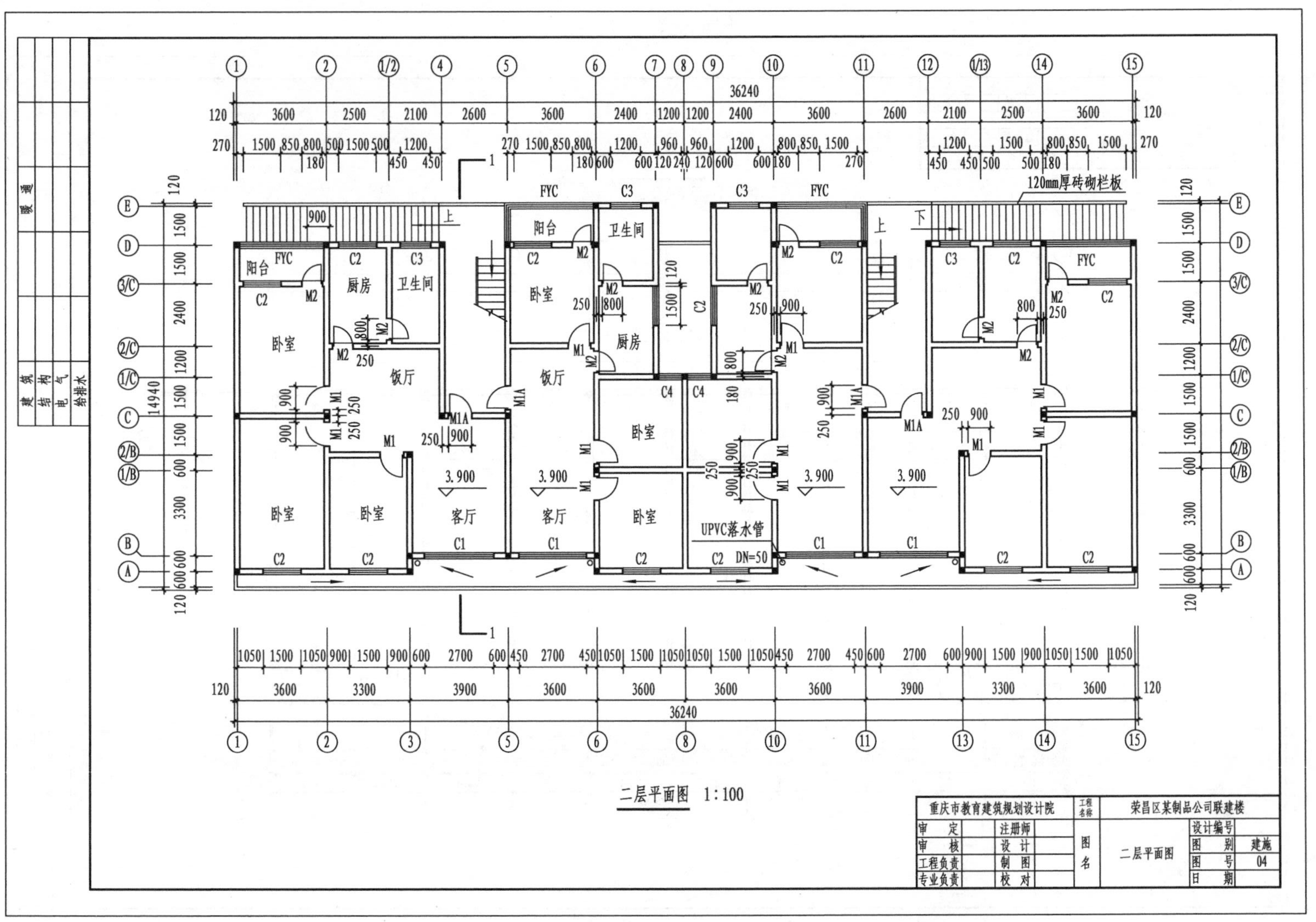
二层平面图 1:100
120mm厚砖砌栏板
UPVC落水管
DN=50
卧室
客厅
饭厅
厨房
卫生间
阳台
重庆市教育建筑规划设计院
荣昌区某制品公司联建楼
二层平面图
建施
04

图4.24 二层平面图

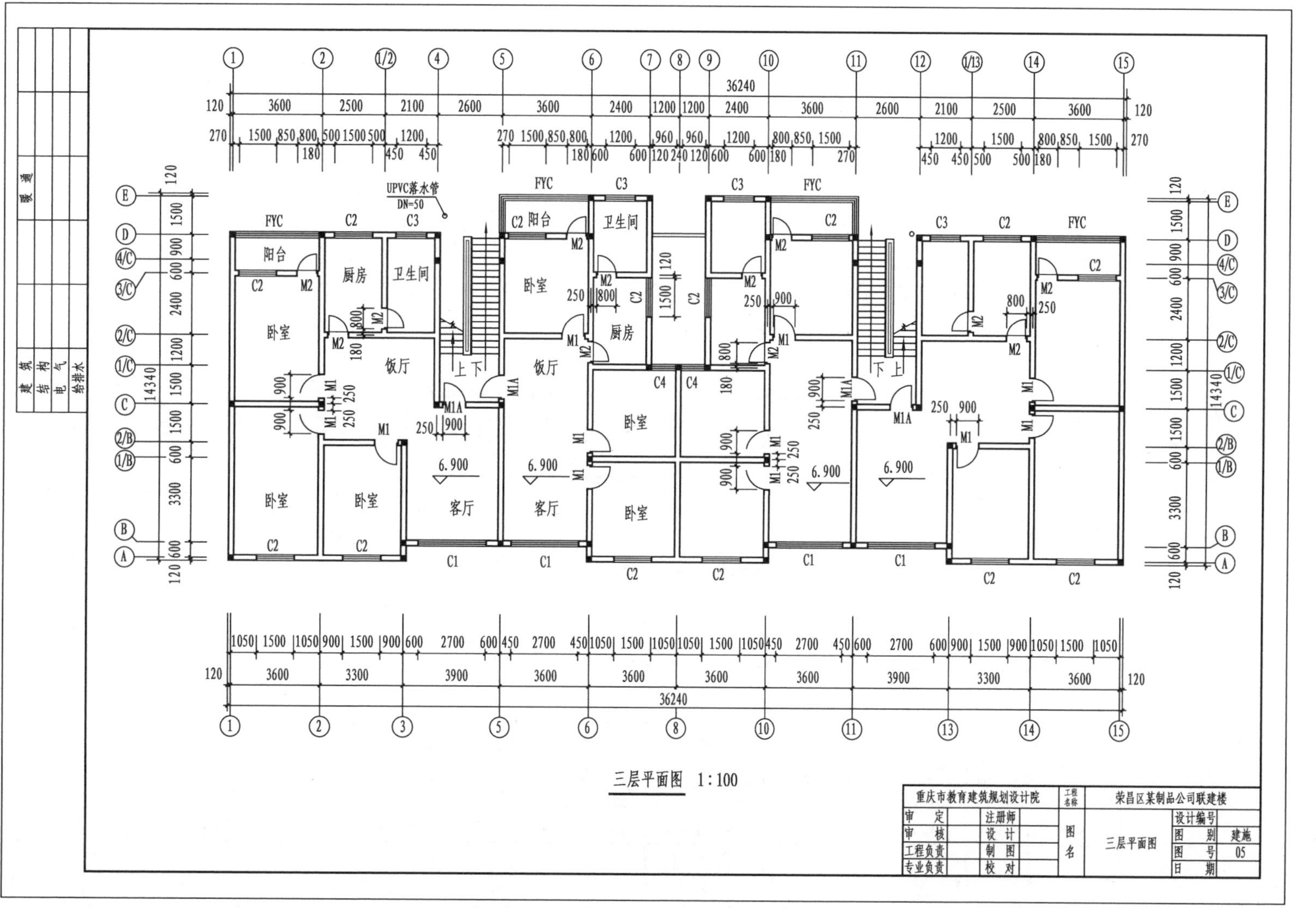
三层平面图 1:100
重庆市教育建筑规划设计院
工程名称
荣昌区某制品公司联建楼
审定
审核
工程负责
专业负责
注册师
设计
制图
校对
图名
三层平面图
设计编号
图别
建施
图号
05
日期
建筑
结构
电气
给排水
暖通
UPVC落水管
DN=50
FYC
阳台
厨房
卫生间
卧室
饭厅
客厅
6.900
36240
14340

图4.25 三层平面图

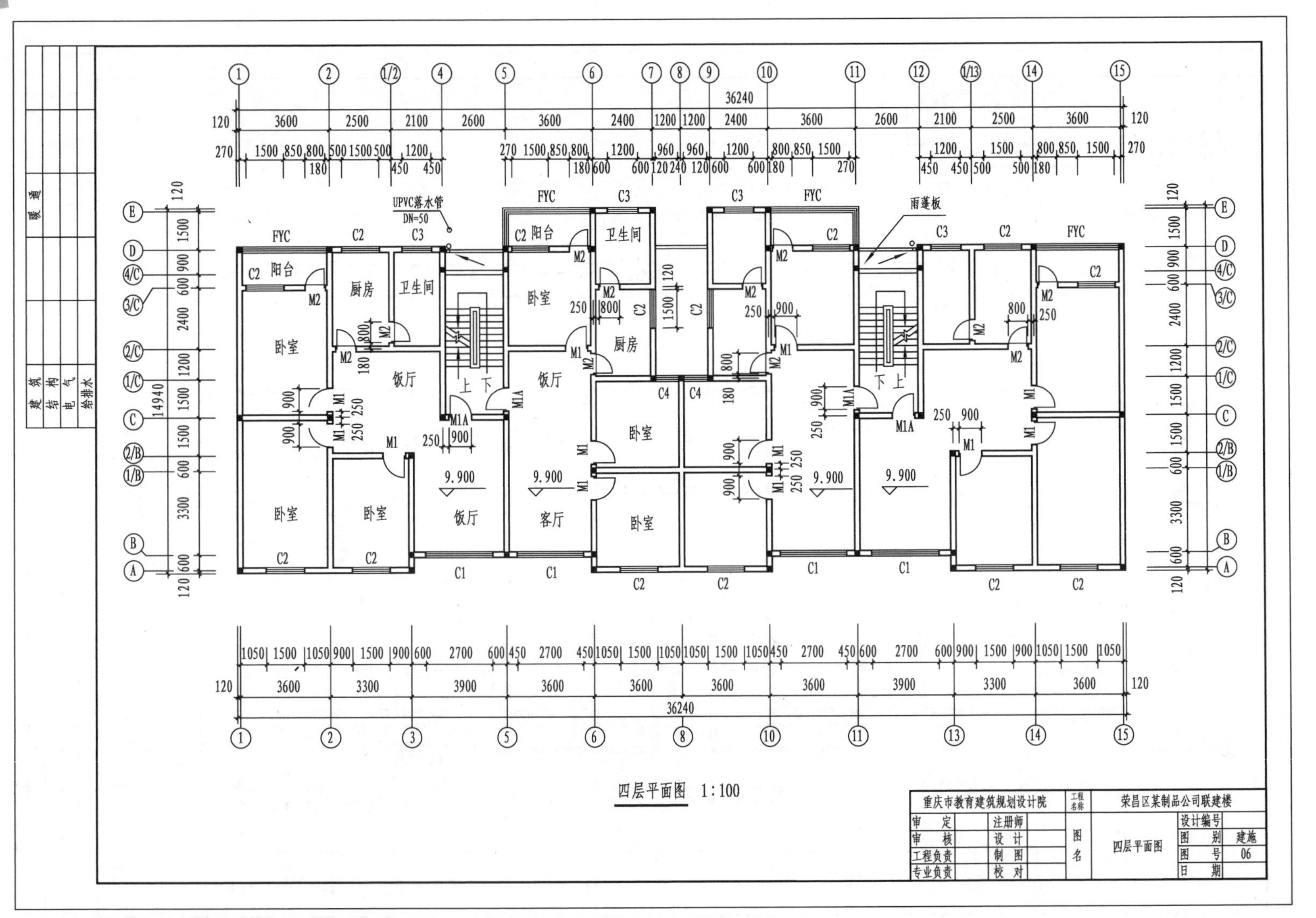
四层平面图 1:100
重庆市教育建筑规划设计院
工程名称
荣昌区某制品公司联建楼
审 定
审 核
工程负责
专业负责
注册师
设 计
制 图
校 对
图 名
四层平面图
设计编号
图 别 建施
图 号 06
日 期
建 筑
结 构
电 气
给排水
暖 通
卧室
客厅
饭厅
厨房
卫生间
阳台
雨蓬板
UPVC落水管 DN=50
9.900
36240
14940

图4.26 四层平面图

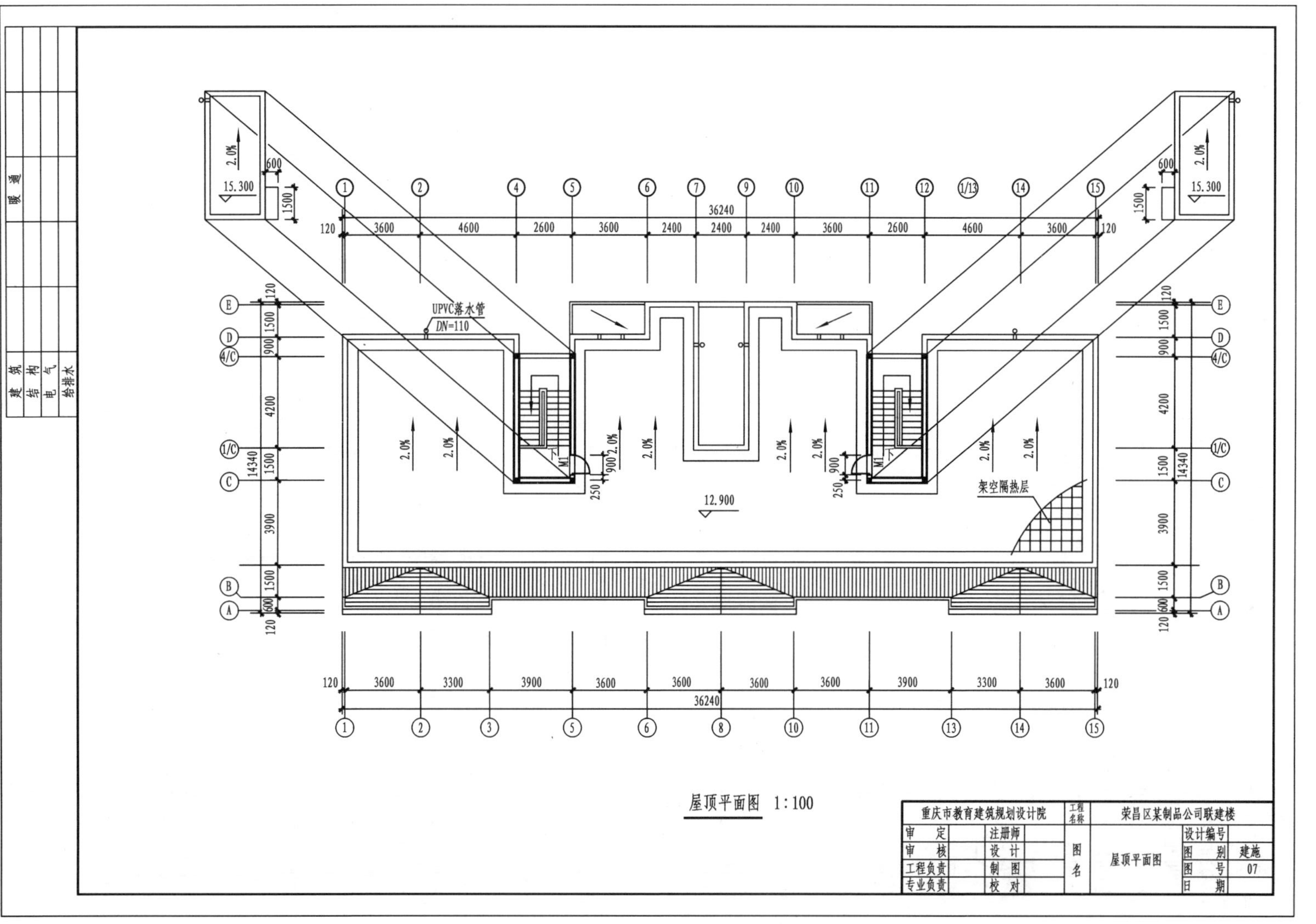
屋顶平面图 1:100
架空隔热层
UPVC落水管
DN=110
12.900
15.300
重庆市教育建筑规划设计院
荣昌区某制品公司联建楼
屋顶平面图
建施
07

图4.27 屋顶平面图

4.2.4 建筑平面图绘制的一般步骤

以绘制图 4.24 为例，建筑平面图绘制的一般步骤如下：

①画定位轴线，如图 4.28(a)所示。

②画墙、柱的轮廓线，如图 4.28(b)所示。

③画门窗洞和细部构造，如图 4.28(c)所示。

④加深图线、标注尺寸等，写比例、图名等，最后成图，如图 4.28(d)所示。

建筑平面图的绘制过程。

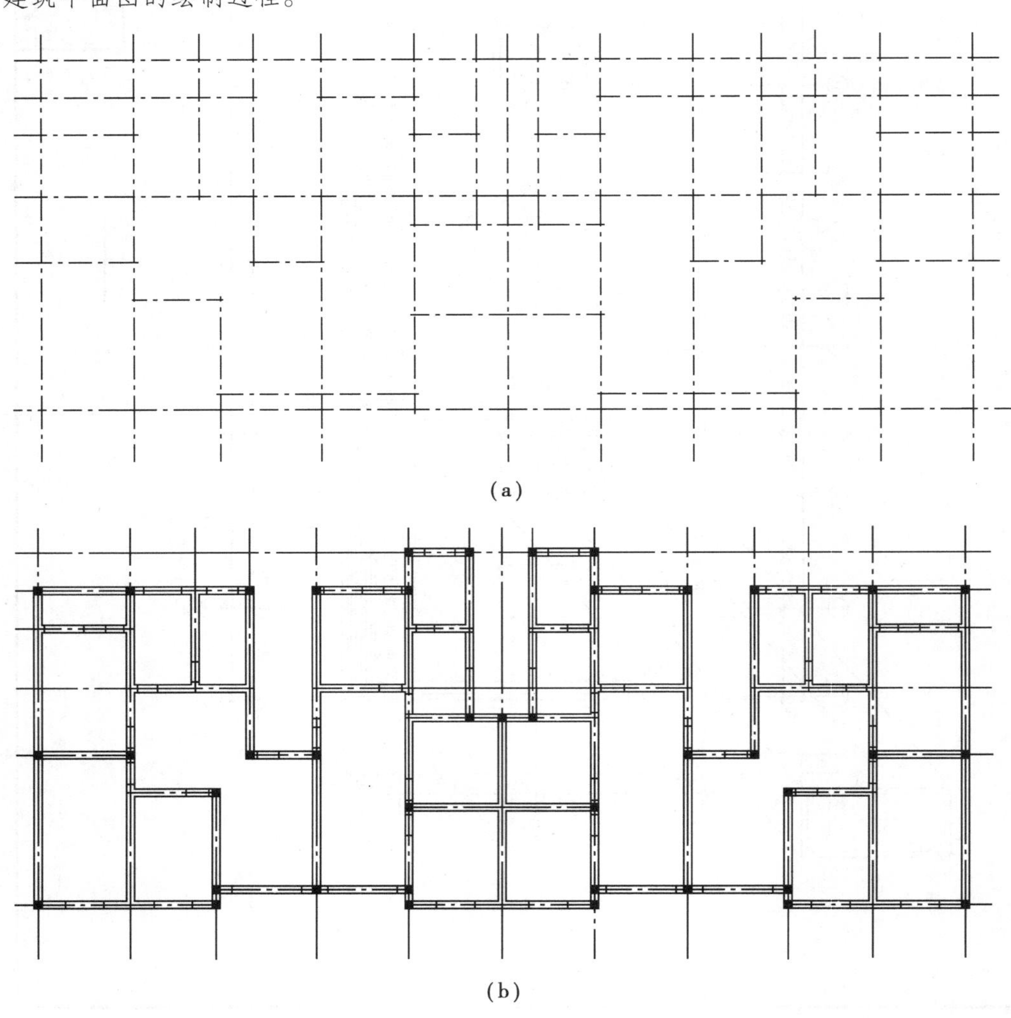

(a)

(b)

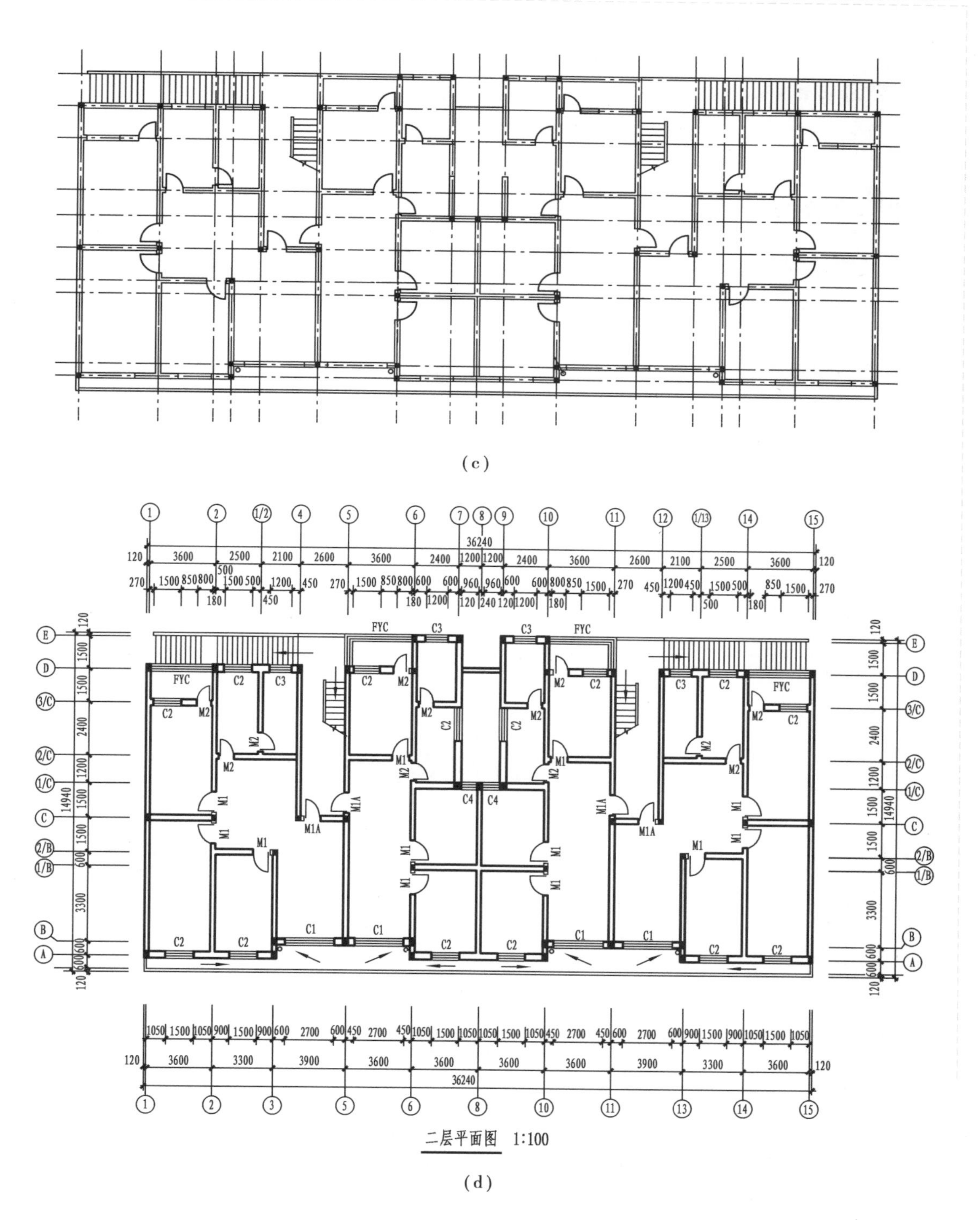

图 4.28 绘制建筑平面图的一般步骤

实习实作

画出你所在教室的建筑平面图(比例自定)。

练习作业

1. 请模仿图 4. 24,手绘出图 4. 24 所示的二层平面图。
2. 建筑平面图是怎么形成的? 一幢房屋通常有哪些平面图?
3. 建筑平面图的表现内容有哪些?
4. 如何绘制建筑平面图?

4.3 建筑立面图

问题引入

如图 4. 29 至图 4. 31 所示的建筑立面图,它向我们反映了哪些信息? 下面以图 4. 29 至图 4. 31 为例,学习如何识读和绘制建筑立面图。

4.3.1 建筑立面图的形成

在平行于建筑物立面的投影面上所作建筑物的正投影,称为建筑立面图,简称立面图,如图 4. 29 至图 4. 31 所示。它是用来表示建筑物的外形和外墙面装饰要求的图样。

建筑立面图的形成过程。

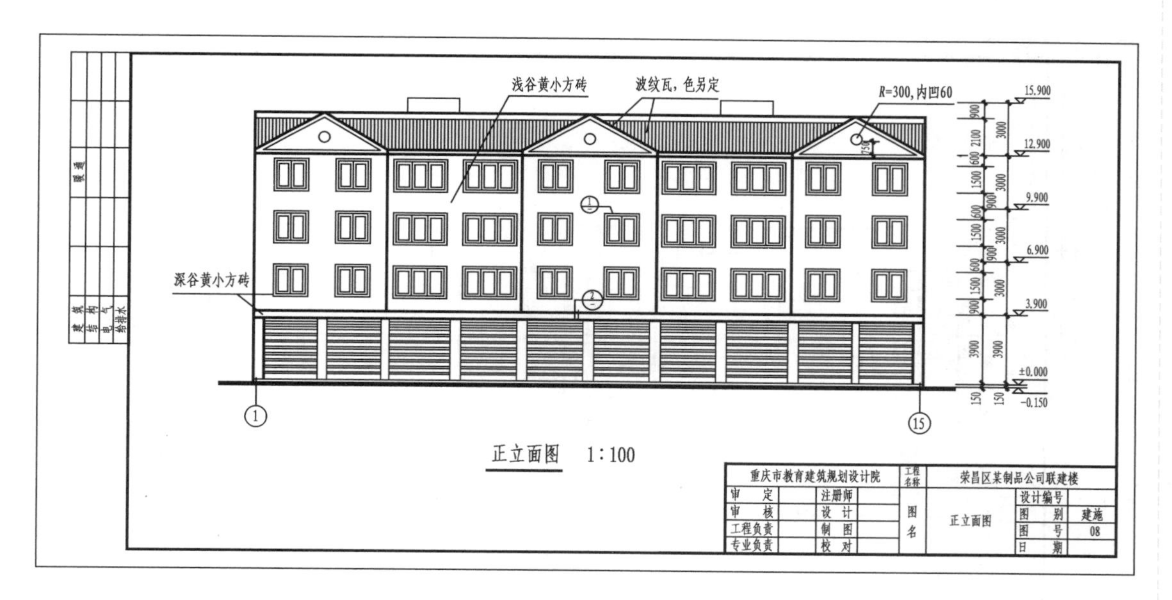

图 4.29 正立面图

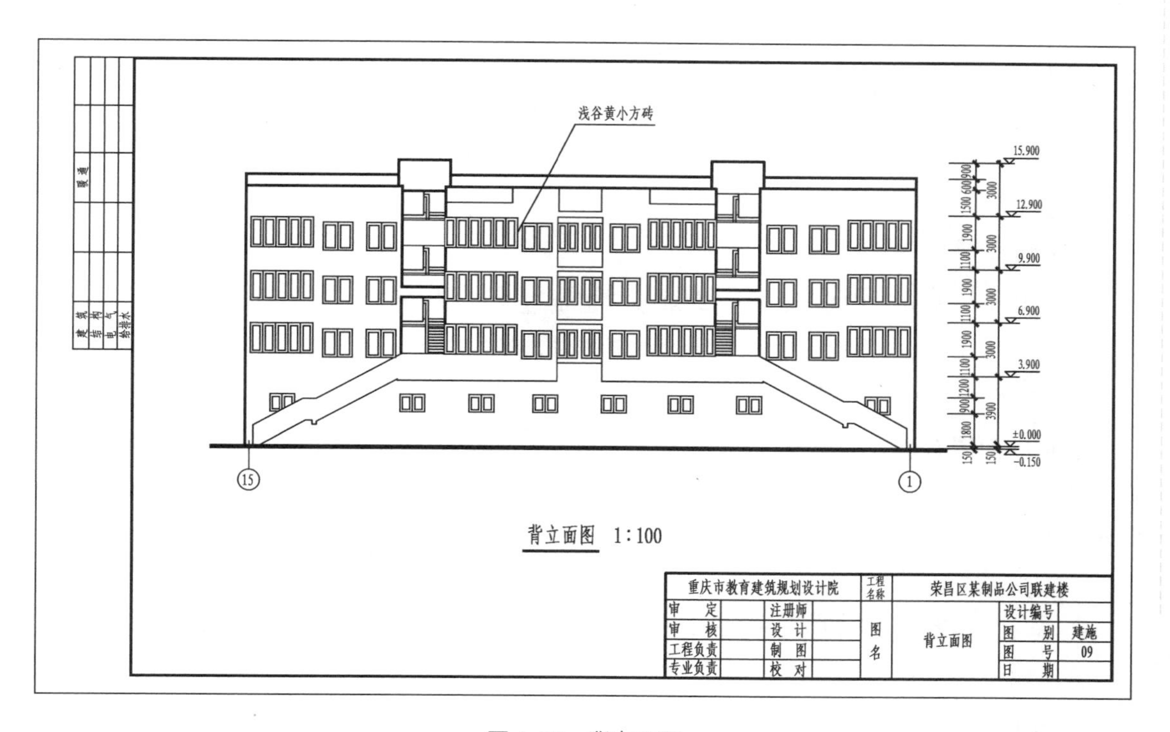

图 4.30 背立面图

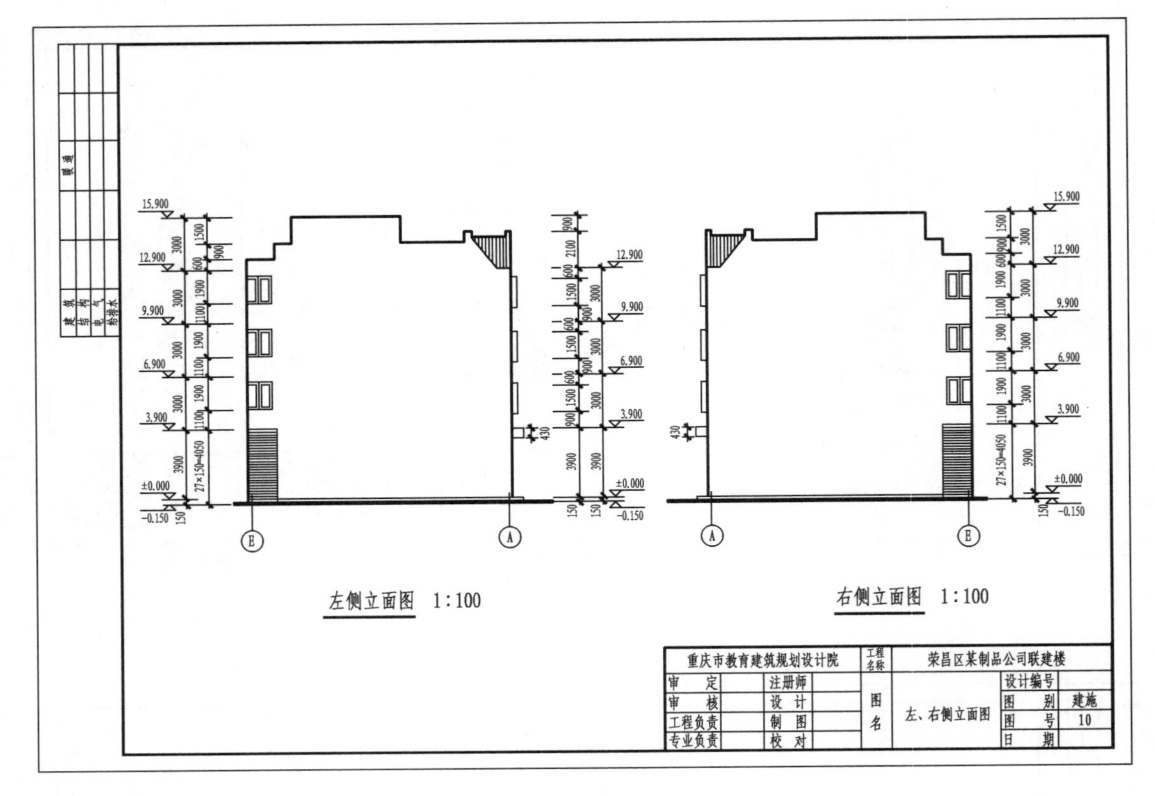

图 4.31　左、右侧立面图

阅读理解

建筑物是否美观，在很大程度上取决于立面的艺术处理，包括造型与装饰是否优美。在建筑的初步设计阶段，立面图主要用来研究建筑外观的艺术处理。在施工图中，它主要反映建筑的外貌、门窗形式和位置、墙面的装饰材料以及做法与色彩等。

建筑立面图有多种分类方法：按建筑物入口或造型特征分，有正立面图、背立面图、左侧立面图和右侧立面图；按建筑物的朝向分，有东立面图、南立面图、西立面图和北立面图；按立面图两端的轴线编号分，有如①～⑮立面图、⑮～①立面图、Ⓐ～Ⓔ立面图和Ⓔ～Ⓐ立面图。

4.3.2　建筑立面图的表现内容

1）比例

立面图的比例应与平面图相同。

2）定位轴线

在地坪线的下方画出立面图左右两端的定位轴线及其编号，以便与平面图对照识读。

3)图线

用加粗的实线(1.4b)表示该建筑物的室外地坪线;用粗实线(b)表示该建筑物的主要外形轮廓线;用中粗实线(0.7b)画门窗洞、阳台、雨篷、台阶、檐口等的轮廓线;用细实线(0.25b)画尺寸线、尺寸界线、索引符号等。

4)图例

由于绘制立面图的比例较小,很难将所有细部表达清楚,所以立面图中的建筑构造与配件常用表4.2所列图例表示。

5)尺寸与标高

建筑立面图上高度方向的尺寸用标高的形式标注。标注标高时要注意有建筑标高和结构标高之分。对室外地坪、室内首层地面、各中间楼层楼面、女儿墙顶面、阳台、栏杆顶面等,应标注到包括装修层或粉刷层在内完工之后的建筑标高;而对门窗洞口、屋檐、外阳台及雨篷梁的底面,一般均指不包括粉刷层在内的结构标高。为了避免产生误会,必要时可在这些标高数值的后面用括号加注"结构"二字。

6)其他标注

凡是需要绘制详图的部位,都应画上索引符号。房屋外墙面的各部分装饰材料、做法、色彩等用文字说明或列表说明。

4.3.3 建筑立面图的识读

以图4.29为例,我们可以从图中得到以下信息:

①结合平面图,可以看出建筑物为4层,左右侧立面对称。首层为商业用房,进出门在正立面。2~4层为住宅,正立面有两种不同规格的窗。正立面屋顶处采用斜坡屋面,且在正立面中均匀分布了3个与正立面相垂直的双坡屋面,分别在中间设有一个内凹的圆孔,加强了建筑物的艺术效果。

②外墙装饰的主格调采用浅谷黄小方砖贴面,突出墙面线条用深谷黄小方砖贴面。斜坡屋面为波纹瓦饰面。

③正立面采用以下多种线型:用加粗实线画出室外地坪线;用粗实线画出外轮廓线;用中粗实线画出窗洞的形状与分布等;用细实线画出斜坡屋面、卷帘门、引出线等。

④正立面图分别注有室内外地坪、窗台、窗洞顶等标高。此房屋室外地坪比室内地坪低150 mm。房屋的建筑总高度为16.05 m。

⑤在窗洞口处和一层雨篷处标注有索引符号,表示它们的做法另有详图,且都在本张图内(此处省略详图)。

提问回答

结合前述平面图,阅读图4.29和图4.30,回答下列问题:

1. 背立面图中左右侧斜细实线表示什么意思?

2. 首层商业用房窗台标高是多少？

3. 三楼阳台栏板顶面标高与窗台标高分别是多少？

4. 女儿墙的高度是多少？

4.3.4　建筑立面图绘制的一般步骤

以绘制图 4.29 所示建筑立面图为例，建筑立面图绘制的一般步骤如下：

建筑立面图的绘制步骤

①按尺寸画出室外地坪线、外形轮廓线、屋顶线，如图 4.32(a)所示。

②画层高线、门窗洞线、阳台、雨篷、雨水管等，如图 4.32(b)所示。

③画门窗分格线、轴线及细部构造，按施工图的要求加深图线，并标注标高、轴线编号及详图索引符号，写图名、比例及有关文字说明等，最后成图，如图 4.32(c)所示。

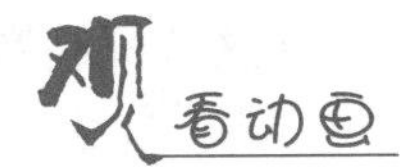

建筑立面图的绘制过程。

(a)

(b)

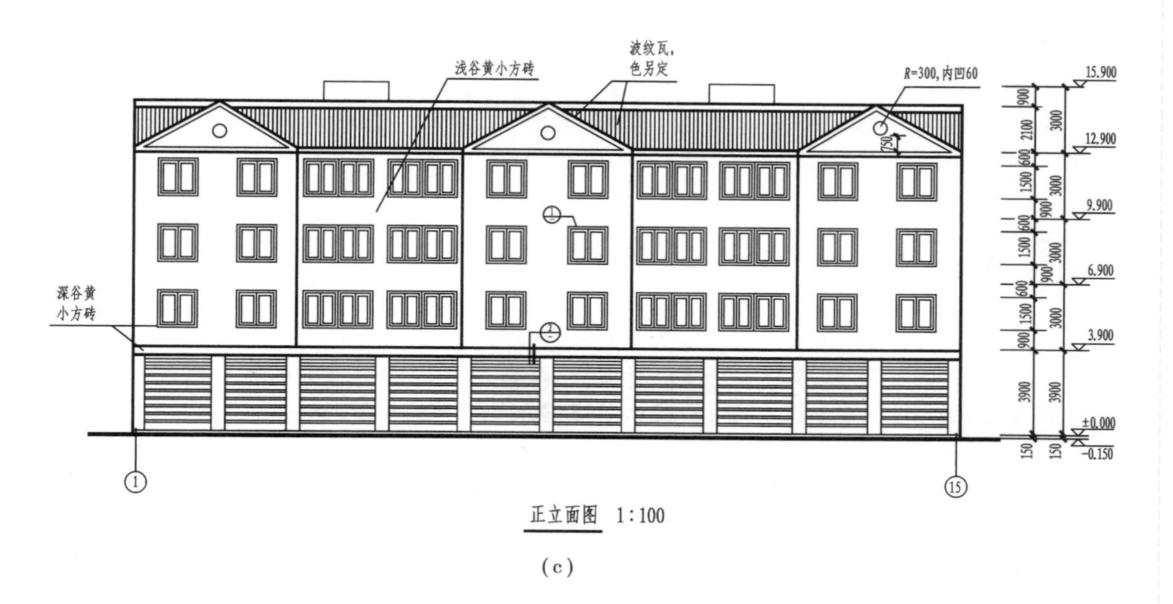

(c)

图 4.32 建筑立面图的绘制步骤

实习实作

画出你所在教学楼的正立面图(比例自定)。

练习作业

1. 请模仿图 4.30，手绘出图 4.30 所示的背立面图。
2. 建筑立面图是怎么形成的？一幢房屋通常有哪些立面图？
3. 建筑立面图的表现内容有哪些？
4. 如何绘制建筑立面图？

4.4 建筑剖面图

问题引入

阅读建筑剖面图4.33，观察它和建筑平面图、立面图有什么不同？从建筑剖面图上，你可以获取哪些信息？下面结合图4.33，学习如何识读和绘制建筑剖面图。

4.4.1 建筑剖面图的形成

假想用一个垂直于外墙轴线的铅垂剖切面，将建筑物剖开，移去一部分，对留下部分作正投影所得到的投影图，称为建筑剖面图，简称剖面图，如图4.33所示。

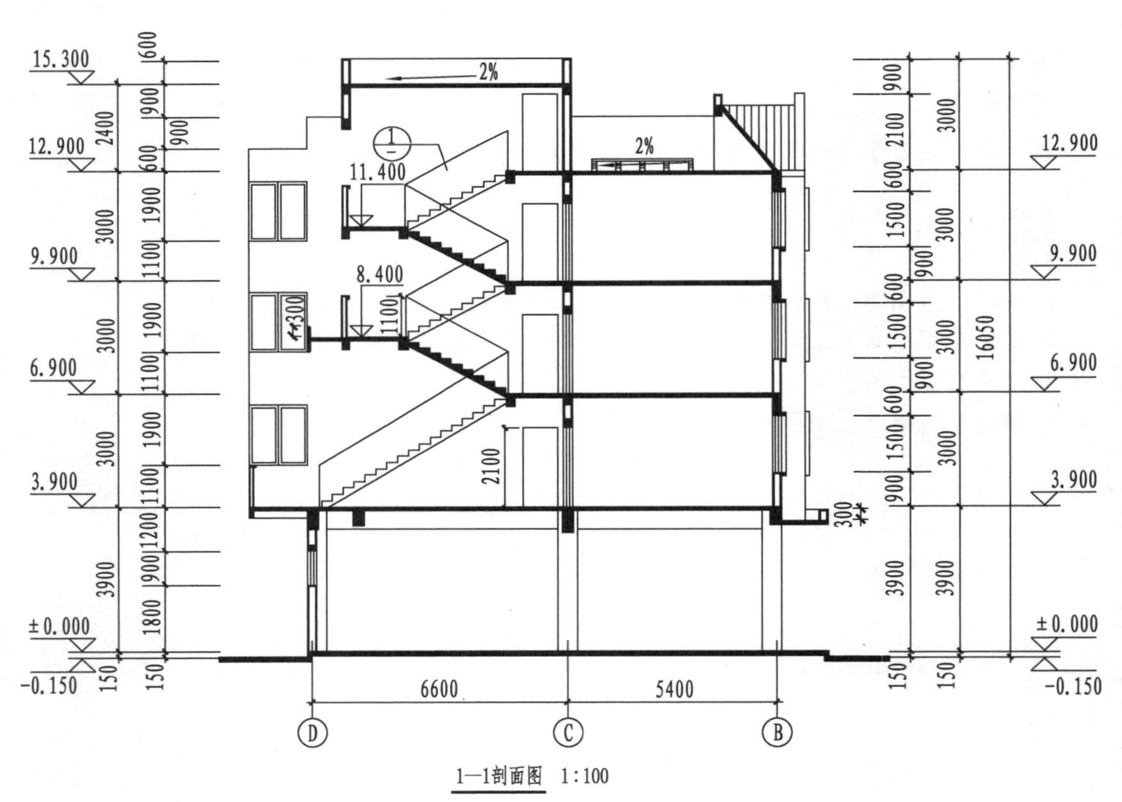

图4.33 建筑剖面图

建筑剖面图的形成过程。

剖面图的剖切位置,应选在平面图上能反映建筑物内部构造特征,以及有代表性的部位。剖面图的剖切位置和剖视方向可在平面图中找出。

根据建筑物的复杂程度,剖面图可绘制一个或多个。剖面图的图名应与平面图上所标注剖切符号的编号一致,如1—1剖面图等。

4.4.2 建筑剖面图的表现内容

1)比例

剖面图的比例应与平面图、立面图一致。

2)定位轴线

剖面图中的定位轴线一般只画出两端的轴线及其编号,以便与平面图对照识读。

3)图线

室内外地坪线用加粗实线(1.4b)表示。被剖切到的墙身、楼面、屋面、梁、楼梯等轮廓线用中粗实线(0.7b)表示;没有被剖切到的可见轮廓线,如门窗洞、楼梯栏杆和内外墙轮廓线用中实线表示(0.5b);门窗分格线、雨水管等用细实线(0.25b)表示;尺寸线与尺寸界线、图例线、引出线、标高符号等也用细实线(0.25b)表示。

知识窗

在剖面图的图线中,砖墙一般不画图例,钢筋混凝土的梁、柱、楼板和屋面的断面通常涂黑表示。粉刷层在1:100的剖面图中不必画出,当选用的比例为1:50或更大时,则要用细实线画出。

4)图例

由于绘制剖面图的比例较小,很难将所有的细部表达清楚,所以剖面图中的建筑构造与配件常用表4.2所列图例表示。

5)尺寸与标高

剖面图中必须标注垂直尺寸和标高。外墙的高度尺寸分3道标注:最外面一道为室外地面以上建筑的总高尺寸;第2道为层高尺寸,同时注明室内外的高差尺寸;第3道为门窗洞、洞间墙以及其他细部尺寸。水平方向定位轴线之间的尺寸也必须标注出。此外,还需要用标高符号标注室内外地坪、各层楼面、楼梯休息平台、屋面和女儿墙等处的标高。

6)其他标注

对于某些局部构造,当在剖面图中无法表达清楚时,可用详图索引符号引出,另绘详图。

4.4.3 建筑剖面图的识读

以图4.33为例,我们可以从图中得到以下信息:

①图 4.33 为前述联建楼的建筑剖面图，是按平面图 4.24 中 1—1 剖切位置绘制的。其剖切位置通过楼梯间、门窗洞口，剖切后向右投影得到的横向全剖面图基本能反映建筑物内部的构造特征。

②1—1 剖面图的比例为 1∶100，室内外地坪线画加粗实线，地坪线以下部分不画。被剖切到的墙体用两条粗实线表示，不画图例，表明它是用砖砌成的。被剖切到的楼面、梁、雨篷、板、楼梯等均涂黑，表示其材料为钢筋混凝土。

③剖面图中左侧画出未被剖切到但可见的封闭阳台窗，窗台高度为 1 100 mm；中间画出未被剖切到但可见的门，门的高度尺寸为 2 100 mm；右侧未被剖切到的可见轮廓线为Ⓐ轴墙体及窗洞轮廓线；被剖切到的楼梯平台的栏板高度尺寸为 1 100 mm；斜坡屋面的高度尺寸为2 100 mm。

④从相关标注及标高尺寸可知，首层商业用房层高为 3.9 m，2～4 层层高为 3.0 m，上人屋顶楼梯间层高为 2.4 m，上人屋顶女儿墙高为 1.5 m，楼梯间屋顶女儿墙高为 0.6 m，房屋总高为 16.05 m。

⑤从图中标注的屋面坡度可知，该屋面为单向排水屋面，坡度为 2%。

⑥剖面图中在楼梯栏杆处有一索引符号，表示栏杆做法另有详图，且详图就在本张图内（此处省略）。

4.4.4 建筑剖面图绘制的一般步骤

建筑剖面图的绘制步骤

建筑剖面图的识读

以绘制图 4.33 所示建筑剖面图为例，建筑剖面图绘制的一般步骤如下：

①画房屋纵向定位轴线、室内外地坪线、层高线、女儿墙顶部位置线等，如图 4.34(a)所示。

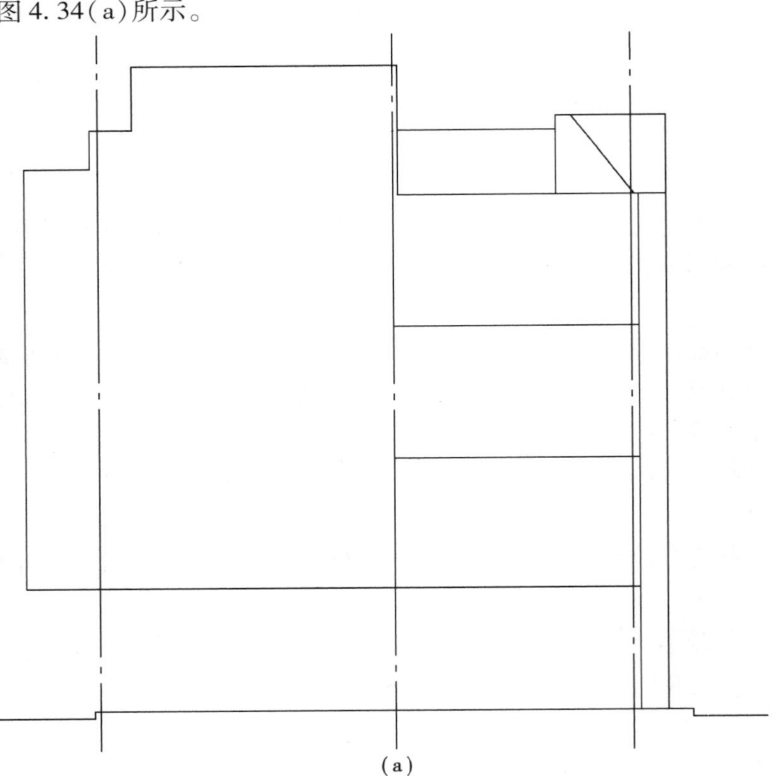
(a)

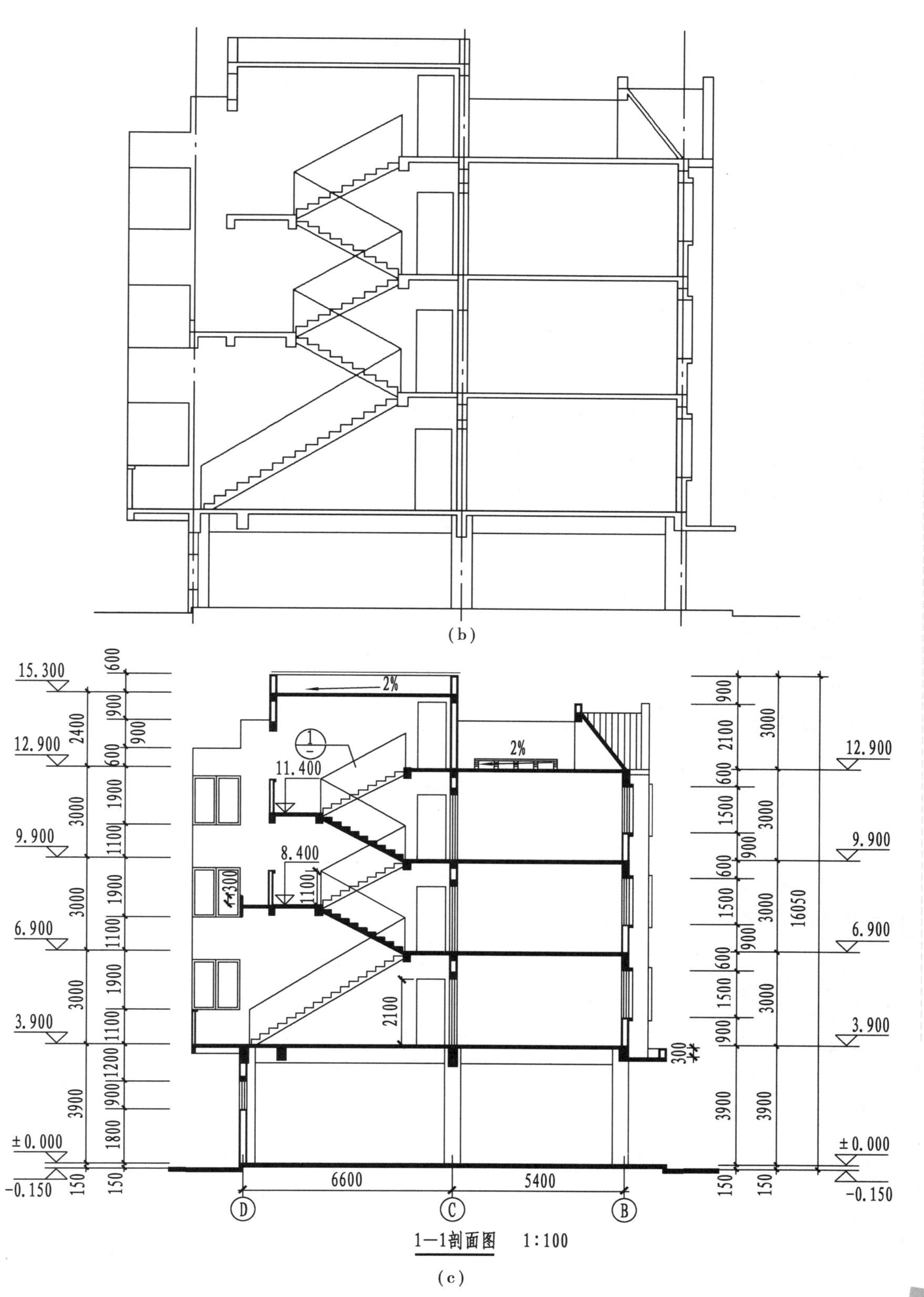

图 4.34 绘制建筑剖面图的一般步骤

②画墙体、楼层、屋面轮廓线和楼梯剖面线等，如图 4.34(b)所示。

③画门窗及细部构造，按施工图要求加深图线，标注尺寸及标高，写比例、图名等，如图 4.34(c)所示。

建筑剖面图的绘制过程。

实习实作

画出你所在教室的剖面图，要求剖切平面通过窗户(比例自定)。

4.4.5 建筑平面图、立面图、剖面图联合识读

建筑平面图反映了建筑物的平面形状和平面布置。建筑立面图反映了建筑物的外貌及其相应的高度和装修做法。建筑剖面图反映了建筑物内部的主要结构形式、分层情况、构造做法等。一个建筑物用平面图、立面图、剖面图就能表达它的基本形状、大小、构造和材料做法。因此，在识读建筑工程施工图时，通常是将建筑平面图、立面图、剖面图对照起来识读，并注意以下几点：

①立面图的名称是否与平面图的方位一致。

②剖面图的剖切位置和剖视方向应结合相关平面图识读。

③在建筑平面图、立面图、剖面图中，定位轴线的编号、尺寸和标高要对照识读，建筑物同一部位的标注应该一致。

④平面图中门窗、阳台、楼梯等的布置与大小，应与立面图、剖面图及相关明细表对照识读。

⑤立面图和剖面图中某些外墙装饰的做法，还应结合建筑设计总说明进行识读。

小组讨论

如果要完整表达你所在教学楼的平面形状与布置、教学楼的外部轮廓与构造以及内部结构形式等，都需要画出哪些施工图纸？

练习作业

1. 建筑剖面图是怎么形成的？它与建筑平面图有何关系？
2. 建筑剖面图的表现内容有哪些？
3. 如何绘制建筑剖面图？

4.5 建筑详图

问题引入

如图4.35至图4.37所示为建筑详图,它有何作用?从建筑详图中可以获取哪些消息?下面学习如何识读建筑详图。

用较大的比例将建筑的细部或构配件的形状、大小、材料和做法等,按照正投影图的画法详细表示出来的图样,称为建筑详图,简称详图。

4.5.1 建筑详图的表现内容

1)比例

建筑详图可采用的比例有1:1、1:2、1:5、1:10、1:15、1:20、1:25、1:30、1:50,可根据需要选用。

2)图名

详图的图名是画出详图符号,写出编号和比例,与被索引的图样上的索引符号对应,以便对照识读。

3)图线与图例

建筑构配件的断面轮廓线为粗实线,构配件的可见轮廓线为中粗实线(0.7*b*)或中实线(0.5*b*),材料图例为细实线。因为详图采用较大的比例,所以详图断面应画上规定的材料图例。常用建筑材料图例见表4.3。

4)尺寸与标高

详图的尺寸标注与标高标注必须完整齐全、准确无误。

表4.3 常用建筑材料图例

序号	名 称	图 例	备 注
1	自然土壤		包括各种自然土壤
2	夯实土壤		
3	砂、灰土		

续表

序号	名　称	图　例	备　注
4	砂砾石、碎砖三合土	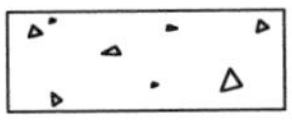	
5	石　材	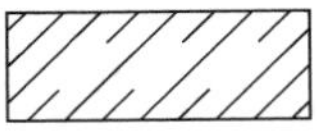	
6	毛　石	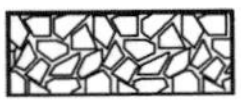	
7	实心砖、多孔砖	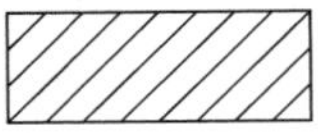	包括普通砖、多孔砖、混凝土砖等砌体
8	耐火砖		包括耐酸砖等砌体
9	空心砖、空心砌块		包括空心砖、普通或轻骨料混凝土小型空心砌块等砌体
10	加气混凝土	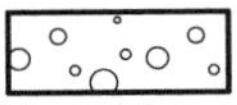	包括加气混凝土砌块砌体、加气混凝土墙板及加气混凝土材料制品等
11	饰面砖	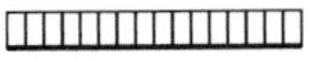	包括铺地砖、玻璃马赛克、陶瓷锦砖、人造大理石等
12	焦渣、矿渣	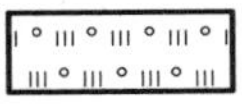	包括与水泥、石灰等混合而成的材料
13	混凝土	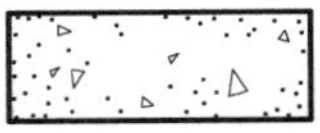	①包括各种强度等级、骨料、添加剂的混凝土； ②在剖面图上绘制表达钢筋时，则不需绘制图例线； ③断面图形较小，不易绘制表达图例线时，可填黑或深灰（灰度宜为70%）
14	钢筋混凝土		
15	多孔材料	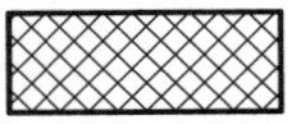	包括水泥珍珠岩、沥青珍珠岩、泡沫混凝土、软木、蛭石制品等
16	纤维材料	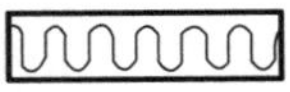	包括矿棉、岩棉、玻璃棉、麻丝、木丝板、纤维板等
17	泡沫塑料材料	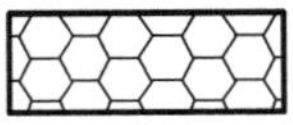	包括聚苯乙烯、聚乙烯、聚氨酯等多聚合物类材料
18	木　材		①上图为横断面，左上图为垫木、木砖或木龙骨； ②下图为纵断面
19	胶合板		应注明为×层胶合板

续表

序号	名 称	图 例	备 注
20	石膏板		包括圆孔或方孔石膏板、防水石膏板、硅钙板、防火石膏板等
21	金 属		①包括各种金属; ②图形较小时,可填黑或深灰(灰度宜为70%)
22	网状材料		①包括金属、塑料网状材料; ②应注明具体材料名称
23	液 体		应注明具体液体名称
24	玻 璃		包括平板玻璃、磨砂玻璃、夹丝玻璃、钢化玻璃、中空玻璃、夹层玻璃、镀膜玻璃等
25	橡 胶		—
26	塑 料		包括各种软、硬塑料及有机玻璃等
27	防水材料		构造层次多或绘制比例大时,采用上面的图例
28	粉 刷		本图例采用较稀的点

注:①本表中所列图例通常在1∶50及以上比例的详图中绘制表达。

②如需表达砖、砌块等砌体墙的承重情况时,可通过在原有建筑材料图例上增加填灰等方式进行区分,灰度宜为25%左右。

③序号1、2、5、7、8、14、15、21图例中的斜线、短斜线、交叉线等均为45°。

对于引用标准图集或通用图集的建筑构配件和节点,只需注明所引用图集的名称、详图所在的页数和编号,不必再画详图。有时在详图中还需再绘制详图的细部,同样要画上索引符号。此外,必要时还应用文字说明详图的材料、做法和技术要求等。

4.5.2 楼梯详图

楼梯是建筑物上下交通的主要设施,目前通常采用现浇钢筋混凝土楼梯。楼梯主要由梯段、平台和栏杆(或栏板)等组成。楼梯详图一般由楼梯平面图、剖面图和节点详图组成。楼梯的建筑详图和结构详图一般是分开绘制的,但比较简单的楼梯可将其建筑详图和结构详图合并绘制,列在建筑施工图或结构施工图中。如图 4.35 至图 4.37 所示为本章实例中的楼梯详图。

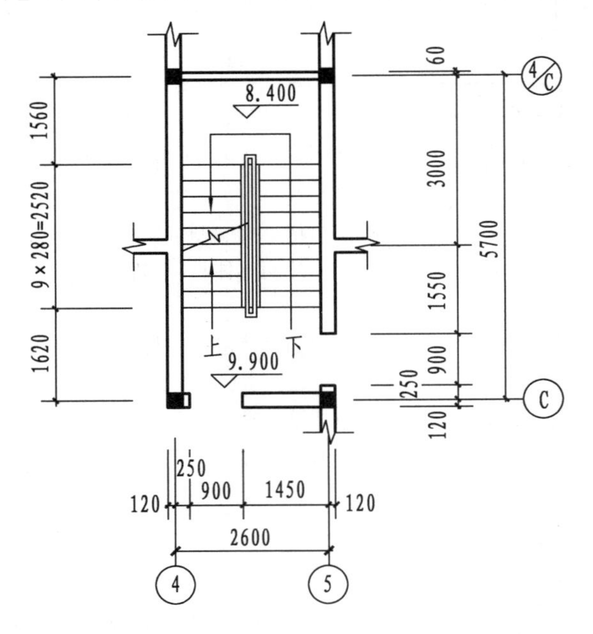

图 4.35　四层楼梯平面图

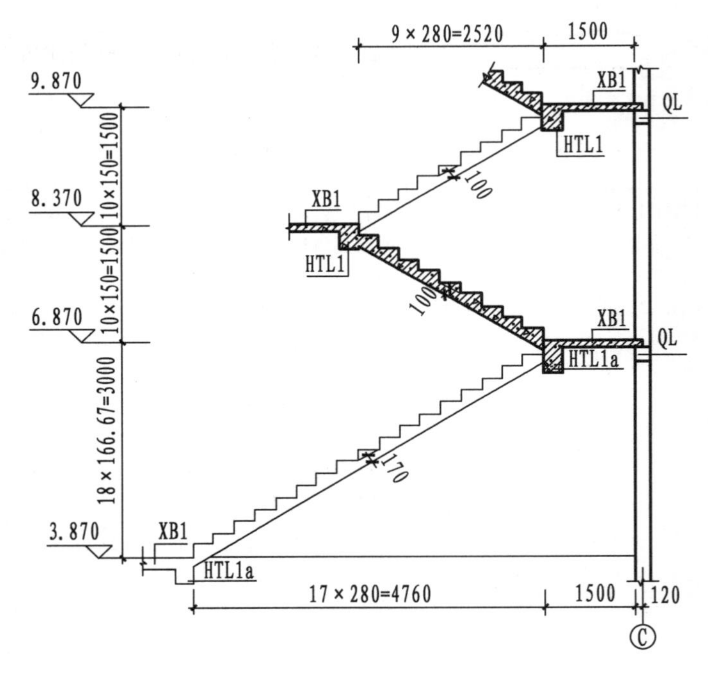

图 4.36　楼梯剖面图

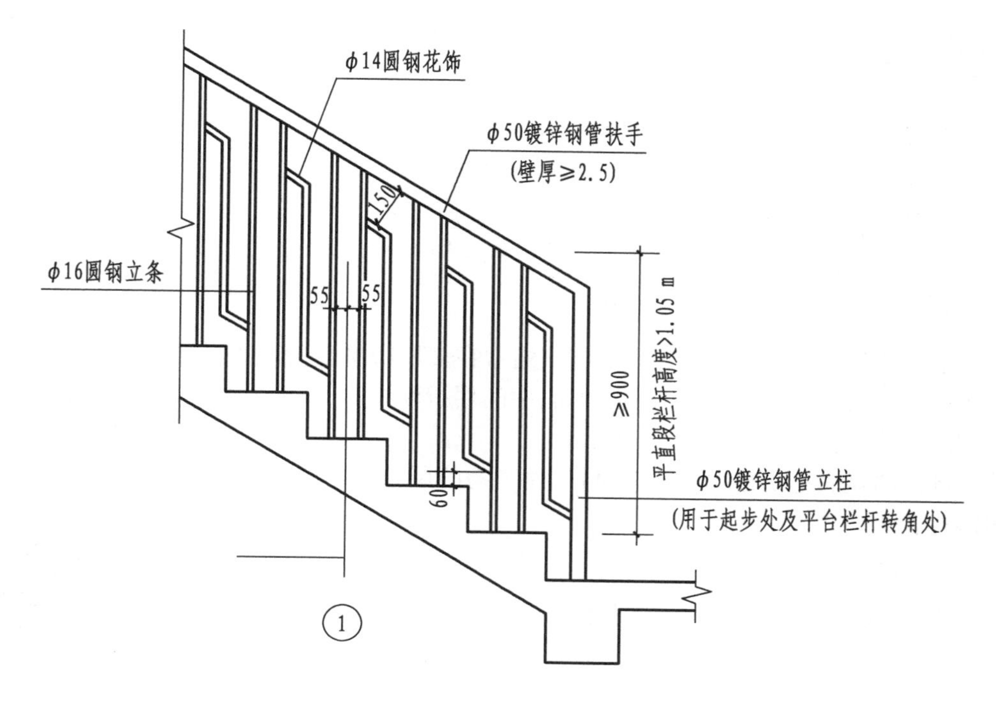

图 4.37　楼梯栏杆详图

1)楼梯平面图

楼梯平面图

楼梯平面图的剖切位置是在该层往上走的第一梯段的任一位置处。

楼梯平面图的形成与建筑平面图相同,不同之处是选用的比例较大,以便更详细地表达楼梯的构配件和尺寸。

楼梯平面图中需标注梯段上下方向、楼梯开间与进深尺寸、楼地面与平台面的标高,以及各细部的详细尺寸。图 4.35 中画出了被剖切到的往上走的梯段和该层往下走的完整梯段、楼梯平台以及平台往下的梯段。平台往下的梯段与被剖切到的梯段的投影重合,以倾斜的折断线为分界。图中 9 × 280 mm = 2 520 mm,表示该楼梯有 9 个踏面,踏面宽为 280 mm,楼梯水平投影长度为 2 520 mm。

识读楼梯平面图。

在楼梯平面图中,各层被剖切到的梯段均以倾斜的折断线表示。在每一梯段处画有一长箭头,并注写“上”或“下”字,表明从该层楼(地)面往上行或往下行的方向。各层平面图中还应标注楼梯间的轴线,首层平面图中还应标注楼梯剖面图的剖切符号。

提问回答

仔细阅读图 4.35,并回答下列问题：

1. 楼梯的开间和进深尺寸是多少？
2. 楼地面与平台面的标高分别是多少？
3. 楼梯的步级数是多少？它与楼梯的踏面数之间有何关系？

2）楼梯剖面图

楼梯剖面图的形成与建筑剖面图相同。通常在多层房屋中,若中间各层楼梯的构造相同,则剖面图可只画出底层、中间层和顶层剖面,中间用折断线分开(本章所示联建楼的楼梯构造简单,因此仅用结构详图,即图 4.36 表示)。

楼梯剖面图能表达出楼梯的建造材料、建筑物的层数、楼梯梯段数、步级数及楼梯的类型与结构形式。

3）楼梯节点详图

图 4.37 所示的楼梯栏杆详图表达了栏杆的形状、材料、构造和尺寸。

楼梯节点详图

4.5.3 门窗详图

门窗在房屋建筑中大量使用,不同的地区都有各种不同规格的门窗标准图集,以供设计者选用。在施工图中,通常只需注明门窗详图所在标准图集的名称和编号即可,而不必另画详图。

门窗详图的相关内容有：

①门窗立面图中的线型,除外轮廓线用粗实线外,其余均用细实线。

②门窗立面图尺寸一般分 3 道标注：最外一道尺寸是门窗洞口尺寸;第 2 道尺寸是门窗框外包尺寸;第 3 道尺寸是门窗扇尺寸。门窗洞口尺寸应与建筑平面图、剖面图中门窗洞口尺寸一致。

表 4.4 为门窗明细表。从表中可知,M1 的门洞口宽 900 mm、高2 100 mm。M1A 为门洞口宽 900 mm、高 2 100 mm 的标准防盗门。窗户采用的都是铝合金窗,采用的图集为《建筑节能门窗》(16J607),代号为 80B 系列。

表 4.4 门窗明细表

名 称	洞口尺寸 宽×高/mm	数 量 /个	图集名称与代号	备 注
M1	900×2 100	38		用户自理
M1A	900×2 100	12		入户防盗门
M2	800×2 100	36		用户自理
JM1	按实际	10		铝合金卷帘门

续表

名称	洞口尺寸 宽×高/mm	数量 /个	图集名称与代号	备注
C1	2 700×1 500	12	《建筑节能门窗》(16J607)80B 系列	铝合金窗
C2	1 500×1 500	42	《建筑节能门窗》(16J607)80B 系列	铝合金窗
C3	1 200×1 500	12	《建筑节能门窗》(16J607)80B 系列	铝合金窗
C4	960×1 500	6	《建筑节能门窗》(16J607)80B 系列	铝合金窗
C5	1 200×900	8	《建筑节能门窗》(16J607)80B 系列	铝合金窗,距地 1.8 m

小组讨论

除本章介绍的详图外,你认为在建筑工程施工图中还可能有哪些详图?

练习作业

1. 什么是建筑详图?
2. 门窗立面图要标注哪些尺寸?

活动建议

1. 组织学生到施工现场识读正在建设中的房屋建筑工程施工图,并回答下列问题:

(1)将建筑平面图、立面图、剖面图对照识读,比较已完成主体结构的楼层,按照设计施工图的要求还有哪些部分要做?未完成的楼层及屋面修建好后,其外观形状是什么样子的?

(2)该房屋的总高是多少?室内外地坪高差是多少?层高是多少?

(3)该房屋的外墙是怎样装饰的?

(4)识读楼梯详图,不同楼层楼梯段有几个踏面和踢面?楼梯间开间、进深尺寸各是多少?

(5)识读该房屋的门窗详图。若详图索引在标准图集上,应怎样查找详图?

2. 请有经验的设计人员到学校介绍建筑平面图、立面图、剖面图的绘制方法。

学习鉴定

1. **填空题**

(1)在总平面图中标注的标高应为____________标高。

(2)画指北针符号时,应在指针头部标注____________或____________字。

(3)详图索引符号$\frac{3}{-}$,对应的节点大样图在____________图纸内。

(4)建筑平面图是用假想的水平剖切平面沿房屋各层____________处剖开,通过作正投影而形成的。

(5)在建筑施工图中,代号 M 表示____________,C 表示____________。

(6)建筑平面图中标注的门窗尺寸均指门窗____________的尺寸。

(7)定位轴线用____________绘制,并加以编号。

(8)建筑立面图是用来表示建筑物的外形和外墙面____________要求的图样。

(9)在剖面图的图线画法中,砖墙的图例一般不画,钢筋混凝土梁、柱等断面通常____________表示。

(10)楼梯平面图的剖切位置,是在该层往上走的____________梯段的任一位置处。

2. **选择题**

(1)建筑总平面图表示的内容主要包括(　　)等。

A. 房屋的高度　　B. 房屋的位置与朝向　　C. 地形与地貌　　D. 房屋内部布置

E. 房屋的平面形状

(2)建筑平面图、立面图、剖面图常用的比例为(　　)。

A. 1∶10、1∶20　　B. 1∶20、1∶50　　C. 1∶50、1∶100　　D. 1∶300、1∶500

(3)建筑平面图中一般标注 3 道尺寸,第 3 道尺寸即最内一道尺寸标注的是(　　)。

A. 总尺寸　　B. 开间与进深尺寸　　C. 细部尺寸　　D. 内部尺寸

(4)绘制建筑立面图、剖面图的粗、中粗、中、细实线的线宽,分别取(　　)。

A. b、$0.75b$、$0.5b$、$0.25b$　　B. b、$0.7b$、$0.5b$、$0.25b$

C. $1.5b$、b、$0.5b$、$0.25b$　　D. $1.5b$、b、$0.7b$、$0.5b$

(5)楼梯详图一般由(　　)组成。

A. 楼梯平面图　　B. 楼梯立面图　　C. 楼梯剖面图　　D. 楼梯节点详图

(6)楼梯剖面图能表达楼梯的(　　)。

A. 建造材料　　B. 房屋的层数　　C. 楼梯梯段数　　D. 楼梯步级数

E. 栏杆的形状

(7)在房屋施工图中,建筑材料图例 [图例] 表示(　　)。

A. 混凝土　　B. 钢筋混凝土　　C. 石材　　D. 耐火砖

(8)在建筑剖面图中,必须标注(　　)。

A. 水平尺寸　　B. 垂直尺寸　　C. 标高　　D. 楼(地)面结构厚度

(9)粗实线一般用于画(　　)。

A. 可见轮廓线　B. 主要可见轮廓线　C. 不可见轮廓线　D. 图例线

(10)在C号轴线之后附加的第二根轴线,其正确的表示符号为(　　)。

A. (2/C)　B. (2/0C)　C. (C/2)　D. (0C/2)

3. 问答题

(1)建筑总平面图常用的比例有哪些?

(2)怎样对建筑平面图的纵向、横向定位轴线进行编号?

(3)解释索引符号(6/12)—的含义。

(4)在建筑平面图中,被剖切到的砖墙是否需要画出图例?钢筋混凝土构件断面的图例怎么表示?

(5)建筑剖面图要标注哪些尺寸?

(6)建筑平面图、立面图、剖面图联合识读时应注意些什么?

(7)楼梯详图一般包括哪些内容?

(8)楼梯平面图是在楼梯段的哪一个位置剖切得到的?

教学评估表见本书附录。

5 结构施工图

知识目标

1. 熟悉结构施工图的常用构件代号及图例；
2. 掌握钢筋混凝土构件图表达的信息；
3. 掌握基础平面图和基础详图表达的信息；
4. 掌握混凝土结构施工图平面整体表示方法。

技能目标

1. 能正确识读结构施工图常用构件的代号及图例；
2. 能正确识读用传统方法表达的梁、板、基础施工图；
3. 能正确识读用平法标注的梁、板、柱施工图；
4. 能正确识读用平法标注的混凝土板式楼梯施工图；
5. 能正确识读用平法标注的现浇混凝土基础施工图。

素养目标

1. 培养学生遵守平法规则的意识；
2. 培养学生对复杂结构施工图进行细致识读、一丝不苟的态度；
3. 培养学生兢兢业业、精细严实的工作作风。

问题引入

房屋的结构系统就好比人的骨骼系统，人的骨骼系统出现问题，人就不能站立、行走，不能正常生活、工作。房屋的结构系统出现问题，房屋就会倒塌，造成巨大的生命财产损失。因此，绘制和识读结构施工图不能有半点马虎。那么，什么是结构施工图？如何绘制和识读结构施工图呢？下面，我们就一起去学习这些知识。

本章介绍房屋结构施工图的识读及绘制方法。

房屋中承受并传递荷载的构件，如基础、墙、柱、梁、楼（屋）盖、屋架等称为结构构件。由结构构件组成的"骨架"系统称为建筑结构。结构施工图是表达建筑物承重构件的布置、形状、大小、材料及其构造的施工图。结构施工图是放线、挖基槽、安装模板、绑扎钢筋、设置预埋件、浇筑混凝土和安装梁、板、柱的依据，也是计算工程量、编制预算和施工组织设计的依据。完整的结构施工图包括结构设计总说明、基础平面图及基础详图、楼层（屋面）结构平面图、结构构件（如梁、板、柱、楼梯、屋架等）详图。

目前，大多数的建筑结构（承重）构件都是由钢筋混凝土制作的，因此这里主要介绍钢筋混凝土结构施工图。

5.1 结构施工图的常用代号、图例及图线

问题引入

结构施工图中的代号、图例及图线是结构施工图的"文字"，学习绘制和识读结构施工图应从"识字"和"写字"开始。那么，常用的构件代号和图例有哪些？绘制结构施工图时对图线有哪些规定？下面，我们就来了解结构施工图的常用代号、图例及图线。

5.1.1 常用构件代号

常用构件代号见表5.1。

表5.1 常用构件代号

序号	名 称	代号	序号	名 称	代号	序号	名 称	代号
1	板	B	5	折 板	ZB	9	挡雨板或檐口板	YB
2	屋面板	WB	6	密肋板	MB	10	吊车安全走道板	DB
3	空心板	KB	7	楼梯板	TB	11	墙 板	QB
4	槽形板	CB	8	盖板或沟盖板	GB	12	天沟板	TGB

续表

序号	名　称	代号	序号	名　称	代号	序号	名　称	代号
13	梁	L	27	檩　条	LT	41	地　沟	DG
14	屋面梁	WL	28	屋　架	WJ	42	柱间支撑	ZC
15	吊车梁	DL	29	托　架	TJ	43	垂直支撑	CC
16	单轨吊车梁	DDL	30	天窗架	CJ	44	水平支撑	SC
17	轨道连接	DGL	31	框　架	KJ	45	梯	T
18	车　挡	CD	32	刚　架	GJ	46	雨　篷	YP
19	圈　梁	QL	33	支　架	ZJ	47	阳　台	YT
20	过　梁	GL	34	柱	Z	48	梁垫	LD
21	连系梁	LL	35	框架柱	KZ	49	预埋件	M－
22	基础梁	JL	36	构造柱	GZ	50	天窗端壁	TD
23	楼梯梁	TL	37	承　台	CT	51	钢筋网	W
24	楼层框架梁	KL	38	设备基础	SJ	52	钢筋骨架	G
25	框支梁	KZL	39	桩	ZH	53	基　础	J
26	屋面框架梁	WKL	40	挡土墙	DQ	54	暗　柱	AZ

注:①预制混凝土构件、现浇混凝土构件、钢构件和木构件,一般可直接采用本表中的构件代号。在绘图中,除混凝土构件可以不注明材料代号外,其他材料的构件可在构件代号前加注材料代号,并在图纸中加以说明。

②预应力混凝土构件的代号,应在构件代号前加注“Y-”,如 Y-DL 表示预应力钢筋混凝土吊车梁。

5.1.2 一般钢筋图例

一般钢筋的图例见表 5.2。

表 5.2 一般钢筋图例表

序号	名　称	图　例	说　明
1	钢筋横断面		
2	钢筋端部截断		表示长、短钢筋投影重叠时,短钢筋的端部用 45°斜画线表示
3	钢筋搭接连接		
4	钢筋焊接		
5	钢筋机械连接		
6	端部带锚固板的钢筋		
7	带半圆形弯钩的钢筋端部		
8	带直钩的钢筋端部		
9	带丝扣的钢筋端部		
10	带 180°弯钩的钢筋搭接		
11	带直钩的钢筋搭接		
12	花篮螺丝钢筋搭接		

5.1.3 钢筋画法图例

钢筋的画法图例见表 5.3。

表 5.3 钢筋画法图例

序号	说 明	图 例
1	在结构楼板中配置双层钢筋时,底层钢筋的弯钩应向上或向左,顶层钢筋的弯钩则向下或向右	底层 顶层
2	钢筋混凝土墙体配双层钢筋时,在配筋立面图中,远面钢筋的弯钩应向上或向左,而近面钢筋的弯钩向下或向右(JM 近面,YM 远面)	JM YM JM YM JM YM JM YM
3	在断面图中不能表达清楚的钢筋布置,应在断面图外增加钢筋大样图(如钢筋混凝土墙、楼梯等)	
4	图中所表示的箍筋、环筋等,若布置复杂时,可加画钢筋大样及说明	
5	每组相同的钢筋、箍筋或环筋,可用一根粗实线表示,同时用一两端带斜短画线的横穿细线,表示其钢筋及起止范围	

活动建议

教师安排每个学生做 1 张或 2 张小卡片,一面是代号或图例,另一面是相应的文字。教师任意指定一学生举起自制卡片的一面,邀请同学回答另一面的内容。答过问题的同学变换角色提问。

5.1.4 建筑结构施工图的图线

建筑结构施工图的图线见表 5.4。

表 5.4　建筑结构施工图的图线

名称		线型	线宽	一般用途
实线	粗		b	螺栓线、钢筋线、结构平面图中的单线结构构件线、钢木支撑及系杆线，图名下横线、剖切线
	中粗		0.7b	结构平面图及详图中剖到或可见的墙身轮廓线，基础轮廓线，钢、木结构轮廓线，钢筋线
	中		0.5b	结构平面图及详图中剖到或可见的墙身轮廓线、基础轮廓线，可见的钢筋混凝土构件轮廓线、钢筋线
	细		0.25b	标注引出线、标高符号线、索引符号线、尺寸线
虚线	粗		b	不可见的钢筋线、螺栓线、结构平面图中不可见的单线结构构件线及钢、木支撑线
	中粗		0.7b	结构平面图中的不可见构件、墙身轮廓线及不可见钢、木结构构件线，不可见的钢筋线
	中		0.5b	结构平面图中的不可见构件、墙身轮廓线及不可见钢、木结构构件线，不可见的钢筋线
	细		0.25b	基础平面图中的管沟轮廓线、不可见的钢筋混凝土构件轮廓线
单点长画线	粗		b	柱间支撑、垂直支撑、设备基础轴线图中的中心线
	细		0.25b	定位轴线、对称线、中心线、重心线
双点长画线	粗		b	预应力钢筋线
	细		0.25b	原有结构轮廓线
折断线			0.25b	断开界线
波浪线			0.25b	断开界线

绘制结构施工图时，根据图样的用途和被绘物体的复杂程度，应选用表 5.5 中的常用比例，特殊情况下也可选用可用比例。

表 5.5　比例

图名	常用比例	可用比例
结构平面图 基础平面图	1:50、1:100、1:150	1:60、1:200
圈梁平面图，总图 中管沟、地下设施等	1:200、1:500	1:300
详图	1:10、1:20、1:50	1:5、1:30、1:25

5.2 钢筋混凝土构件

5.2.1 钢筋混凝土构件基础知识

1)钢筋混凝土构件及混凝土强度等级

钢筋混凝土构件由钢筋和混凝土两种材料组合而成。混凝土是由水泥、砂子、石子和水按一定比例拌和硬化而成。为了改善混凝土的某些性能,还常加入适量的外加剂和矿物掺合料。

混凝土按其抗压强度分为 C20、C25、C30、C35、C40、C45、C50、C55、C60、C65、C70、C75、C80 共 13 个强度等级,数字越大,抗压强度越高。

2)钢筋的分类与作用

①按钢筋在构件中所起的作用分类,如图 5.1 所示。

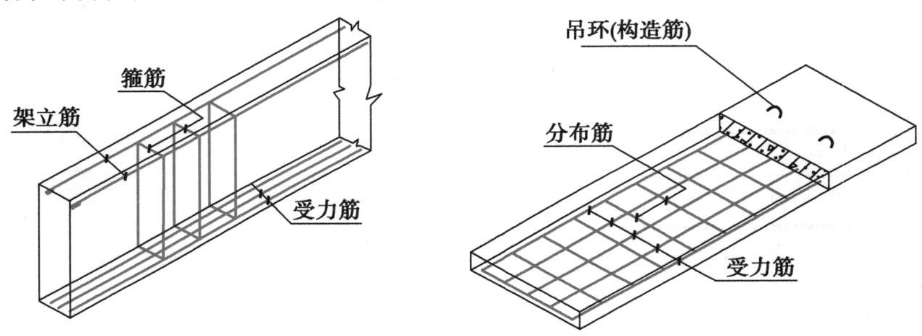

图 5.1 钢筋分类

a. 受力筋:承受纵向拉力或压力的钢筋。

b. 架立筋:一般只在梁中使用,与受力筋、箍筋一起形成骨架,起固定钢筋位置的作用。

c. 箍筋:一般用在梁和柱内,起固定纵向钢筋的作用,并承受一部分斜拉力。

d. 分布筋:一般用于板内,与受力筋垂直,用于固定受力筋的位置,使受力筋受力分布均匀,并可防止或限制由于温度变化或混凝土收缩等原因引起的混凝土开裂。

e. 构造筋:为满足构造和吊装需要而设置的钢筋。架立筋和分布筋也属于构造筋。

梁、板钢筋的组成。

②按钢筋力学性能分类,见表 5.6。

表 5.6　钢筋混凝土中普通钢筋的分类

单位:mm

牌　号	符　号	公称直径 d
HPB300	ϕ	6 ~ 14
HRB400 HRBF400 RRB400	Φ Φ^{F} Φ^{R}	6 ~ 50
HRB500 HRBF500	Φ Φ^{F}	6 ~ 50

注:钢筋牌号中的数字是钢筋的强度等级,也可分别称为 300 MPa 级、400 MPa 级、500 MPa 级钢筋。其中,HPB300 级钢筋的表面是光圆的,又称为光圆钢筋;另外几种钢筋表面带肋,又称为带肋钢筋。

3)钢筋的保护层厚度规定

为了延长钢筋混凝土构件的使用寿命,钢筋应该防锈、防水、防腐蚀。最外层钢筋外边缘起保护钢筋作用的混凝土层称为保护层。混凝土保护层的厚度规定见表 5.7。

表 5.7　混凝土保护层的最小厚度

单位:mm

环境类别	板、墙	梁、柱
一	15	20
二 a	20	25
二 b	25	35
三 a	30	40
三 b	40	50

注:①表中混凝土保护层厚度指最外层钢筋外边缘至混凝土表面的距离,适用于设计工作年限为 50 年的混凝土结构。

②构件中受力钢筋的保护层厚度不应小于钢筋的公称直径。

③一类环境中,设计工作年限为 100 年的结构最外层钢筋的保护层厚度不应小于表中数值的 1.4 倍;二、三类环境中,设计工作年限为 100 年的结构应采取专门的有效措施。四类和五类环境类别的混凝土结构,其耐久性要求应符合国家现行有关标准的规定。

④混凝土强度等级为 C25 时,表中保护层厚度数值应增加 5 mm。

⑤基础底面钢筋的保护层厚度,有混凝土垫层时应从垫层顶面算起,且不应小于 40 mm。

表 5.7 中,混凝土保护层厚度取决于构件所处的环境类别,环境类别的划分见表 5.8。

表 5.8　混凝土结构的环境类别

环境类别	条　件
一	室内干燥环境;无侵蚀性静水浸没环境
二 a	室内潮湿环境;非严寒和非寒冷地区的露天环境;非严寒和非寒冷地区与无侵蚀性的水或土壤直接接触的环境;严寒和寒冷地区的冰冻线以下与无侵蚀性的水或土壤直接接触的环境

续表

环境类别	条　件
二 b	干湿交替环境；水位频繁变动环境；严寒和寒冷地区的露天环境；严寒和寒冷地区冰冻线以上与无侵蚀性的水或土壤直接接触的环境
三 a	严寒和寒冷地区冬季水位变动区环境；受除冰盐影响环境；海风环境
三 b	盐渍土环境；受除冰盐作用环境；海岸环境
四	海水环境
五	受人为或自然的侵蚀性物质影响的环境

注：①室内潮湿环境是指构件表面经常处于结露或湿润状态的环境。

②严寒和寒冷地区的划分应符合现行国家标准《民用建筑热工设计规范》（GB 50176—2016）的有关规定。

③海岸环境和海风环境宜根据当地情况，考虑主导风向及结构所处迎风、背风部位等因素的影响，由调查研究和工程经验确定。

④受除冰盐影响环境是指受到除冰盐盐雾影响的环境；受除冰盐作用环境是指被除冰盐溶液溅射的环境以及使用除冰盐地区的洗车房、停车楼等建筑。

⑤混凝土结构的环境类别是指混凝土暴露表面所处的环境条件。

4）钢筋的弯折规定

为了使钢筋和混凝土之间具有足够的黏结力，钢筋端部要做成弯钩，如图 5.2 所示。光圆受拉钢筋末端应做成 180°弯钩，作受压钢筋使用时可不做弯钩；光圆钢筋的弯弧内直径不应小于钢筋直径的 2.5 倍。

400 MPa 级带肋钢筋的弯弧内直径不应小于钢筋直径的 4 倍。

500 MPa 级带肋钢筋，当直径 $d \leqslant 25$ mm 时，其弯弧内直径不应小于钢筋直径的 6 倍；当直径 $d > 25$ mm 时，其弯弧内直径不应小于钢筋直径的 7 倍。

位于框架结构顶层端节点处的梁上部纵向钢筋和柱外侧纵向钢筋，在节点角部弯折处，当钢筋直径 $d \leqslant 25$ mm 时，其弯弧内直径不应小于钢筋直径的 12 倍；当直径 $d > 25$ mm 时，其弯弧内直径不应小于钢筋直径的 16 倍。

箍筋弯折处的弯弧内直径尚不应小于纵向受力钢筋直径。

对一般结构构件，箍筋弯钩的弯折角度不应小于 90°，弯折后平直段长度不应小于箍筋直径的 5 倍；对有抗震设防要求或设计有专门要求的结构构件，箍筋弯钩的弯折角度不应小于 135°，弯折后平直段长度不应小于箍筋直径的 10 倍。

弯钩的常见形式如图 5.2 所示。

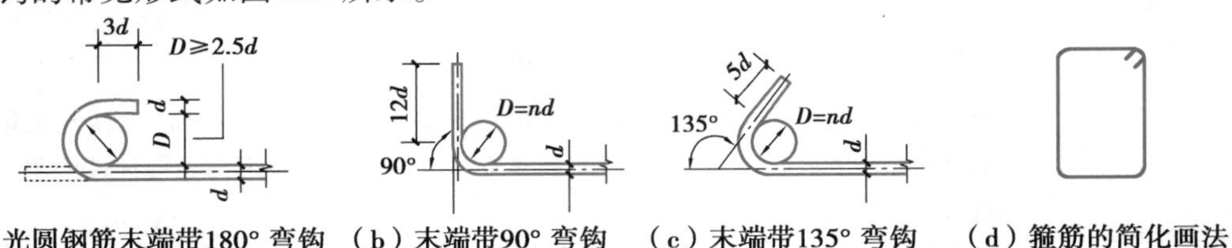

图 5.2　弯钩的常见形式

如果将该做的弯钩取消，在荷载作用下可能会出现什么情况？

5）钢筋的锚固长度规定

钢筋混凝土结构中钢筋能够受力，主要是依靠钢筋和混凝土之间的黏结锚固作用，因此钢筋的锚固是混凝土和钢筋共同受力的基础。如果锚固失效，则结构将丧失承载能力并由此导致结构破坏。

钢筋的锚固长度一般指梁、板、柱等构件的受力钢筋伸入支座或基础中的总长度。

（1）受拉钢筋基本锚固长度

受拉钢筋的基本锚固长度见表5.9和表5.10。

表5.9 受拉钢筋基本锚固长度 l_{ab}

钢筋种类	混凝土强度等级							
	C25	C30	C35	C40	C45	C50	C55	≥C60
HPB300	34*d*	30*d*	28*d*	25*d*	24*d*	23*d*	22*d*	21*d*
HRB400 HRBF400 RRB400	40*d*	35*d*	32*d*	29*d*	28*d*	27*d*	26*d*	25*d*
HRB500 HRBF500	48*d*	43*d*	39*d*	36*d*	34*d*	32*d*	31*d*	30*d*

表5.10 抗震设计时受拉钢筋基本锚固长度 l_{abE}

钢筋种类		混凝土强度等级							
		C25	C30	C35	C40	C45	C50	C55	≥C60
HPB300	一、二级	39*d*	35*d*	32*d*	29*d*	28*d*	26*d*	25*d*	24*d*
	三级	36*d*	32*d*	29*d*	26*d*	25*d*	24*d*	23*d*	22*d*
HRB400 HRBF400	一、二级	46*d*	40*d*	37*d*	33*d*	32*d*	31*d*	30*d*	29*d*
	三级	42*d*	37*d*	34*d*	30*d*	29*d*	28*d*	27*d*	26*d*
HRB500 HRBF500	一、二级	55*d*	49*d*	45*d*	41*d*	39*d*	37*d*	36*d*	35*d*
	三级	50*d*	45*d*	41*d*	38*d*	36*d*	34*d*	33*d*	32*d*

注：①四级抗震时，$l_{abE}=l_{ab}$。

②混凝土强度等级应取锚固区的混凝土强度等级。

③当锚固钢筋的保护层厚度不大于5*d*时，锚固钢筋长度范围内应设置横向构造钢筋，其直径不应小于*d*/4（*d*为锚固钢筋的最大直径）；对梁、柱等构件间距不应大于5*d*，对板、墙等构件间距不应大于10*d*，且均不应大于100 mm（*d*为锚固钢筋的最小直径）。

（2）受拉钢筋锚固长度

受拉钢筋实际锚固长度还应在受拉钢筋基本锚固长度的基础上，考虑钢筋直径大小、钢筋表面是否带有涂层、混凝土保护层厚度等。这里的受拉钢筋锚固长度是考虑钢筋直径大小后，在受拉钢筋基本锚固长度的基础上计算出的锚固长度，见表 5.11 和表 5.12。

表 5.11 受拉钢筋锚固长度 l_a

钢筋种类	混凝土强度等级															
	C25		C30		C35		C40		C45		C50		C55		≥C60	
	$d\leqslant25$	$d>25$	$d\leqslant25$	$d>25$	$d\leqslant25$	$d>25$	$d\leqslant25$	$d>25$	$d\leqslant25$	$d>25$	$d\leqslant25$	$d>25$	$d\leqslant25$	$d>25$	$d\leqslant25$	$d>25$
HPB300	34d	—	30d	—	28d	—	25d	—	24d	—	23d	—	22d	—	21d	—
HRB400 HRBF400 RRB400	40d	44d	35d	39d	32d	35d	29d	32d	28d	31d	27d	30d	26d	29d	25d	28d
HRB500 HRBF500	48d	53d	43d	47d	39d	43d	36d	40d	34d	37d	32d	35d	31d	34d	30d	33d

表 5.12 受拉钢筋抗震锚固长度 l_{aE}

钢筋种类及抗震等级		混凝土强度等级															
		C25		C30		C35		C40		C45		C50		C55		≥C60	
		$d\leqslant25$	$d>25$	$d\leqslant25$	$d>25$	$d\leqslant25$	$d>25$	$d\leqslant25$	$d>25$	$d\leqslant25$	$d>25$	$d\leqslant25$	$d>25$	$d\leqslant25$	$d>25$	$d\leqslant25$	$d>25$
HPB300	一、二级	39d	—	35d	—	32d	—	29d	—	28d	—	26d	—	25d	—	24d	—
	三级	36d	—	32d	—	29d	—	26d	—	25d	—	24d	—	23d	—	22d	—
HRB400 HRBF400	一、二级	46d	51d	40d	45d	37d	40d	33d	37d	32d	36d	31d	35d	30d	33d	29d	32d
	三级	42d	46d	37d	41d	34d	37d	30d	34d	29d	33d	28d	32d	27d	30d	26d	29d
HRB500 HRBF500	一、二级	55d	61d	49d	54d	45d	49d	41d	46d	39d	43d	37d	40d	36d	39d	35d	38d
	三级	50d	56d	45d	49d	41d	45d	38d	42d	36d	39d	34d	37d	33d	36d	32d	35d

注：①当为环氧树脂涂层带肋钢筋时，表中数据尚应乘以 1.25。

②当纵向受拉钢筋在施工过程中易受扰动时，表中数据尚应乘以 1.1。

③当锚固长度范围内纵向受力钢筋周边保护层厚度为 3d（d 为锚固钢筋的直径）时，表中数据可乘以 0.8；保护层厚度不小于 5d 时，表中数据可乘以 0.7；中间时按内插值。

④当纵向受拉普通钢筋锚固长度修正系数（注①—注③）多于一项时，可按连乘计算。

⑤受拉钢筋的锚固长度 l_a、l_{aE} 的计算值不应小于 200 mm。

⑥四级抗震时，$l_{aE}=l_a$。

⑦当锚固钢筋的保护层厚度不大于 5d 时，锚固钢筋长度范围内应设置横向构造钢筋，其直径不应小于 $d/4$（d 为锚固钢筋的最大直径）；对梁、柱等构件间距不应大于 5d，对板、墙等构件间距不应大于 10d，且均不应大于 100 mm（d 为锚固钢筋的最小直径）。

⑧HPB300 钢筋末端应做 180°弯钩，做法详见 22G101—1 第 2-2 页。

⑨混凝土强度等级应取锚固区的混凝土强度等级。

(3)受压钢筋锚固长度

对受压钢筋,应充分利用其抗压强度,需锚固时,其锚固长度不应小于受拉钢筋锚固长度的 70%。

6)纵向受力钢筋搭接长度规定

纵向受力钢筋采用绑扎搭接时,两根钢筋应有一定的搭接长度。

(1)纵向受拉钢筋搭接长度

纵向受拉钢筋搭接长度见表 5.13 和表 5.14。

表 5.13 纵向受拉钢筋搭接长度 l_l

钢筋种类及同一区段内搭接钢筋面积百分率		混凝土强度等级															
		C25		C30		C35		C40		C45		C50		C55		C60	
		$d\leqslant25$	$d>25$	$d\leqslant25$	$d>25$	$d\leqslant25$	$d>25$	$d\leqslant25$	$d>25$	$d\leqslant25$	$d>25$	$d\leqslant25$	$d>25$	$d\leqslant25$	$d>25$	$d\leqslant25$	$d>25$
HPB300	≤25%	41*d*	—	36*d*	—	34*d*	—	30*d*	—	29*d*	—	28*d*	—	26*d*	—	25*d*	—
	50%	48*d*	—	42*d*	—	39*d*	—	35*d*	—	34*d*	—	32*d*	—	31*d*	—	29*d*	—
	100%	54*d*	—	48*d*	—	45*d*	—	40*d*	—	38*d*	—	37*d*	—	35*d*	—	34*d*	—
HRB400 HRBF400 RRB400	≤25%	48*d*	53*d*	42*d*	47*d*	38*d*	42*d*	35*d*	38*d*	34*d*	37*d*	32*d*	36*d*	31*d*	35*d*	30*d*	34*d*
	50%	56*d*	62*d*	49*d*	55*d*	45*d*	49*d*	41*d*	45*d*	39*d*	43*d*	38*d*	42*d*	36*d*	41*d*	35*d*	39*d*
	100%	64*d*	70*d*	56*d*	62*d*	51*d*	56*d*	46*d*	51*d*	45*d*	50*d*	43*d*	48*d*	42*d*	46*d*	40*d*	45*d*
HRB500 HRBF500	≤25%	58*d*	64*d*	52*d*	56*d*	47*d*	52*d*	43*d*	48*d*	41*d*	44*d*	38*d*	42*d*	37*d*	41*d*	36*d*	40*d*
	50%	67*d*	74*d*	60*d*	66*d*	55*d*	60*d*	50*d*	56*d*	48*d*	52*d*	45*d*	49*d*	43*d*	48*d*	42*d*	46*d*
	100%	77*d*	85*d*	69*d*	75*d*	62*d*	69*d*	58*d*	64*d*	54*d*	59*d*	51*d*	56*d*	50*d*	54*d*	48*d*	53*d*

注:①表中数值为纵向受拉钢筋绑扎搭接接头的搭接长度。

②两根不同直径钢筋搭接时,表中 *d* 取钢筋较小直径。

③当为环氧树脂涂层带肋钢筋时,表中数据尚应乘以 1.25。

④当纵向受拉钢筋在施工过程中易受扰动时,表中数据尚应乘以 1.1。

⑤当搭接长度范围内纵向受力钢筋周边保护层厚度为 3*d*(*d* 为搭接钢筋的直径)时,表中数据可乘以 0.8;保护层厚度不小于 5*d* 时,表中数据可乘以 0.7;中间时按内插值。

⑥当上述修正系数(注③—注⑤)多于一项时,可按连乘计算。

⑦当位于同一连接区段内的钢筋搭接接头面积百分率为表中数据中间值时,搭接长度可按内插取值。

⑧任何情况下,搭接长度不应小于 300 mm。

⑨HPB300 钢筋末端应做 180°弯钩,做法详见 22G101—1 第 2-2 页。

表 5.14　纵向受拉钢筋抗震搭接长度 l_{lE}

钢筋种类及同一区段内搭接钢筋面积百分率			混凝土强度等级															
			C25		C30		C35		C40		C45		C50		C55		C60	
			d≤25	d>25	d≤25	d>25	d≤25	d>25	d≤25	d>25	d≤25	d>25	d≤25	d>25	d≤25	d>25	d≤25	d>25
一、二级抗震等级	HPB300	≤25%	47d	—	42d	—	38d	—	35d	—	34d	—	31d	—	30d	—	29d	—
		50%	55d	—	49d	—	45d	—	41d	—	39d	—	36d	—	35d	—	34d	—
	HRB400 HRBF400	≤25%	55d	61d	48d	54d	44d	48d	40d	44d	38d	43d	37d	42d	36d	40d	35d	38d
		50%	64d	71d	56d	63d	52d	56d	46d	52d	45d	50d	43d	49d	42d	46d	41d	45d
	HRB500 HRBF500	≤25%	66d	73d	59d	65d	54d	59d	49d	55d	47d	52d	44d	48d	43d	47d	42d	46d
		50%	77d	85d	69d	76d	63d	69d	57d	64d	55d	60d	52d	56d	50d	55d	49d	53d
三级抗震等级	HPB300	≤25%	43d	—	38d	—	35d	—	31d	—	30d	—	29d	—	28d	—	26d	—
		50%	50d	—	45d	—	41d	—	36d	—	35d	—	34d	—	32d	—	31d	—
	HRB400 HRBF400	≤25%	50d	55d	44d	49d	41d	44d	36d	41d	35d	40d	34d	38d	32d	36d	31d	35d
		50%	59d	64d	52d	57d	48d	52d	42d	48d	41d	46d	39d	45d	38d	42d	36d	41d
	HRB500 HRBF500	≤25%	60d	67d	54d	59d	49d	54d	46d	50d	43d	47d	41d	44d	40d	43d	38d	42d
		50%	70d	78d	63d	69d	57d	63d	53d	59d	50d	55d	48d	52d	46d	50d	45d	49d

注:①表中数值为纵向受拉钢筋绑扎搭接接头的搭接长度。

②两根不同直径钢筋搭接时,表中 d 取钢筋较小直径。

③当为环氧树脂涂层带肋钢筋时,表中数据尚应乘以 1.25。

④当纵向受拉钢筋在施工过程中易受扰动时,表中数据尚应乘以 1.1。

⑤当搭接长度范围内纵向受力钢筋周边保护层厚度为 $3d$(d 为搭接钢筋的直径)时,表中数据可乘以 0.8;保护层厚度不小于 $5d$ 时,表中数据可乘以 0.7;中间时按内插值。

⑥当上述修正系数(注③—注⑤)多于一项时,可按连乘计算。

⑦当位于同一连接区段内的钢筋搭接接头面积百分率为 100% 时,$l_{lE}=1.6l_{aE}$。

⑧当位于同一连接区段内的钢筋搭接接头面积百分率为表中数据中间值时,搭接长度可按内插取值。

⑨任何情况下,搭接长度不应小于 300 mm。

⑩四级抗震等级时,$l_{lE}=l_l$,详见 22G101—1 第 2-5 页。

⑪HPB300 钢筋末端应做 180°弯钩,做法详见 22G101—1 第 2-2 页。

(2)纵向受压钢筋搭接长度

构件中的纵向受压钢筋当采用搭接连接时,其受压搭接长度不应小于纵向受拉钢筋搭接长度的 70%,且不应小于 200 mm。

7)钢筋混凝土构件的图示方法

为了清楚地表示钢筋混凝土构件中钢筋的配置情况,在构件详图中,假想混凝土为透明体,用中实线画出其外形轮廓,用粗实线或黑圆点画出钢筋,并标注出钢筋种类、直径、根数及分布间距等。在断面图上只画钢筋图例,不画混凝土材料线,如图 5.3 所示。

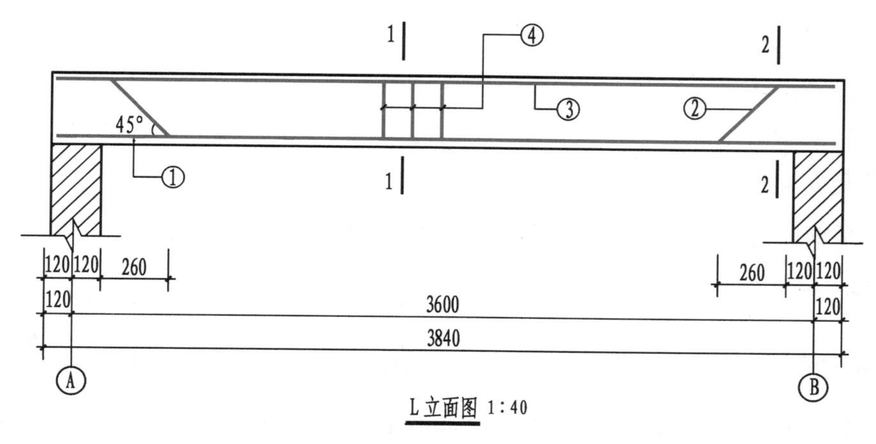

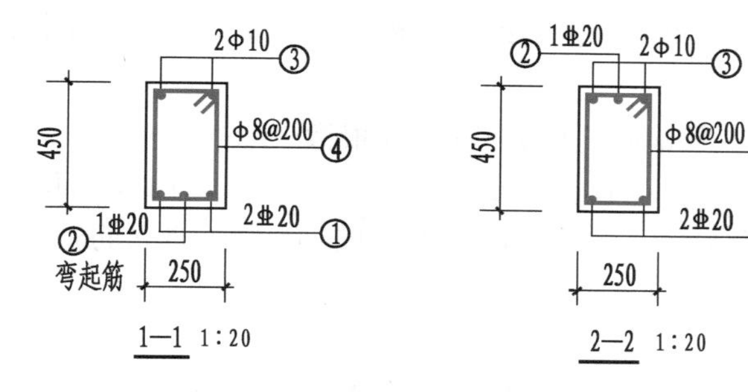

图 5.3 钢筋混凝土梁详图

8)钢筋混凝土构件详图的主要内容

①构件名称或代号、比例(一般取 1∶20、1∶30、1∶50)。
②轴线及其编号。
③构件的形状、尺寸。
④钢筋配置及预埋件。
⑤标高。

练习作业

1. 按钢筋在构件中所起的作用,可以分为哪几类?
2. 什么叫保护层? 钢筋的保护层起什么作用?
3. 钢筋混凝土构件详图的主要内容有哪些?

5.2.2　钢筋混凝土梁

钢筋混凝土梁的组成。

图 5.3 是钢筋混凝土梁的详图，图中符号 2 Φ20、ϕ8@200 分别表示：

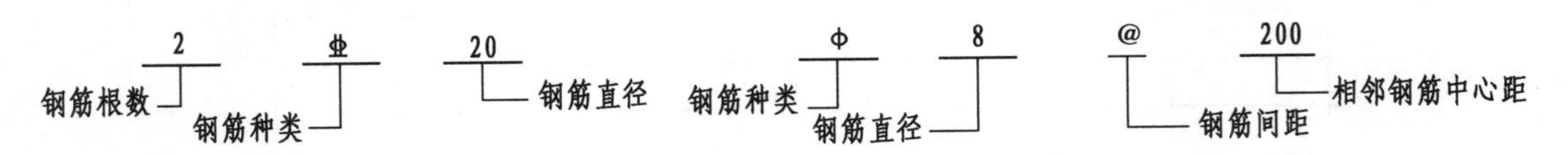

从图 5.3 可见，梁支承在砖墙上，梁长 3 840 mm，其横截面尺寸为 250 mm × 450 mm，两墙间标志尺寸为 3 600 mm，配有 4 种不同编号的钢筋。为了清楚地表示钢筋的配置，还画有 2 个断面图。

从立面图中看不出①号钢筋的种类、直径和根数，结合 1—1、2—2 断面图可知，①号钢筋是放置于梁下部的 2 Φ20 通长筋（受力筋）。同样，结合立面图、断面图可知，②号钢筋是 1 Φ20 的弯起钢筋；③号钢筋是置于梁上部的 2 ϕ10 的通长筋（架立筋）；④号钢筋是ϕ8 的箍筋，沿梁的纵向间距 200 mm 均匀布置。①号、②号都是 HRB400 钢筋，③号、④号都是 HPB300 钢筋。

箍筋在立面图中可采用简化画法，只画出 3 或 4 道箍筋，再注明钢筋编号和箍筋的直径、间距。

钢筋的编号写在圆圈内，圆圈是直径为 5 ~ 6 mm 的细实线圆，编号采用阿拉伯数字，按顺序编写。

5.2.3　钢筋混凝土板

钢筋混凝土板有预制板和现浇板，这里介绍现浇板。

观看动画

钢筋混凝土现浇板的绘制过程。

图 5.4 是钢筋混凝土现浇板平面图及其重合断面图（局部）。从图中可见，板支承在墙上并同圈梁整体浇筑；①号钢筋Φ8@150 是板底纵向通长钢筋，由轴Ⓐ ~ Ⓒ通铺；②号钢筋Φ8@150是板顶纵向钢筋，铺设于轴Ⓐ ~ Ⓑ，自支座中线向跨内伸出1 200 mm；③号钢筋Φ8@150是板底横向通长钢筋，由轴① ~ ③通铺；④号钢筋Φ8@150是板顶纵向钢筋，沿轴②铺于轴Ⓑ ~ Ⓒ，两边伸出支座长度均为1 200 mm；⑤号钢筋Φ8@150是沿轴Ⓐ、轴Ⓑ由轴② ~ ③分布的板顶横向钢筋，向跨内伸出 1 200 mm；⑥号钢筋Φ8@150 是沿板周边分布的板顶构造钢筋，向跨内伸出 1 200 mm。全部都是 HRB400 钢筋。

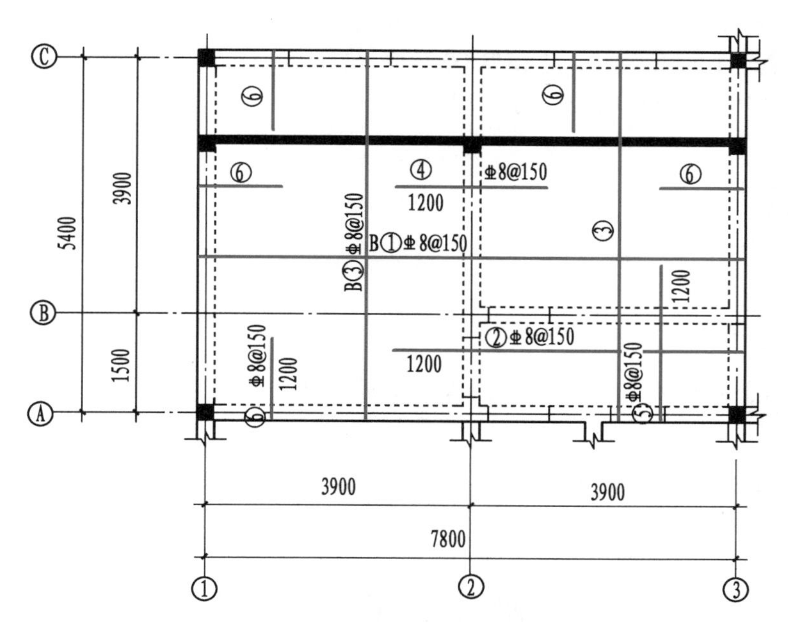

图 5.4　钢筋混凝土现浇板平面图及其重合断面图(局部)

5.2.4　钢筋混凝土柱

图 5.5 是钢筋混凝土柱,其轴线不在柱的中心位置,该柱从 ±0.000 m 起到标高 14.600 m 止,截面尺寸为 350 mm×350 mm。二、三、四层梁上表面结构标高分别是 3.900 m、7.400 m、

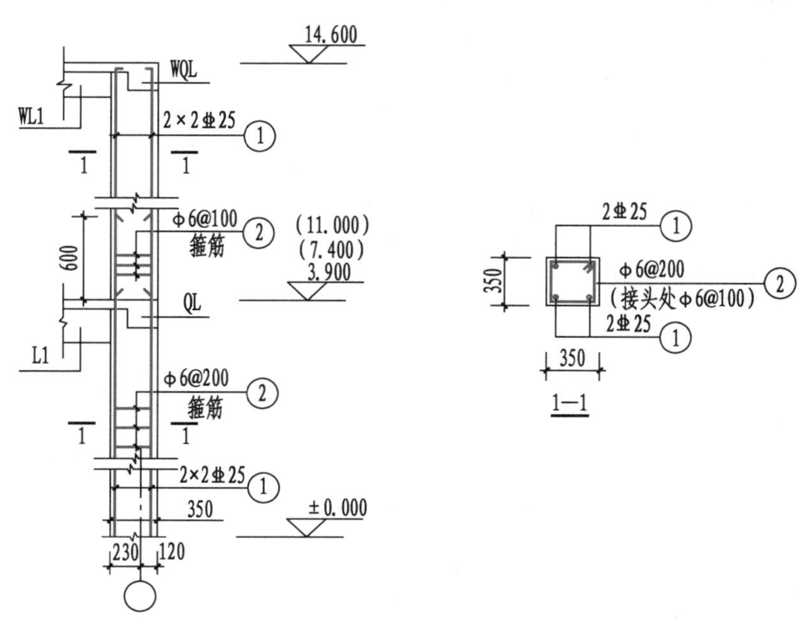

图 5.5　钢筋混凝土柱

11.000 m,屋面梁结构标高是 14.600 m。①号钢筋 2×2 ⌀25 是 4 根直径为 25 mm 的 HRB400 纵向钢筋;②号钢筋Φ6@200/100 是 HPB300 箍筋,沿柱的纵向布置,在非搭接区间距为 200 mm,在搭接区间距为 100 mm;柱的侧面与梁 L1、WL1、QL、WQL 连接。

钢筋混凝土柱的绘制过程。

活动建议

参观混凝土预制构件厂或施工现场,重点了解梁、板、柱的钢筋配置及绑扎,并与施工图进行对照。

5.3 基础平面图和基础详图

5.3.1 基础

基础是位于墙或柱下端的承重构件,它承受墙、柱或基础梁传来的荷载并将其传递给下面的地基。基础的类型较多,常见的是条形基础和独立基础,如图 5.6 所示。

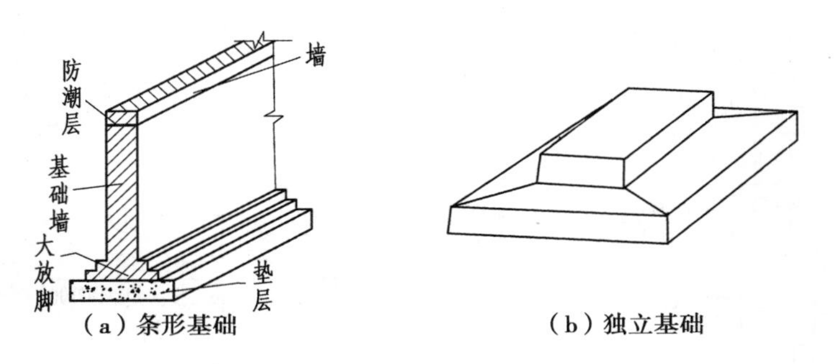

图 5.6 基础

从室内地面到基础顶面的墙称为基础墙。为了扩大基础底面积,将基础下部加宽,加宽部分称为大放脚。基础都埋置于地面以下,为基础结构施工而挖的地槽(地坑)称为基槽(基坑)。

5.3.2 基础平面图

基础平面图是表示基础平面布置的图样,是用一个假想水平面紧贴室内地面剖切后,移去房屋上部和基坑内的泥土后形成的水平剖面图。在基础平面图中,只画出基础墙和柱的断面图、基础底面的投影。基础大放脚等的细部可见轮廓线都省略不画。

图线要求：剖切到的基础墙和基础轮廓线画中实线（或中粗实线）；基础梁和基础墙的投影重合时，基础梁可用单粗虚线表示；剖切到的钢筋混凝土柱截面涂成黑色，剖切到的基础墙截面不画材料线。

基础平面图的主要内容：

①图名、比例（常用比例是 1∶50、1∶100、1∶150，可用比例是 1∶60、1∶200）。

②定位轴线及其编号、标志尺寸（与建筑施工图一致）。

③基础的平面布置。

④基础墙、柱、基础底面的形状及大小。

⑤基础梁、基础墙、柱的标注及编号。

⑥剖切位置线及其编号。

⑦施工说明等。

条形基础平面图的主要内容。

活动建议

在教师引导下对照基础平面图的主要内容，阅读图 5.7，看看其内容是否完整。

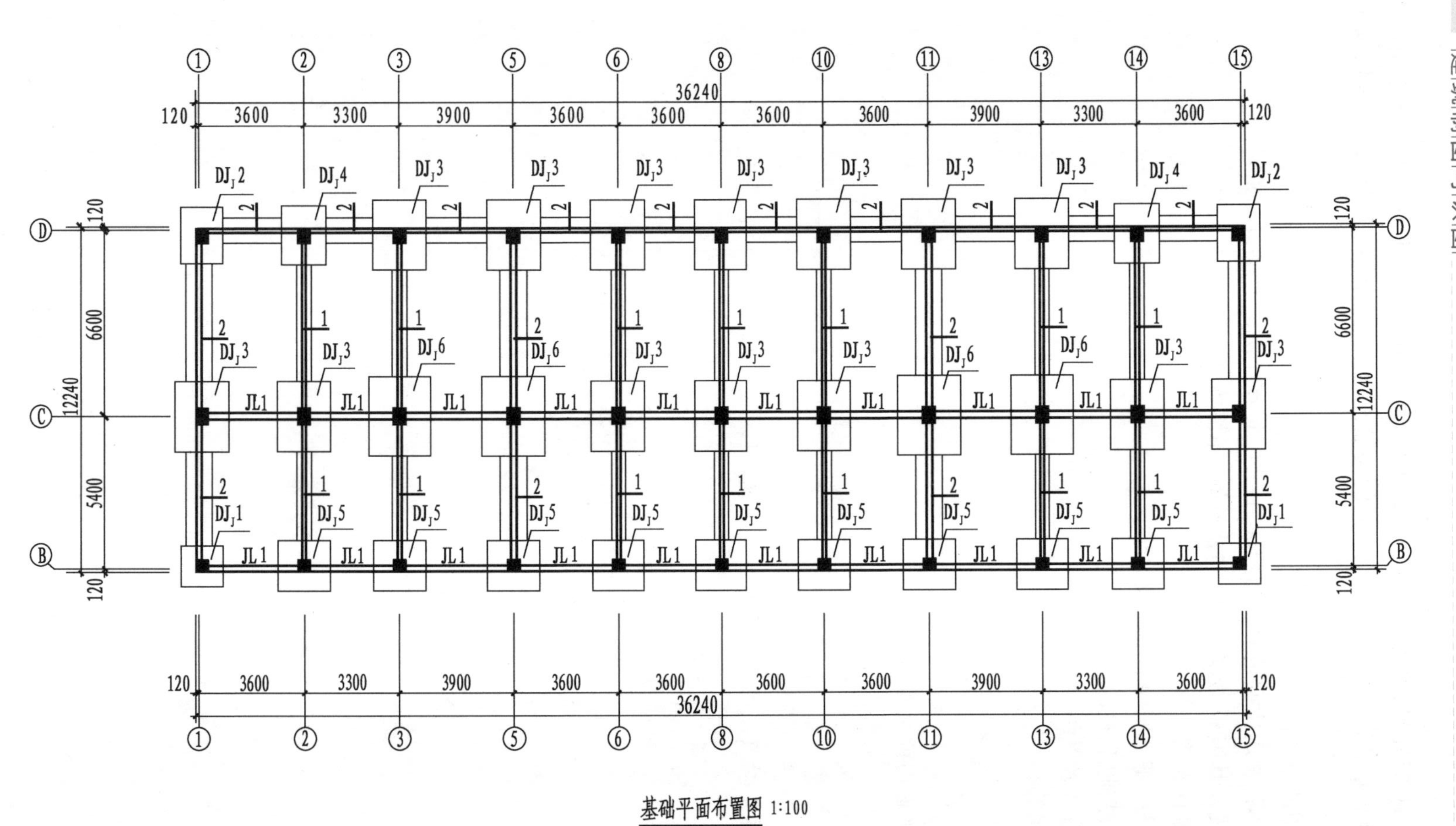
基础平面布置图 1:100
36240
12240
120
3600
3300
3900
6600
5400
DJ_J1
DJ_J2
DJ_J3
DJ_J4
DJ_J5
DJ_J6
JL1

图5.7 基础平面布置图

5.3.3 基础详图

基础详图是用较大比例画出的基础断面图。对于条形基础,基础详图是条形基础的横断面图;对于独立基础,基础详图是独立基础沿对称面剖切后的断面图。

1)条形基础

从图5.8可见,该条形基础由条石砌筑,基底标高未定,室外地坪标高-0.500 m,大放脚成踏步状,踏步宽150 mm,踏步高未定,基底宽900 mm,轴线与条形基础中线重合;基础顶面上是240 mm高砖砌体,再上面是300 mm高的钢筋混凝土地圈梁(DQL)。

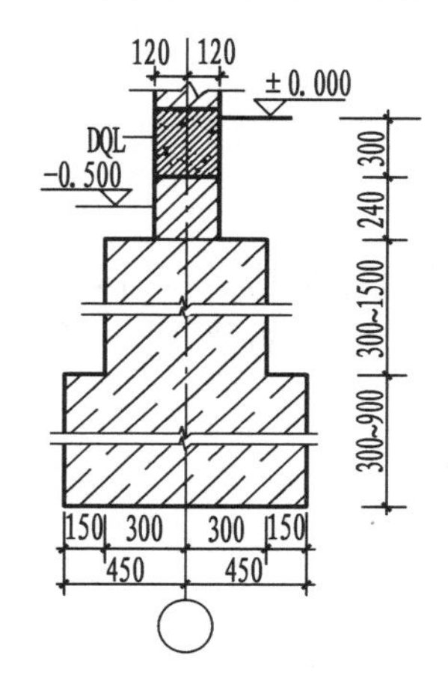

图5.8 条形基础详图

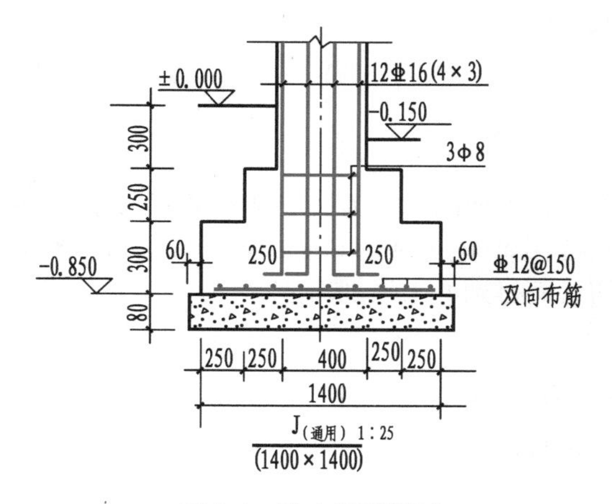

图5.9 独立基础详图

2)独立基础

从图5.9可见,该钢筋混凝土柱基础底面为1 400 mm×1 400 mm的正方形,基础为台阶状,底部为80 mm厚的素混凝土垫层。基础底部双向布筋为⌀12@150;基础内钢筋为12⌀16(又称插筋),基础内设箍筋3 φ8,室外地坪标高为-0.150 m,基底标高为-0.850 m。

独立基础详图内容。

3)基础详图的主要内容

①图名(或基础代号)、比例(一般是1∶20、1∶25、1∶50)。

②轴线及其编号(若为通用图,可不标注轴线编号)。

③基础形状、大小、材料及配筋。

④防潮层做法及位置。

⑤室内外地面标高及基底标高。

⑥施工说明等。

练习作业

1. 基础平面图的主要内容有哪些？
2. 基础详图的主要内容有哪些？

5.4　楼层结构平面图

楼层结构平面图又称为楼层结构平面布置图，主要表达楼面板及其下面的梁、柱、墙等承重构件及楼梯间、电梯井的平面布置。楼层结构平面图是用一个假想的紧贴该层结构面的水平面剖切后而得到的水平剖面图。

观看动画

楼层结构平面图的形成过程。

5.4.1　楼层结构平面图的主要内容

楼层结构平面图的主要内容有：

①图名、比例（常用比例是1∶50、1∶100、1∶150，可用比例是1∶60、1∶200）。

②定位轴线及其编号。

③楼面板及其下面的梁、柱、墙等承重构件及楼梯间、电梯井的平面布置。

④定位尺寸、标高。

⑤施工说明等。

5.4.2　作图要求

可见的钢筋混凝土梁的轮廓线用中实线表示，楼板下面钢筋混凝土梁的轮廓线用中虚线（或中粗虚线）表示。剖切到的墙身轮廓线用中实线（或中粗实线）表示，楼板下面不可见的墙身轮廓线用中虚线（或中粗虚线）表示。剖切到的钢筋混凝土柱截面涂成黑色，各门窗过梁用粗虚线（单线）表示并标注GL。可见的钢筋混凝土梁可用粗实线（单线）表示，楼板下面钢筋混凝土梁可用粗虚线（单线）表示。

楼层结构平面图的比例较小，不便清楚表达楼梯结构，一般都另画楼梯平面图。

5.4.3　楼层结构平面图实例

楼层结构平面图有现浇楼面板结构平面图、预制楼面板结构平面图。图5.4是现浇楼面板

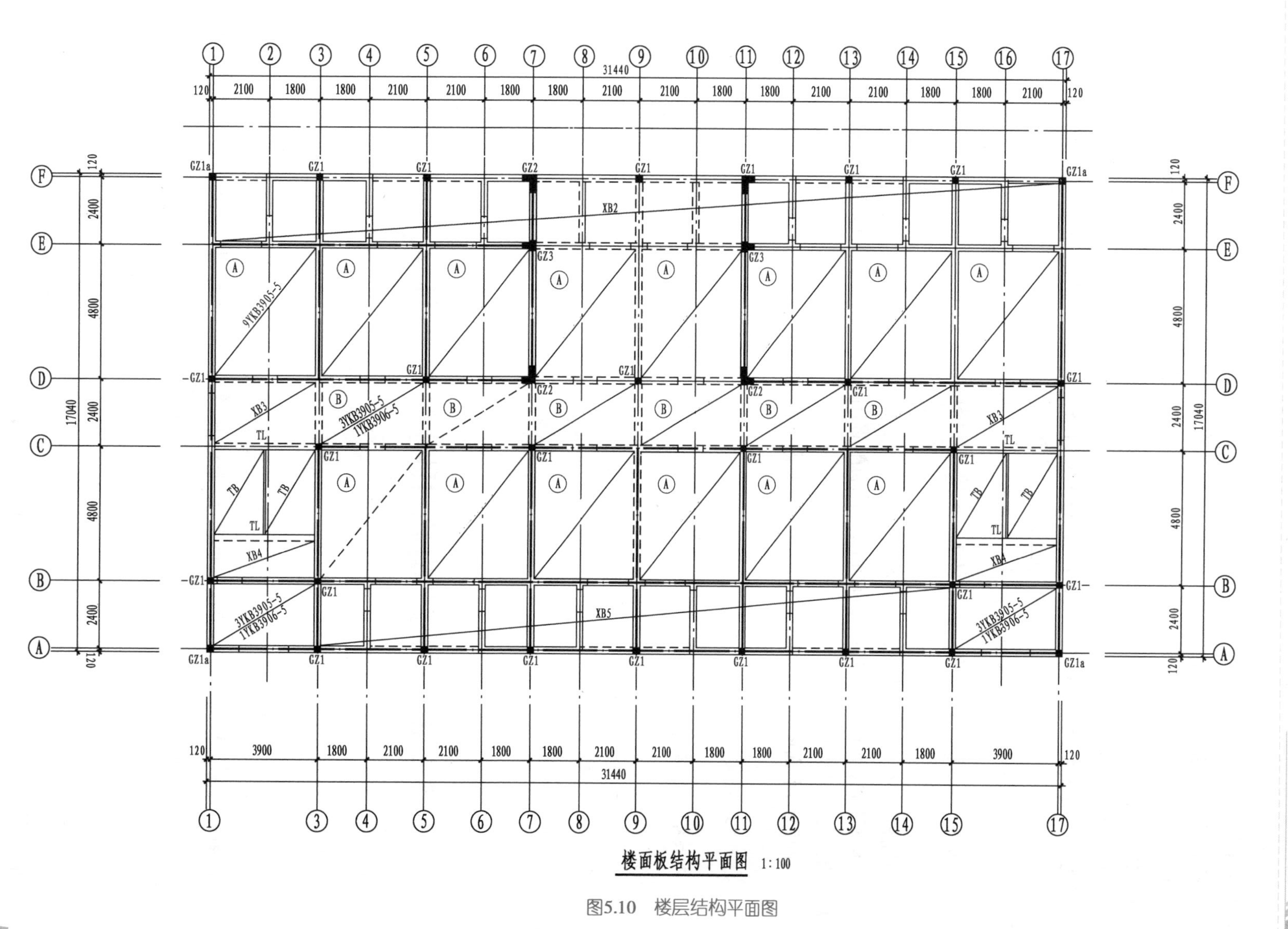

图5.10 楼层结构平面图

结构平面图(局部),这里主要介绍预制楼面板结构平面图。

预制楼面板结构平面图的制图规则是:先将整个楼面按房间分成单元,结构相同的单元其编号相同;编号用大写字母(A,B,C,…)外加细实线圆圈表示,圆圈直径为8 mm或10 mm;结构相同的单元,只须选一个单元标注预制板的铺设情况(板的数量、跨度、宽度、荷载等级及铺设方向),如图5.10所示。

现浇板用XB1,XB2,XB3,…,XBn表示;预应力空心板用××YKB×××-×表示,如:

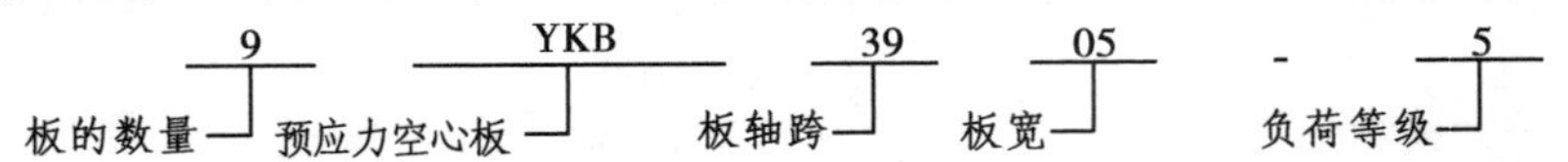

表示该单元铺设9块跨度为3 900 mm、宽度为500 mm的能承受5级荷载的预应力空心板。

现浇板部分,前面已有介绍,此处不再介绍。

结构相同的单元,只需选一个单元画出钢筋配置图或标注预制板铺设情况(板的数量、跨度、宽度、荷载等级及铺设方向)。

屋面结构平面图与楼层结构平面图相似,不再单独介绍。

练习作业

楼层结构平面图的主要内容有哪些?

5.5 混凝土结构施工图平面整体表示方法

问题引入

绘制混凝土结构施工图的工作量很大,十分烦琐,是否有一种简便快捷的绘图方法呢?下面介绍一种简便的混凝土结构施工图绘图方法——平面整体表示方法。

5.5.1 概述

1)平面整体表示方法

把混凝土结构构件的尺寸和配筋等整体直接地表达在这些构件的结构平面布置图上的制

图方法,称为混凝土结构施工图平面整体表示方法,简称平法。用平法绘制的结构施工图省略了结构构造内容,因此,平法绘制的结构施工图必须和对应的标准构造详图相配合才能构成完整的结构施工图。

阅读理解

受拉钢筋锚固长度、搭接长度及混凝土构件的保护层厚度等在平法施工图中不标注,施工人员应从结构设计总说明中注明的相关平法标准图集中查找。

以《混凝土结构施工图平面整体表示方法制图规则和构造详图(现浇混凝土框架、剪力墙、梁、板)》(22G101—1)为例,介绍如何确定受拉钢筋的锚固长度。

例如,某框架梁底部受拉钢筋为 HRB400,直径为 20 mm,混凝土强度等级为 C30,抗震等级为二级,请确定其受拉钢筋的锚固长度。

由于是抗震设计,应从表 5.10 中查找;又知道钢筋直径,查得锚固长度为 $40d$,即 40×20 mm $=800$ mm。它还满足大于最小锚固长度 200 mm 的规定,因此该钢筋锚固长度确定为 800 mm。

2)平法的注写方式

①平面注写方式:适用于梁、板、楼梯、基础结构施工图。

②列表注写方式:适用于柱、剪力墙、楼梯结构施工图。

③截面注写方式:适用于梁、柱、剪力墙、基础结构施工图。

5.5.2 平面注写方式

本节以钢筋混凝土梁和有梁楼盖为例,介绍平面注写方式。

1)梁的平面注写方式

梁的平面注写方式,系在梁平面布置图上,分别在不同编号的梁中各选一根梁,用在其上注写截面尺寸和配筋具体数值的方式来表达梁平法施工图。

平面注写包括集中标注和原位标注。集中标注表达梁的通用数值,原位标注表达梁的特殊数值。当集中标注中的某项数值不适用于梁的某部位时,则将该项数值原位标注,施工时,原位标注取值优先。

(1)梁的集中标注

梁集中标注的内容有五项必注值及一项选注值(集中标注可以从梁的任意一跨引出)。标注内容及格式如下:

梁编号　梁截面尺寸
梁箍筋　梁上部纵向钢筋(通长筋或架立筋)配置
梁侧面纵向构造钢筋或受扭钢筋配置
梁顶面标高高差(该项为选注内容)

梁的平面注写方式示例如图 5.11 所示。

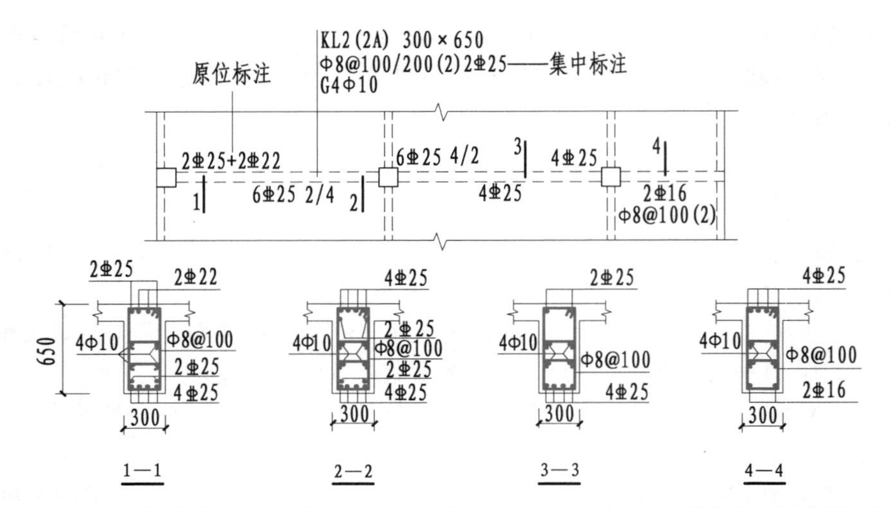

注:4 个梁截面系采用传统表示方法绘制,用于对比按平面注写方式表达的同样内容。实际采用平面注写方式表达时,不需绘制梁截面配筋图和相应截面号。

图 5.11　平面注写方式示例

梁集中标注的有关规定:

①梁编号。梁编号由梁类型代号、序号、跨数及有无悬挑代号几项组成,并应符合表 5.15 的规定。

表 5.15　梁编号

梁类型	代　号	序　号	跨数及是否带有悬挑
楼层框架梁	KL	××	(××)、(××A)或(××B)
楼层框架扁梁	KBL	××	(××)、(××A)或(××B)
屋面框架梁	WKL	××	(××)、(××A)或(××B)
框支梁	KZL	××	(××)、(××A)或(××B)
托柱转换梁	TZL	××	(××)、(××A)或(××B)
非框架梁	L	××	(××)、(××A)或(××B)
悬挑梁	XL	××	(××)、(××A)或(××B)
井字梁	JZL	××	(××)、(××A)或(××B)

注:①(××A)为一端有悬挑,(××B)为两端有悬挑,悬挑不计入跨数。

②楼层框架扁梁节点核心区代号为 KBH。

③非框架梁 L、井字梁 JZL 表示端支座为铰接;当非框架梁 L、井字梁 JZL 端支座上部纵筋为充分利用钢筋的抗拉强度时,在梁代号后加“g”。

④当非框架梁 L 按受扭设计时,在梁代号后加“N”。

【例 5.1】　“KL7(5A)”表示第 7 号框架梁,5 跨,一端有悬挑;“L9(7B)”表示第 9 号非框架梁,7 跨,两端有悬挑;“Lg7(5)”表示第 7 号非框架梁,5 跨,端支座上部纵筋为充分利用钢筋的抗拉强度;“LN5(3)”表示第 5 号受扭非框架梁,3 跨。

②梁截面尺寸,该项为必注值。当为等截面梁时,用 $b\times h$ 表示;当为竖向加腋梁时,用 b

$\times h$ Y$c_1 \times c_2$ 表示，其中 c_1 为腋长，c_2 为腋高，如图 5.12(a)所示；当为水平加腋梁时，一侧加腋时用 $b \times h$ PY$c_1 \times c_2$ 表示，其中 c_1 为腋长，c_2 为腋宽，加腋部位应在平面图中绘制，如图 5.12(b)所示。

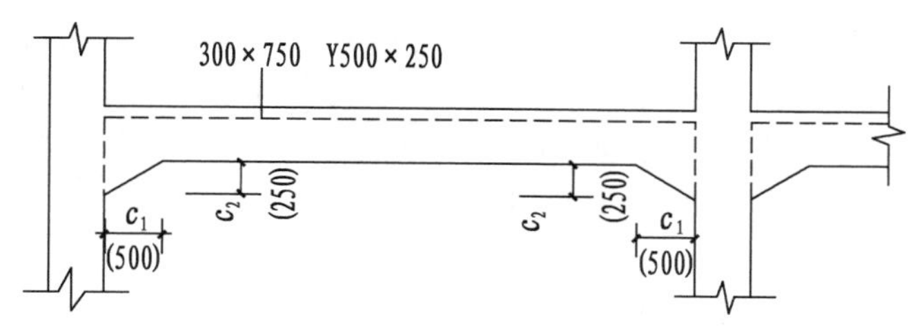

(a)竖向加腋梁截面注写示意(立面图)

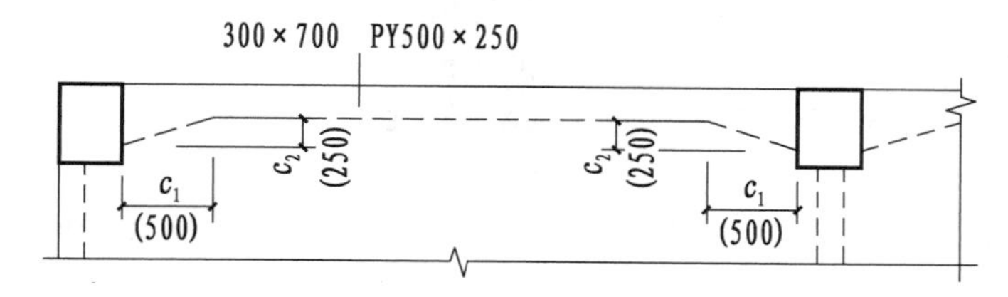

(b)水平加腋梁截面注写示意(平面图)

图 5.12 加腋梁截面注写示意图

图 5.12(a)中"Y500 ×250"表示该梁的竖向加腋(Y)腋长 500 mm，腋高 250 mm。图 5.12(b)中"PY500 ×250"表示该梁的水平加腋(PY)腋长 500 mm，腋宽 250 mm。

当有悬挑梁且根部和端部的高度不同时，用斜线分隔根部与端部的高度值，即用 $b \times h_1/h_2$ 表示，如图 5.13 所示。

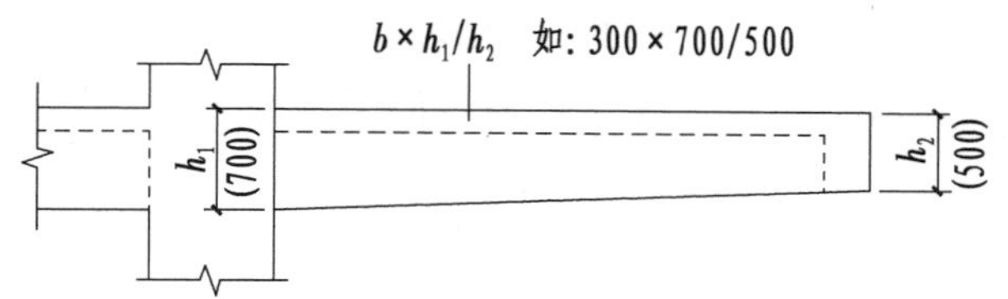

图 5.13 悬挑梁不等高截面注写示意图

图 5.13 中"300 ×700/500"表示该悬挑梁宽 300 mm，根部高 700 mm，端部高 500 mm。

③梁箍筋，包括钢筋种类、直径、加密区与非加密区间距及肢数，该项为必注值。箍筋加密区与非加密区的不同间距及肢数需用斜线"/"分隔；当梁箍筋为同一种间距及肢数时，则不需用斜线；当加密区与非加密区的箍筋肢数相同时，则将肢数注写一次；箍筋肢数应写在括号内。加密区范围见相应抗震等级的标准构造详图。

非框架梁、悬挑梁、井字梁采用不同的箍筋间距及肢数时，也用斜线"/"将其分隔开来。注写时，先注写梁支座端部的箍筋(包括箍筋的箍数、钢筋种类、直径、间距与肢数)，在斜线后注写梁跨中部分的箍筋间距及肢数。

【例 5.2】 "Φ10@100/200(4)"表示箍筋为 HPB300 钢筋，直径为 10 mm，梁加密区(梁的两端)箍筋间距为 100 mm，非加密区(梁跨中部)箍筋间距为 200 mm，均为四肢箍。

"Φ8@100(4)/200(2)"表示箍筋为 HPB300 钢筋，直径为 8 mm，梁加密区(梁的两端)箍筋间距为 100 mm，四肢箍；非加密区箍筋间距为 200 mm，两肢箍。

“13 Φ10@150/200(4)”表示箍筋为HPB300钢筋，直径为10 mm，梁的两端（梁的加密区）各有13个四肢箍，间距为150 mm；梁跨中部分（非加密区）箍筋间距为200 mm，也是四肢箍。

“18 Φ12@150(4)/200(2)”表示箍筋为HPB300钢筋，直径为12 mm，梁的两端（加密区）各有18个四肢箍，间距为150 mm；梁跨中部分（非加密区）箍筋是两肢箍，间距为200 mm。

④梁上部纵向钢筋（通长筋或架立筋）配置，该项为必注值。当梁上部同排纵筋中既有通长筋又有架立筋时，应用加号“+”将通长筋和架立筋相连。注写时，须将角部纵筋写在加号前面，架立筋写在加号后面的括号内，以示不同直径及与通长筋的区别。当全部采用架立筋时，则将其写入括号内。

【例5.3】 “2 ⌀22 +(4 Φ12)”用于六肢箍，其中2 ⌀22为角部纵向钢筋（通长筋），HRB400钢筋；4 Φ12为架立筋，HPB300钢筋。

当梁的上部纵向钢筋和下部纵向钢筋为全跨相同，且多数跨配筋相同时，此项可加注下部纵筋的配筋值，用分号“;”将上部与下部纵筋的配筋值分隔开来，少数跨不同者则原位标注。

【例5.4】 “3 ⌀22;3 ⌀20”表示梁的上部配置3 ⌀22的通长筋，梁的下部配置3 ⌀20的通长筋，都是HRB400钢筋。

⑤梁侧面纵向构造钢筋或受扭钢筋配置，该项为必注值。梁侧面纵向构造钢筋或受扭钢筋，分别用大写字母“G”或“N”打头，接续注写配置在梁两个侧面的总配筋值，且对称配置。当梁腹板高度 $h_w \geq 450$ mm时，需配置纵向构造钢筋，所注规格与根数应符合规范规定；当梁侧面需配置纵向受扭钢筋时，纵向受扭钢筋应满足梁侧面纵向构造钢筋的间距要求，且不再重复配置纵向构造钢筋。

【例5.5】 “G4 Φ12”表示梁的两个侧面共配置4 Φ12的纵向构造钢筋，每侧各配置2 Φ12；“N6 ⌀22”表示梁的两个侧面共配置6 ⌀22的纵向受扭钢筋，每侧各配置3 ⌀22。

⑥梁顶面标高高差，该项为选注值。梁顶面标高高差，系指相对于结构层楼面标高的高差值，对于位于结构夹层的梁，则指相对于结构夹层楼面标高的高差。当某梁的顶面高于所在结构层的楼面标高时，其标高高差为正值，反之为负值。有高差时，将其写入括号内，无高差时不注。

【例5.6】 某结构标准层的楼面标高为44.950 m，其中某梁的顶面标高为44.900 m时，该梁顶面标高高差应注写为(-0.050)。

【例5.7】 图5.11是用平面注写方式绘制的钢筋混凝土梁施工图（局部）。集中标注中，“KL2(2A)”表示框架梁编号为2，括号内“2”表示KL2是两跨连续梁，括号内“A”表示KL2的一端有悬挑；“300×650”表示梁的截面宽为300 mm，高为650 mm；“Φ8@100/200(2)”表示梁的箍筋是HPB300钢筋，直径为8 mm，加密区间距为100 mm，非加密区间距为200 mm，“(2)”表示加密区和非加密区箍筋都是两肢箍；“2 ⌀25”表示梁上部纵向钢筋是2根直径为25 mm的HRB400钢筋；“G4 Φ10”表示梁侧面共有4根直径为10 mm的HPB300构造钢筋，置于梁的两侧，每侧2根；“(-0.100)”表示梁顶面标高低于该结构层楼面标高100 mm。

(2)梁的原位标注

梁的原位标注包括梁支座上部纵筋、梁下部纵筋、梁上附加箍筋或吊筋、梁加腋部位钢筋的原位标注。

①梁支座上部纵筋的原位标注。该部位含通长筋在内的所有纵筋。

a.当梁支座上部纵筋多余一排时，用斜线“/”将各排纵筋自上而下分开。

【例5.8】 梁支座上部纵筋注写为“6 ⌀25 4/2”（图5.11），表示上一排纵筋为4 ⌀25，下

一排纵筋为 2⌀25，如图 5.14(a)所示。

b. 当梁支座上部同排纵筋有两种直径时，用加号"+"将两种直径的纵筋相连，注写时将角部纵筋写在前面。

【例 5.9】 梁支座上部纵筋注写为"2⌀25+2⌀22"(图 5.11)，表示该支座上部纵筋有 4 根，2⌀25 放在角部，2⌀22 放在同排中部，如图 5.14(b)所示。

c. 当梁中间支座两边的上部纵筋不同时，需在支座上部两边分别标注；当梁中间支座两边的上部纵筋相同时，可仅在支座上部的一边标注配筋值，另一边省去不注。

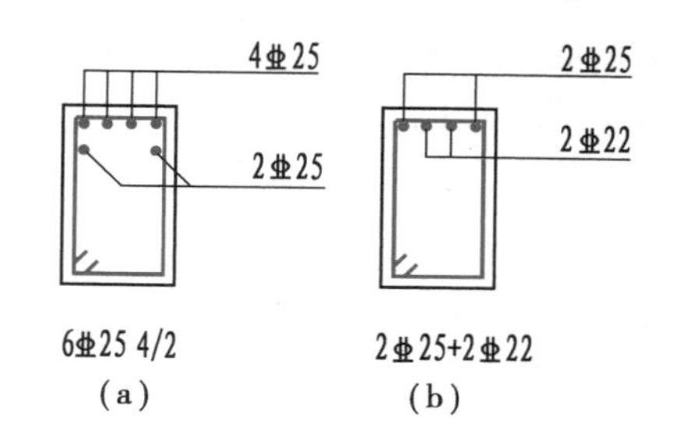

图 5.14 梁支座上部纵向钢筋配置示意图

【例 5.10】 图 5.11 梁中间支座上部右边标注为"6⌀25 4/2"，左边没有标注，表示该支座两边梁的上部纵筋配置都是"6⌀25 4/2"。

②梁下部纵筋的原位标注。

a. 当梁下部纵筋多于一排时，用斜线"/"将各排纵筋自上而下分开。

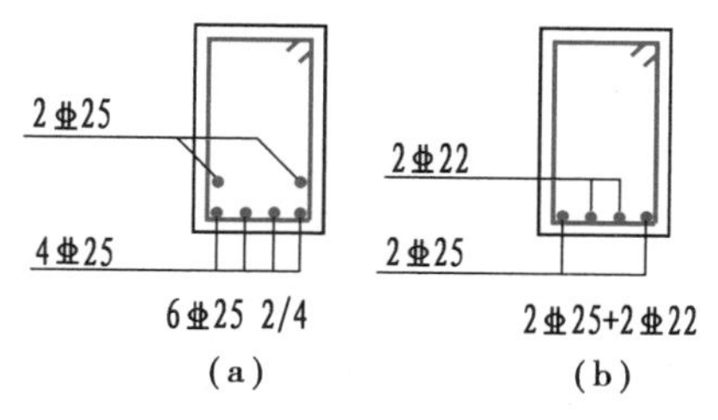

图 5.15 梁下部纵筋配置示意图

【例 5.11】 梁下部纵筋注写为"6⌀25 2/4"(图5.11)，表示该跨下部共配置纵筋 6⌀25，其中上一排纵筋为 2⌀25，下一排纵筋为 4⌀25，如图 5.15(a)所示。

b. 当同排纵筋有两种直径时，用加号"+"将两种直径的纵筋相连，注写时角筋写在前面。

【例 5.12】 梁下部纵筋注写为"2⌀25+2⌀22"，表示梁下部有一排纵筋，角筋是 2⌀25，中间是 2⌀22，如图 5.15(b)所示。

c. 当梁下部纵筋不全部伸入支座时，将不伸入梁支座的下部纵筋数量写在括号内。

【例 5.13】 梁下部纵筋注写为"6⌀25 2(-2)/4"，表示上排纵筋为 2⌀25，且不伸入支座；下排纵筋为 4⌀25，全部伸入支座，如图 5.16(a)所示。

【例 5.14】 梁下部纵筋注写为"2⌀25+3⌀22(-3)/5⌀25"，表示上排纵筋为 2⌀25+3⌀22，其中3⌀22不伸入支座；下排纵筋为 5⌀25，全部伸入支座，如图 5.16(b)所示。

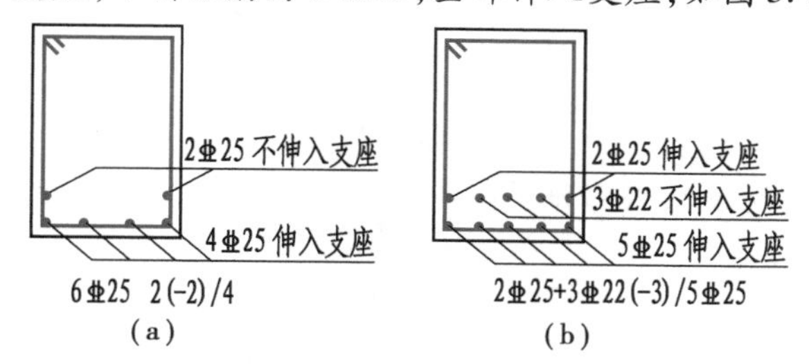

图 5.16 梁下部纵筋伸入支座示意图

③梁上附加箍筋或吊筋的原位标注。主梁与次梁相交处(梁上集中荷载处)，应在主梁上增设附加箍筋或吊筋。附加箍筋或吊筋直接画在平面布置图中的主梁上，用线引注总配筋值。

对于附加箍筋，设计尚应注明附加箍筋的肢数，箍筋肢数注在括号内。当多数附加箍筋或吊筋相同时，可在梁平法施工图上统一注明，少数与统一注明值不同时，再原位引注。

图 5.17 中的“2 ⌀18”表示在主梁与次梁相交处，主梁的两侧各增加 1 个⌀18 的吊筋；8 φ8(2)表示在主梁与次梁相交处，在主梁内次梁的两边各增加 4 个φ8 的双肢箍。

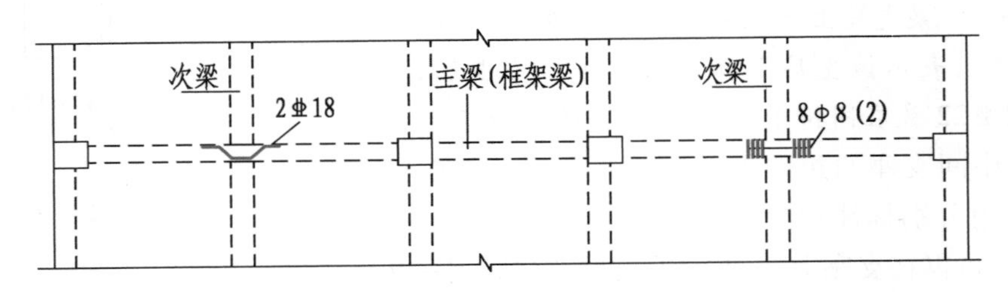

图 5.17　附加箍筋和吊筋原位标注示例

④梁加腋部位的原位标注。当梁设置竖向加腋时，加腋部位下部斜纵筋应在支座下部以“Y”打头注写在括号内，如图 5.18(a)所示。

当梁设置水平加腋时，水平加腋内上、下部斜纵筋应在加腋支座上部以“Y”打头注写在括号内，上下部斜纵筋之间用斜线“/”分隔，如图 5.18(b)所示。

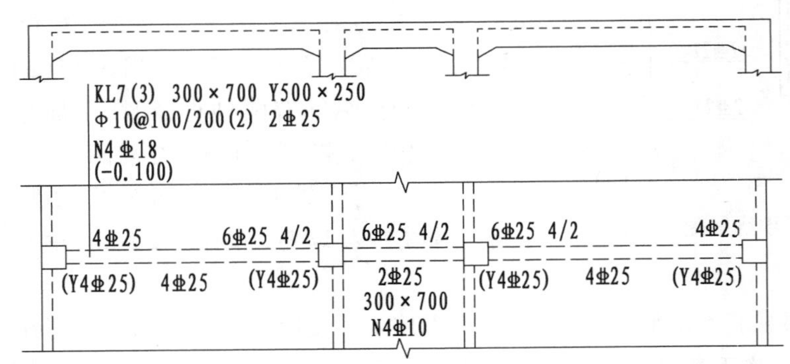

(a)梁竖向加腋平面注写方式表达示例

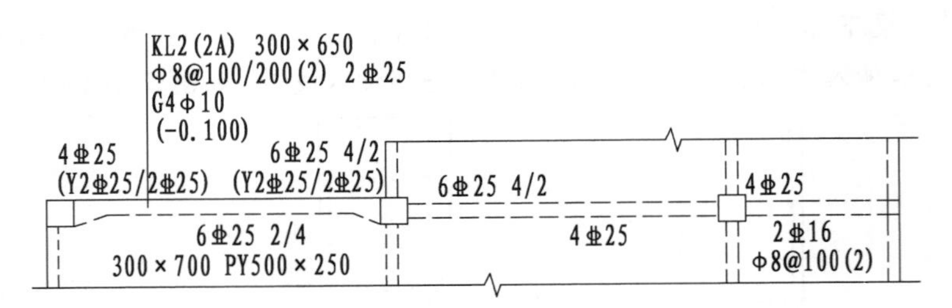

(b)梁水平加腋平面注写方式表达示例

图 5.18　梁加腋平面注写方式表达示例

框架梁的水平、竖向加腋构造如图 5.19 所示。

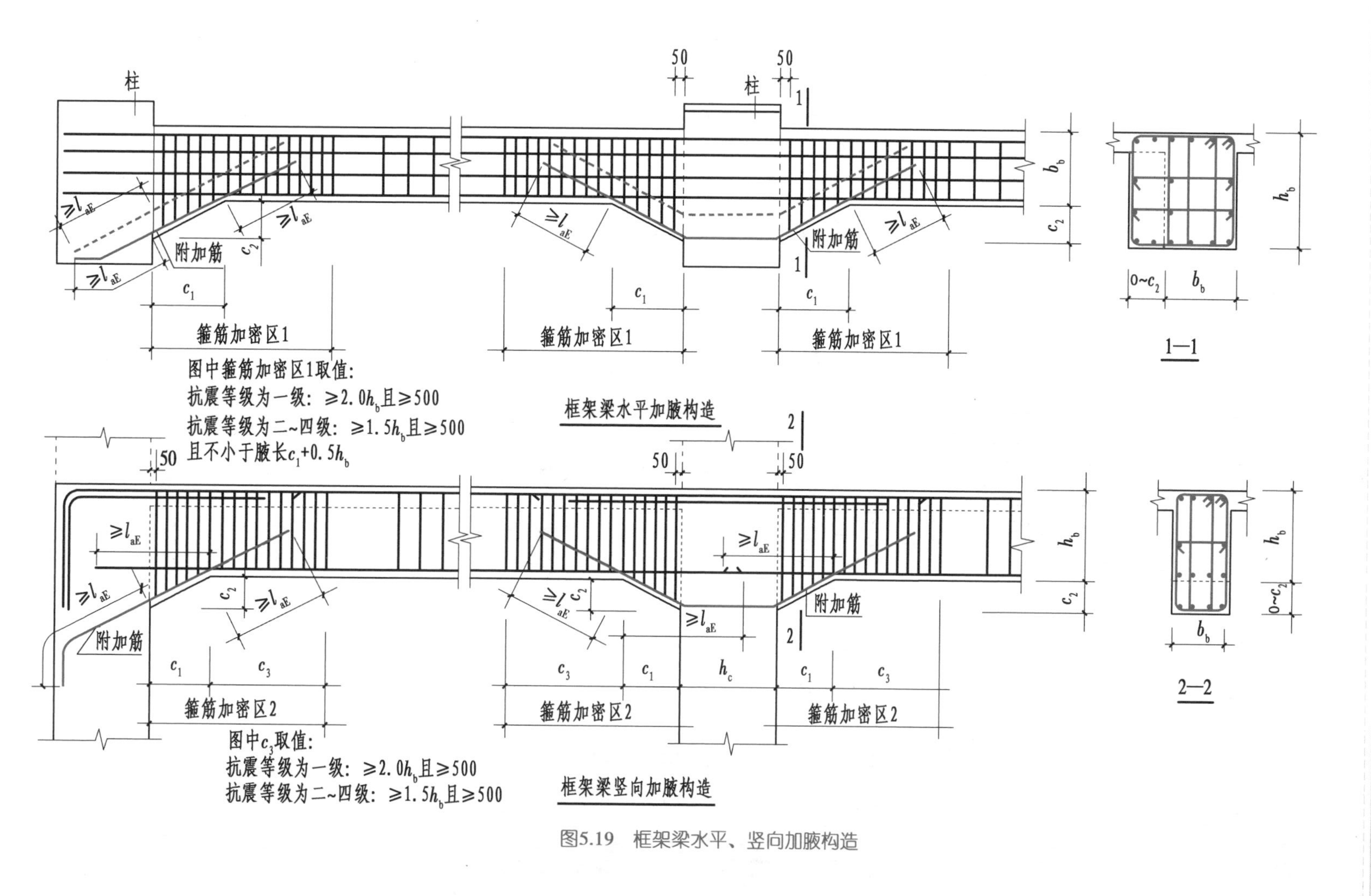

图5.19 框架梁水平、竖向加腋构造

练习作业

图 5.20 为钢筋混凝土梁平法施工图(局部),为 3 跨连续梁,请分小组画出其 1—1、2—2、3—3、4—4 的断面图。

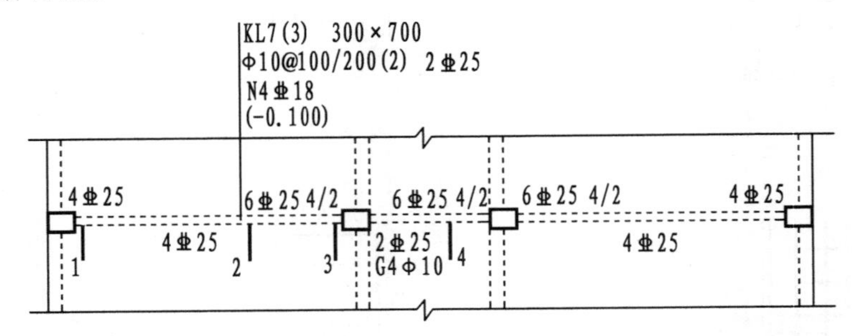

图 5.20 钢筋混凝土梁平法施工图(局部)

(3)梁平法施工图平面注写方式示例

图 5.21 是 22G101—1 中梁平法施工图平面注写方式示例。图中编号为 KL1(4)的梁有 3 根,只对Ⓓ轴线上的梁 KL1(4)进行完整的平面注写,另外 2 根梁可仅标注其编号 KL1(4)。

小组讨论

阅读图 5.21,弄清图中梁 KL1(4)的配筋情况,疑难问题请共同探讨。注意编号为 KL1(4)的梁有 3 根,它们的配筋是有差异的。

练习作业

1. 梁集中标注是标注梁上哪些部位的钢筋配置?
2. 梁原位标注是标注梁上哪些部位的钢筋配置?

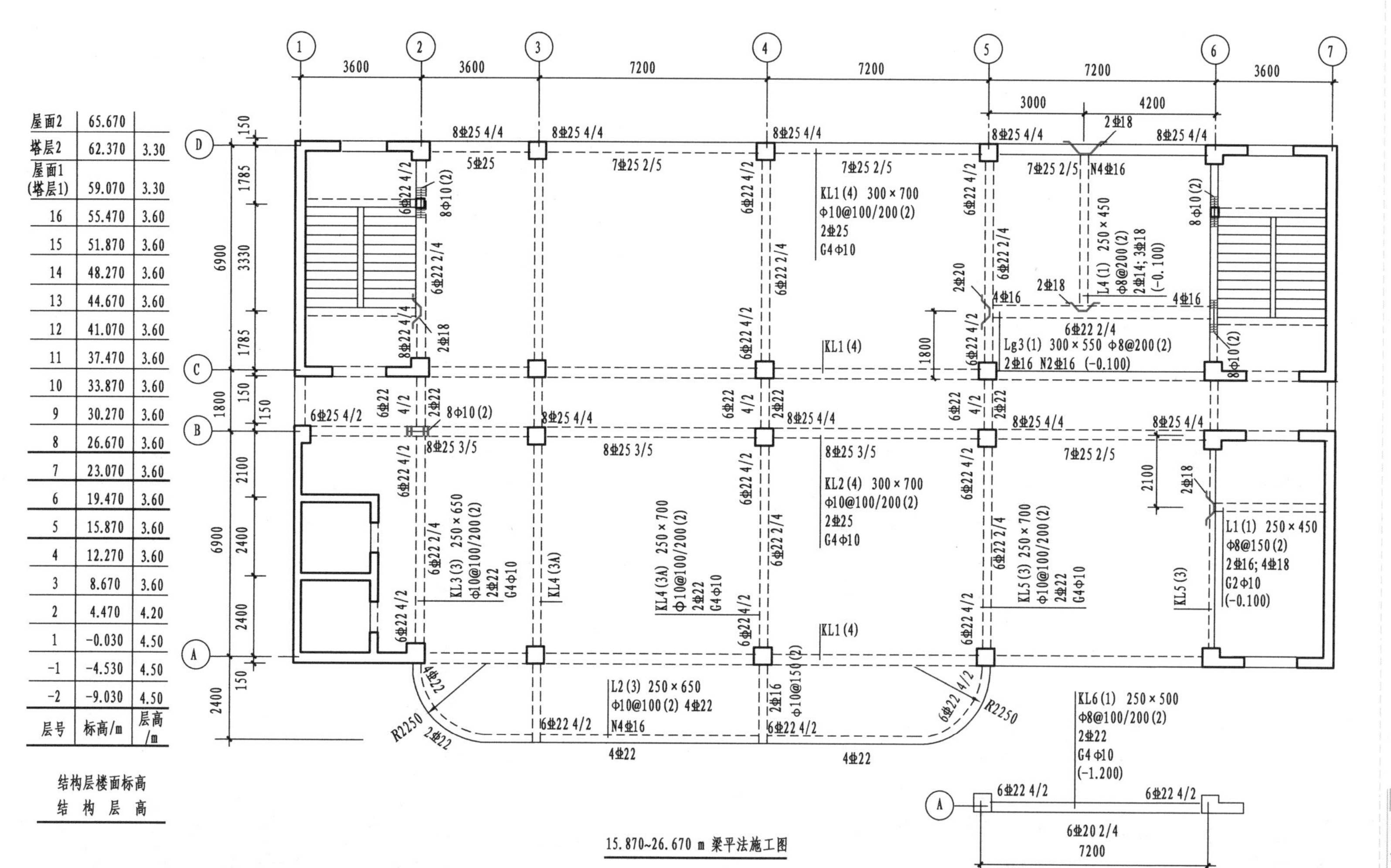

层号	标高/m	层高/m
屋面2	65.670	
塔层2	62.370	3.30
屋面1(塔层1)	59.070	3.30
16	55.470	3.60
15	51.870	3.60
14	48.270	3.60
13	44.670	3.60
12	41.070	3.60
11	37.470	3.60
10	33.870	3.60
9	30.270	3.60
8	26.670	3.60
7	23.070	3.60
6	19.470	3.60
5	15.870	3.60
4	12.270	3.60
3	8.670	3.60
2	4.470	4.20
1	-0.030	4.50
-1	-4.530	4.50
-2	-9.030	4.50

注：①可在“结构层楼面标高、结构层高”表中增加混凝土强度等级等栏目。

②横向粗线表示本页梁平法施工图中的楼面标高为5~8层楼面标高：15.870 m、19.470 m、23.070 m、26.670 m。

图5.21　梁平法施工图平面注写方式示例

2)有梁楼盖平面注写方式

有梁楼盖板平面注写主要包括板块集中标注和板支座原位标注。

(1)板块集中标注

板块集中标注的内容及格式：

板块编号　板厚	例如：LB4　$h=80$
板下部纵筋	B：X&Y ⌀8@150
板上部贯通纵筋	T：X ⌀8@150
板面标高高差	(−0.050)

①板块编号。对于普通楼面，两向均以一跨为一板块。所有板块应逐一编号，相同编号的板块可择其一做集中标注，其他仅注写置于圆圈内的板编号，以及当板面标高不同时的标高高差。

板块编号由板的代号和序号组成，见表5.16。

表5.16　板块编号

板类型	代号	序号
楼面板	LB	××
屋面板	WB	××
悬挑板	XB	××

②板厚。板厚为垂直于板面的厚度，注写为 $h=×××$；当悬挑板的端部改变截面厚度时，用斜线"/"分隔根部与端部的高度值，注写为 $h=×××/×××$；当设计已在图注中统一注明板厚时，此项可不注。

③板的纵筋。纵筋按板块的下部纵筋和上部贯通纵筋分别注写(当板块上部不设贯通纵筋时则不注)，并以B代表下部纵筋，以T代表上部贯通纵筋，B&T代表下部与上部；x 向纵筋以X打头，y 向纵筋以Y打头，两向纵筋配置相同时则以X&Y打头。(注：结构平面的坐标方向规定是，当两向轴网正交布置时，图面从左至右为 x 向，从下至上为 y 向。)

当板为单向板时，分布筋可不必注写，而在图中统一注明。

【例5.15】　有一楼面板块注写为：

LB5　$h=110$

B：X ⌀12@125；Y ⌀10@110

表示5号楼面板，板厚110 mm，板下部配置的纵筋 x 向为⌀12@125，y 向为⌀10@110；板上部未配置贯通纵筋。

当在某些板内(如在悬挑板XB的下部)配置有构造钢筋时，则 x 向以Xc，y 向以Yc打头注写。

【例5.16】　有一悬挑板注写为：

XB2　$h=150/100$

B：Xc&Yc ⌀8@200

表示2号悬挑板，板根部厚150 mm，板端部厚100 mm，板下部配置构造钢筋双向（Xc、Yc）均为⌀8@200。

当纵筋采用两种规格钢筋“隔一布一”方式时，表达为*xx*/*yy*@×××，表示直径为*xx*的钢筋和直径为*yy*的钢筋间距相同，两者组合后的实际间距为×××。直径*xx*的钢筋的间距为×××的2倍，直径*yy*的钢筋的间距为×××的2倍。

【例5.17】 有一楼面板块注写为：

LB3 $h=110$

B：X⌀10/12@100；Y⌀10@110

表示3号楼面板，板厚110 mm，板下部配置的纵筋*x*向为⌀10、⌀12隔一布一，⌀10与⌀12之间的间距为100 mm；*y*向纵筋为⌀10@110；板上部未配置贯通纵筋。

④板面标高高差。板面标高高差系指板块相对于结构层楼面标高的高差，应将其注写在括号内，且有高差则注，无高差不注。

（2）板支座原位标注

板支座原位标注的内容是：板支座上部非贯通纵筋和悬挑板上部受力钢筋。

板支座原位标注的钢筋，应在配置相同跨的第一跨表达（当在梁悬挑部位单独配置时则在原位表达）。在配置相同跨的第一跨（或梁悬挑部位），垂直于板支座（梁或墙）绘制一段适宜长度的中粗实线（当该筋通长设置在悬挑板或短跨板上部时，实线段应画至对边或贯通短跨），以该线段代表支座上部非贯通纵筋，并在线段上方注写钢筋编号（如①、②等）、配筋值、横向连续布置的跨数（注写在括号内，且当为一跨时可不注），以及是否横向布置到梁的悬挑端。

【例5.18】 某板支座上部非贯通纵筋标注为④⌀10@150（3A），表示该支座上部④号非贯通纵筋为⌀10@150，从该跨起沿支承梁连续布置3跨加梁一端的悬挑端。

支座上部非贯通纵筋标注为④⌀10@150（3B），表示该非贯通纵筋沿支座布置3跨，且分别伸入两侧跨的悬挑部位。

板支座上部非贯通纵筋自支座边线向跨内的伸出长度，注写在线段的下方位置。

当中间支座上部非贯通纵筋向支座两侧对称伸出时，可仅在支座一侧线段下方标注伸出长度，另一侧不注，如图5.22（a）所示。

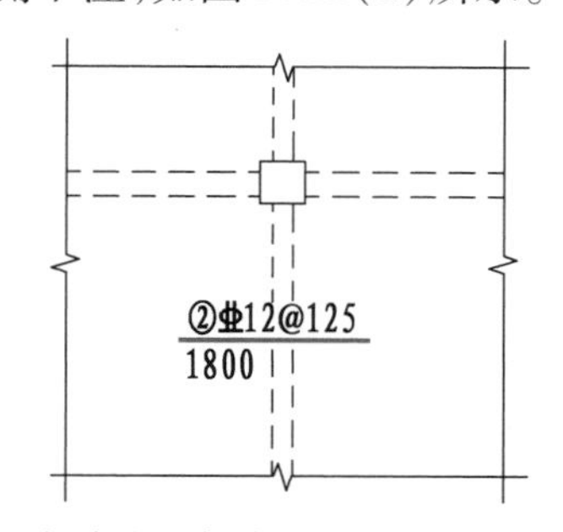

（a）板支座上部非贯通纵筋对称伸出

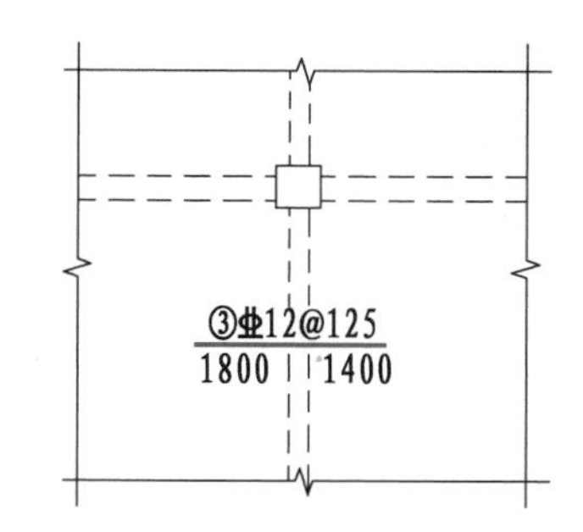

（b）板支座上部非贯通纵筋非对称伸出

图5.22 板支座上部非贯通纵筋伸出长度的标注

当向支座两侧非对称伸出时，应分别在支座两侧线段下方注写伸出长度，如图 5.22(b)所示。

对线段画至对边贯通全跨或贯通全悬挑长度的上部通长纵筋，贯通全跨或伸出至全悬挑一侧的长度值不注，只注明非贯通纵筋另一侧的伸出长度值，如图 5.23 所示。

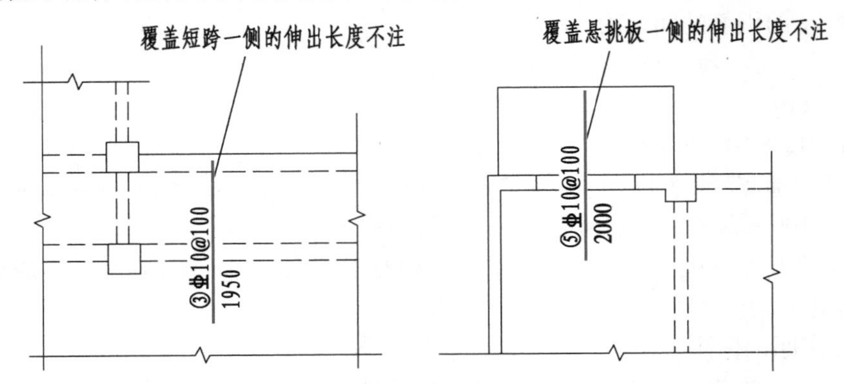

图 5.23　板支座非贯通筋贯通全跨或伸出至悬挑端的标注

(3)有梁楼盖平法施工图示例

图 5.24 是 22G101—1 中有梁楼盖平法施工图示例。图中板支座上部一非贯通纵筋标注为“⑦ ⏀10@150”，表示支座上部⑦号非贯通纵筋为 ⏀10@150，仅布置于该跨。⑦号非贯通纵筋下标注“1 750”，表示该筋自支座边线向跨内伸出长度为1 750 mm。图中另一支座上部非贯通纵筋标注为“⑦(2)”，表示该钢筋同⑦号非贯通纵筋(⏀10@150，自支座边线向跨内伸出长度为 1 750 mm)，沿支承梁连续布置 2 跨。

小组讨论

阅读图 5.24，弄清编号为 LB3 的楼面板块的钢筋配置。注意楼面板 LB3 有 3 种不同情况，并注意原位标注取值优先。

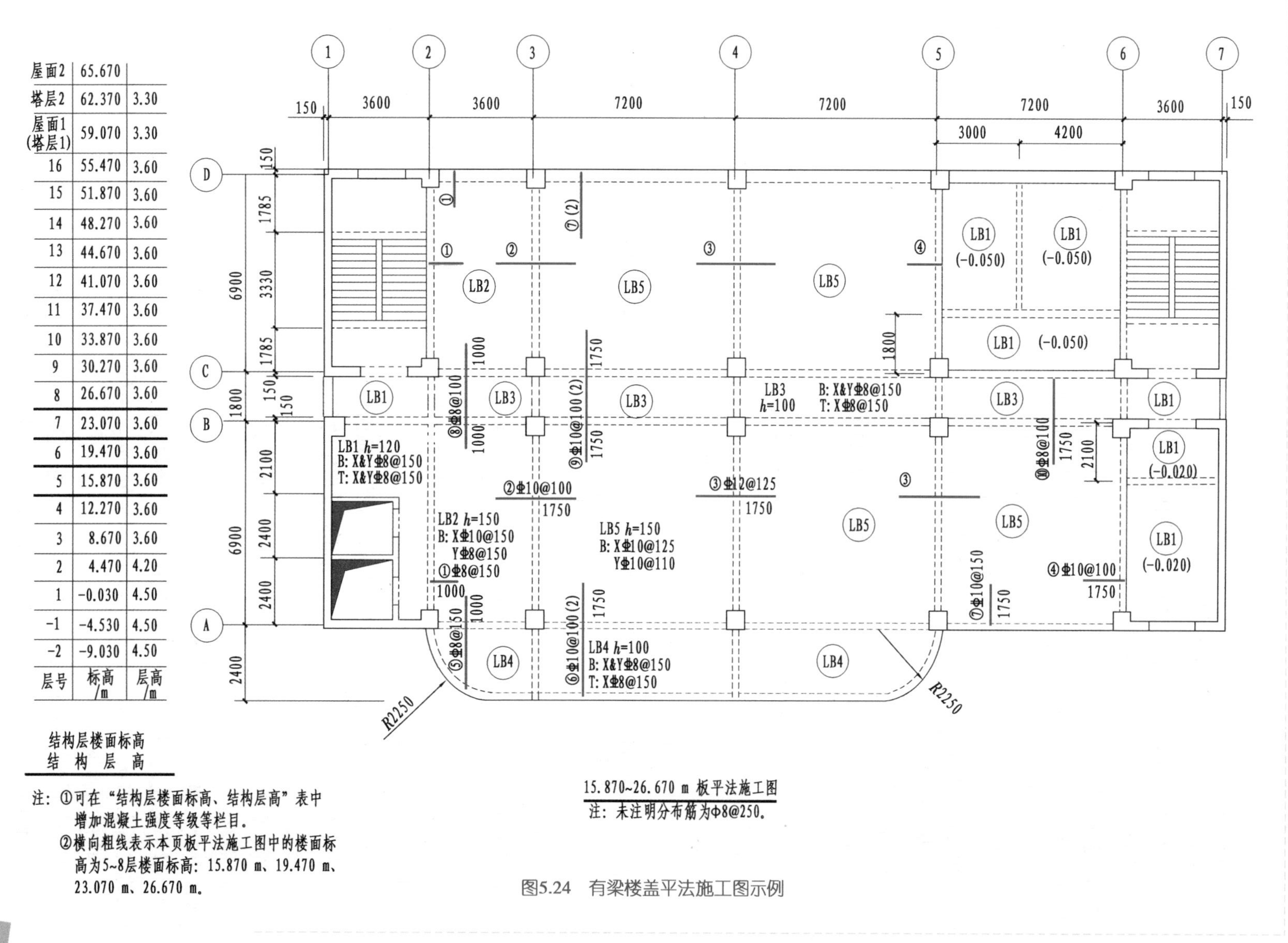

屋面2	65.670	
塔层2	62.370	3.30
屋面1 (塔层1)	59.070	3.30
16	55.470	3.60
15	51.870	3.60
14	48.270	3.60
13	44.670	3.60
12	41.070	3.60
11	37.470	3.60
10	33.870	3.60
9	30.270	3.60
8	26.670	3.60
7	23.070	3.60
6	19.470	3.60
5	15.870	3.60
4	12.270	3.60
3	8.670	3.60
2	4.470	4.20
1	-0.030	4.50
-1	-4.530	4.50
-2	-9.030	4.50
层号	标高/m	层高/m

结构层楼面标高
结构层高

注：①可在“结构层楼面标高、结构层高”表中增加混凝土强度等级等栏目。
②横向粗线表示本页板平法施工图中的楼面标高为5~8层楼面标高：15.870 m、19.470 m、23.070 m、26.670 m。

图5.24 有梁楼盖平法施工图示例

5.5.3 列表注写方式

这里以钢筋混凝土柱的平法施工图为例，介绍列表注写方式。

柱的列表注写方式，系在柱平面布置图上（一般只需要采用适当比例绘制一张柱平面布置图，包括框架柱、转换柱、芯柱等），分别在同一编号的柱中选择一个（有时需要选择几个）截面标注几何参数代号；在柱表中注写柱编号、柱段起止标高、几何尺寸（含柱截面对轴线的定位情况）与配筋的具体数值，并配以柱截面形状及其箍筋类型的方式来表达柱平法施工图。

在柱平法施工图中，应按规定注明各结构层的楼面标高、结构层高及相应的结构层号，尚应注明上部结构嵌固部位位置，如图5.27所示。

柱表注写内容规定如下：

（1）柱编号

柱编号由类型代号和序号组成，应符合表5.17的规定。

表5.17　柱编号

柱类型	类型代号	序　号
框架柱	KZ	××
转换柱	KHZ	××
芯　柱	XZ	××

注：编号时，当柱的总高、分段截面尺寸和配筋均对应相同，仅截面与轴线的关系不同时，仍可将其编为同一柱号，但应在图中注明截面与轴线的关系。

（2）注写各段柱的起止标高

注写各段柱的起止标高，自柱根部往上以变截面位置或截面未变但配筋改变处为界分段注写。

梁上起框架柱的根部标高系指梁顶面标高；剪力墙上起框架柱的根部标高为墙顶面标高。从基础起的柱，其根部标高系指基础顶面标高。

当屋面框架梁上翻时，框架柱顶标高应为梁顶面标高。

芯柱的根部标高系指根据结构实际需要而定的起始位置标高。

（3）注写柱截面的几何尺寸

对于矩形柱，注写柱截面尺寸 $b \times h$ 及与轴线关系的几何参数代号 b_1、b_2 和 h_1、h_2 的具体数值，需对应于各段柱分别注写。其中 $b = b_1 + b_2$，$h = h_1 + h_2$。当截面的某一边收缩变化至与轴线重合或偏到轴线的另一侧时，b_1、b_2、h_1、h_2 中的某一项为零或为负值。

对于圆柱，表中 $b \times h$ 一栏改用在圆柱直径数字前加 d 表示。为表达简单，圆柱截面与轴线的关系也用 b_1、b_2 和 h_1、h_2 表示，并使 $d = b_1 + b_2$，$h = h_1 + h_2$。

（4）注写柱纵筋

当柱纵筋直径相同，各边根数也相同时（包括矩形柱、圆柱和芯柱），将纵筋注写在“全部纵筋”一栏中。除此之外，柱纵筋分角筋、截面 b 边中部筋和 h 边中部筋3项分别注写（对于采用对称配筋的矩形截面柱，可仅注写一侧中部筋，对称边省略不注；对于采用非对称配筋的矩形截面柱，必须每侧均注写中部筋）。

【例 5.19】 柱的纵筋如图 5.25 所示，可标注为“全部纵筋 8Φ25”。

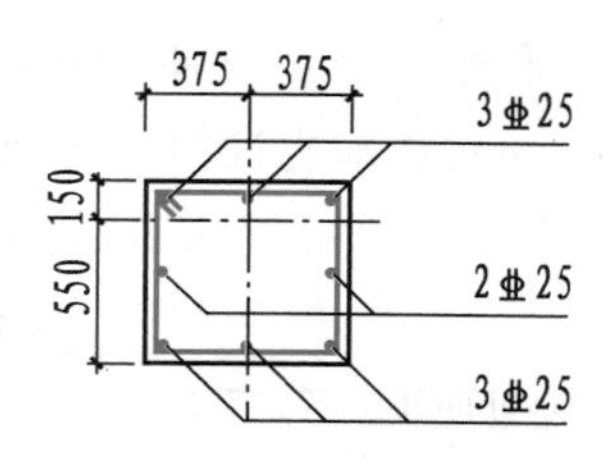

图 5.25 “全部纵筋”示例

（5）注写箍筋类型编号及箍筋肢数

按表 5.18 的规定，在箍筋类型栏内注写箍筋类型编号和箍筋肢数。箍筋肢数可有多种组合，应在表中注明具体的数值：m、n 及 Y 等。

表 5.18 箍筋类型表

箍筋类型编号	箍筋肢数	复合方式
1	$m \times n$	肢数 m 肢数 n h b
2	—	h b
3	—	h b
4	Y+$m \times n$ 圆形箍	肢数 m 肢数 n d

（6）注写柱箍筋

注写柱箍筋，包括钢筋种类、直径与间距。用斜线“/”区分柱端箍筋加密区与柱身非加密区长度范围内箍筋的不同间距。

【例 5.20】 ϕ10@100/200，表示箍筋为 HPB300 钢筋，直径为 10 mm，加密区间距为 100 mm，非加密区间距为 200 mm。

ϕ10@100/200(ϕ12@100)，表示柱中箍筋为 HPB300 钢筋，直径为 10 mm，加密区间距为 100 mm，非加密区间距为200 mm。框架节点核心区箍筋为 HPB300 钢筋，直径为 12 mm，间距为 100 mm。

当箍筋沿柱全高为一种间距时，则不使用斜线“/”。

【例 5.21】 ϕ10@100，表示沿柱全高范围内箍筋均为 HPB300 钢筋，直径为 10 mm，间距为 100 mm。

当圆柱采用螺旋箍筋时，需在箍筋前加“L”。

【例5.22】 LΦ10@100/200,表示采用螺旋箍筋,HPB300,直径为10 mm,加密区间距为100 mm,非加密区间距为200 mm。

【例5.23】 从图5.27中查找第15层柱KZ1的标高、截面形状、尺寸及配筋情况。

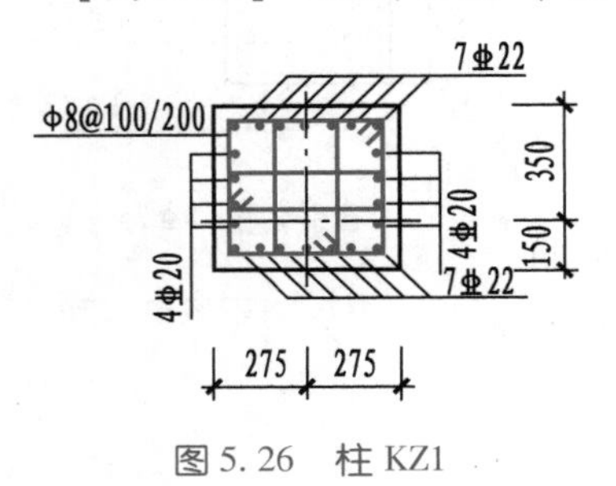

图5.26 柱KZ1

【解】 从结构层楼面标高中查得第15层柱KZ1的底标高为51.870 m,柱高为3.60 m,属37.470~59.070 m柱段。在柱表中查得柱KZ1截面为550 mm×500 mm,$b_1=b_2=275$ mm,$h_1=150$ mm,$h_2=350$ mm,角筋为4Φ22,b边一侧中部筋为5Φ22,h边一侧中部筋为4Φ20,箍筋类型为1(4×4),箍筋配置为Φ8@100/200。第15层柱KZ1的截面形状、尺寸及配筋如图5.26所示。

从图5.27中查找第8层轴⑤与轴Ⓒ相交处钢筋混凝土柱子的编号、柱底和柱顶标高,画出其截面配筋图,并标注其与轴线的关系。

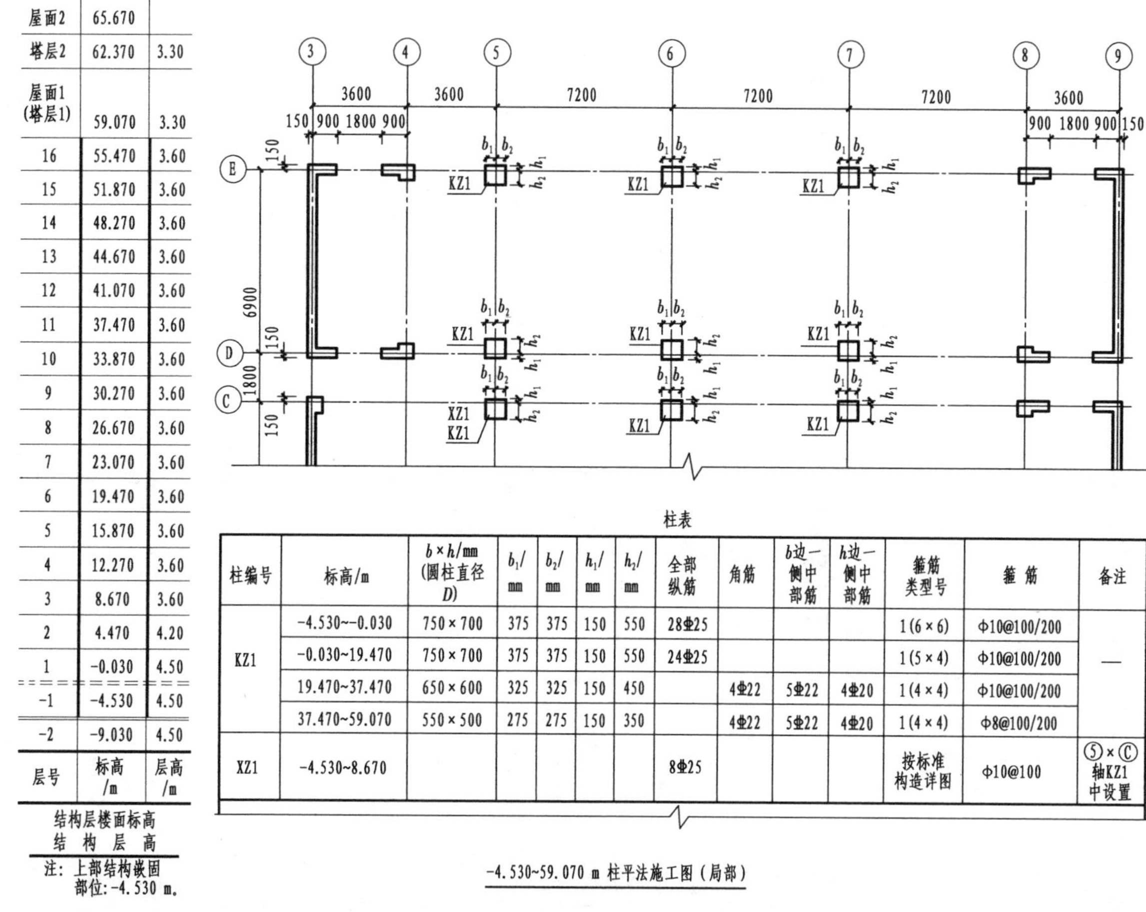

层号	标高/m	层高/m
屋面2	65.670	
塔层2	62.370	3.30
屋面1(塔层1)	59.070	3.30
16	55.470	3.60
15	51.870	3.60
14	48.270	3.60
13	44.670	3.60
12	41.070	3.60
11	37.470	3.60
10	33.870	3.60
9	30.270	3.60
8	26.670	3.60
7	23.070	3.60
6	19.470	3.60
5	15.870	3.60
4	12.270	3.60
3	8.670	3.60
2	4.470	4.20
1	-0.030	4.50
-1	-4.530	4.50
-2	-9.030	4.50

结构层楼面标高
结构层高

注：上部结构嵌固部位：-4.530 m。

柱表

柱编号	标高/m	$b \times h$/mm(圆柱直径D)	b_1/mm	b_2/mm	h_1/mm	h_2/mm	全部纵筋	角筋	b边一侧中部筋	h边一侧中部筋	箍筋类型号	箍筋	备注
KZ1	-4.530~-0.030	750×700	375	375	150	550	28⌀25				1(6×6)	Φ10@100/200	—
	-0.030~19.470	750×700	375	375	150	550	24⌀25				1(5×4)	Φ10@100/200	
	19.470~37.470	650×600	325	325	150	450		4⌀22	5⌀22	4⌀20	1(4×4)	Φ10@100/200	
	37.470~59.070	550×500	275	275	150	350		4⌀22	5⌀22	4⌀20	1(4×4)	Φ8@100/200	
XZ1	-4.530~8.670						8⌀25				按标准构造详图	Φ10@100	⑤×Ⓒ轴KZ1中设置

-4.530~59.070 m 柱平法施工图（局部）

注：①如采用非对称配筋，需在柱表中增加相应栏目分别表示各边的中部筋。
②箍筋对纵筋至少隔一拉一。
③本页示例表示地下一层(-1层)、首层(1层)柱端箍筋加密区长度范围及纵筋连接位置均按嵌固部位要求设置。
④层高表中，竖向粗线表示本页柱的起止标高为-4.530~59.070 m，所在层为-1~16层。

图5.27　柱平法施工图列表注写方式示例

5.5.4 截面注写方式

这里仍以钢筋混凝土柱的平法施工图为例，介绍截面注写方式。

1)柱的截面注写方式

柱的截面注写方式，系在柱平面布置图的柱截面上，分别在同一编号的柱中选择一个截面，以直接注写截面尺寸和配筋具体数值的方式来表达柱平法施工图。

柱的截面注写方式由“集中标注”和“原位标注”两部分组成。

(1)“集中标注”的内容

柱编号	例如：KZ2
截面尺寸 $b \times h$	650×600
角筋(或全部纵筋)	22⏀22
箍筋	Φ10@100/200

①当纵筋采用一种直径且能够图示清楚时可不注写“角筋”，代之以“全部纵筋”，如图5.28中的柱XZ1、KZ2、KZ3。

②框架柱内部中心位置的芯柱，应注写其起止标高。芯柱截面尺寸按构造确定，此处不标注，如图5.28中的柱XZ1。

(2)“原位标注”的内容

从相同编号的柱中选择一个截面，按另一种比例原位放大绘制柱截面配筋图，并在柱截面配筋图上标注柱截面与轴线关系 b_1、b_2，h_1、h_2的具体数值。

当柱纵筋采用两种直径时，只“集中标注”角筋，再“原位标注”截面各边中部筋的具体数值。对于采用对称配筋的矩形截面柱，可仅在一侧注写中部筋，对称边省略不注，如图5.28中的柱KZ1。

在截面注写方式中，如柱的分段截面尺寸和配筋均相同，仅截面与轴线的关系不同时，可将其编为同一柱号。但此时应在未画配筋的柱截面上注写该柱截面与轴线关系的具体尺寸。

(注：这里的“集中标注”和“原位标注”是打上双引号的，与前面平面注写方式中的原位标注、集中标注不同。)

2)柱平法施工图截面注写方式示例

柱平法施工图截面注写方式示例如图5.28所示。

读图5.28，填写表5.19。

表5.19 柱表

柱号	标高/m	$b \times h$ /mm	b_1 /mm	b_2 /mm	h_1 /mm	h_2 /mm	全部纵筋	角筋	中部筋		箍筋类型号	箍筋	备注
									b边	h边			
KZ2	19.470~37.470												
KZ3	19.470~37.470												

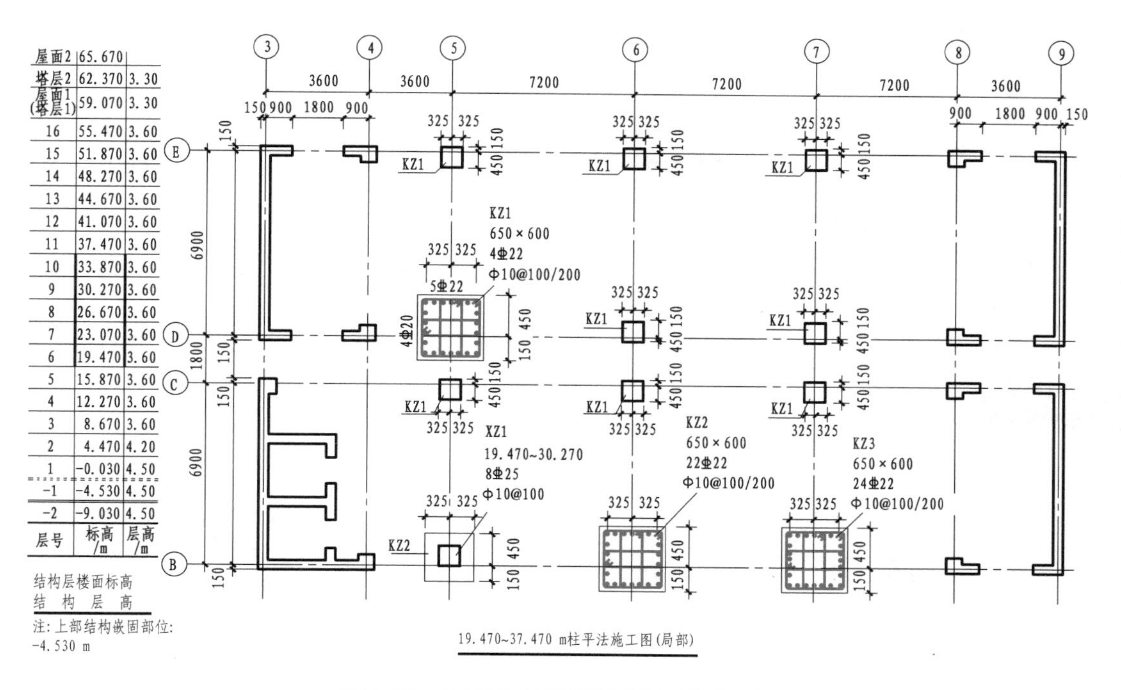

图 5.28　柱平法施工图截面注写方式示例

5.6　现浇混凝土板式楼梯平法施工图

钢筋混凝土楼梯的形式多种多样,这里仅介绍常用的现浇混凝土板式楼梯。

现浇混凝土板式楼梯平法施工图有平面注写、剖面注写和列表注写 3 种表达方式。

5.6.1　现浇混凝土板式楼梯平面注写方式

现浇混凝土板式楼梯平面注写方式,系在楼梯平面布置图上注写截面尺寸和配筋具体数值的方式来表达楼梯施工图。平面注写方式包括集中标注和外围标注两部分。

1)板式楼梯集中标注的内容

梯板类型代号与序号,梯板厚度	例如:AT1, $h=120$
踏步段总高度/踏步级数	1800/12
梯板上部纵筋;下部纵筋	Φ10@200;Φ12@150
梯板分布筋(可统一说明)	FΦ8@250

①梯板类型代号与序号。

梯板类型代号与序号,如 AT××。梯板类型及代号如图 5.29 所示。

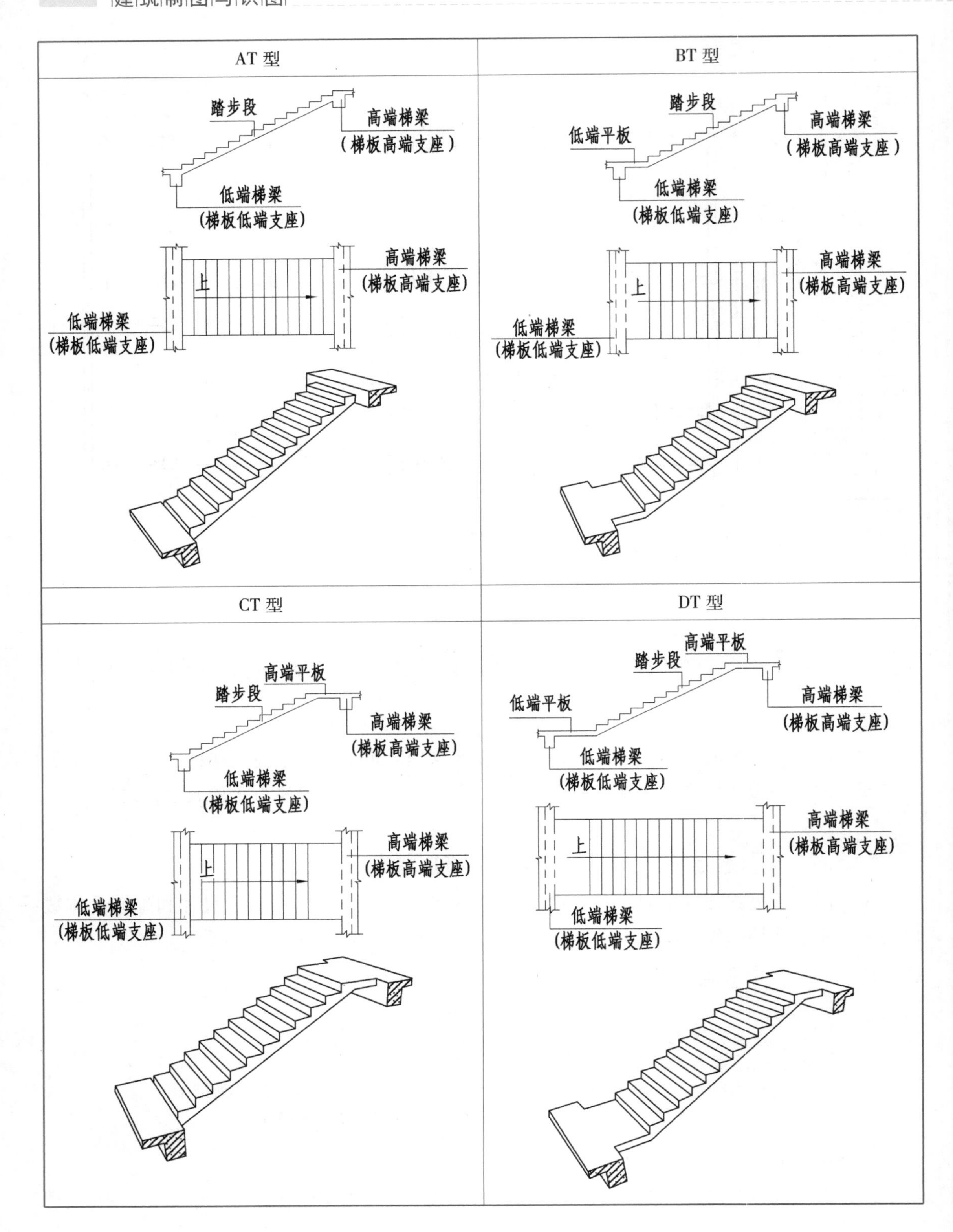
AT 型
踏步段
高端梯梁
（梯板高端支座）
低端梯梁
（梯板低端支座）
上
BT 型
踏步段
低端平板
高端梯梁
（梯板高端支座）
低端梯梁
（梯板低端支座）
上
CT 型
高端平板
踏步段
高端梯梁
（梯板高端支座）
低端梯梁
（梯板低端支座）
上
DT 型
高端平板
踏步段
低端平板
高端梯梁
（梯板高端支座）
低端梯梁
（梯板低端支座）
上

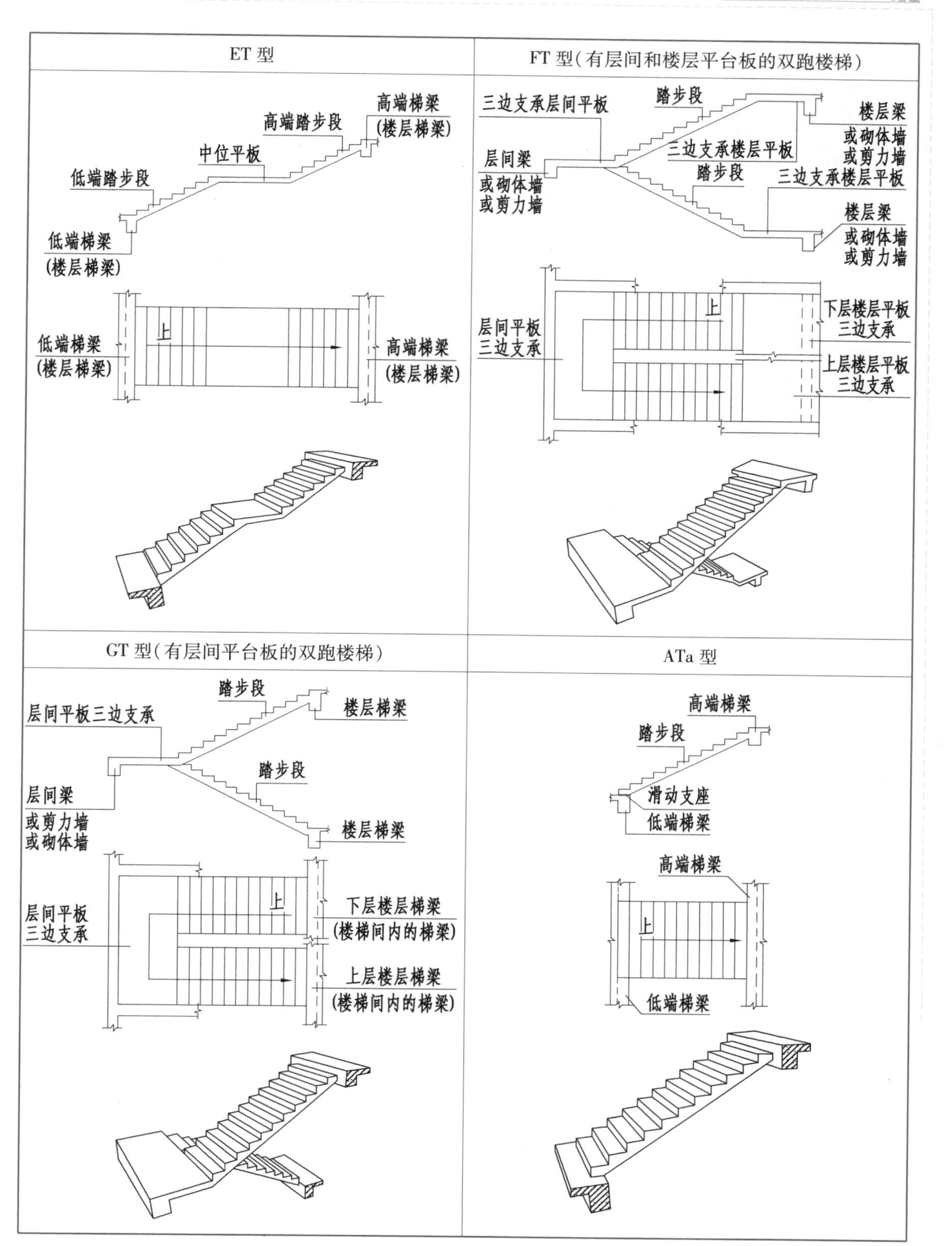
ET 型
高端梯梁
(楼层梯梁)
高端踏步段
中位平板
低端踏步段
低端梯梁
(楼层梯梁)
上
低端梯梁
(楼层梯梁)
高端梯梁
(楼层梯梁)
FT 型(有层间和楼层平台板的双跑楼梯)
三边支承层间平板
踏步段
楼层梁
或砌体墙
或剪力墙
层间梁
或砌体墙
或剪力墙
三边支承楼层平板
踏步段
三边支承楼层平板
楼层梁
或砌体墙
或剪力墙
上
层间平板
三边支承
下层楼层平板
三边支承
上层楼层平板
三边支承
GT 型(有层间平台板的双跑楼梯)
踏步段
层间平板三边支承
楼层梯梁
踏步段
层间梁
或剪力墙
或砌体墙
楼层梯梁
上
层间平板
三边支承
下层楼层梯梁
(楼梯间内的梯梁)
上层楼层梯梁
(楼梯间内的梯梁)
ATa 型
高端梯梁
踏步段
滑动支座
低端梯梁
高端梯梁
上
低端梯梁

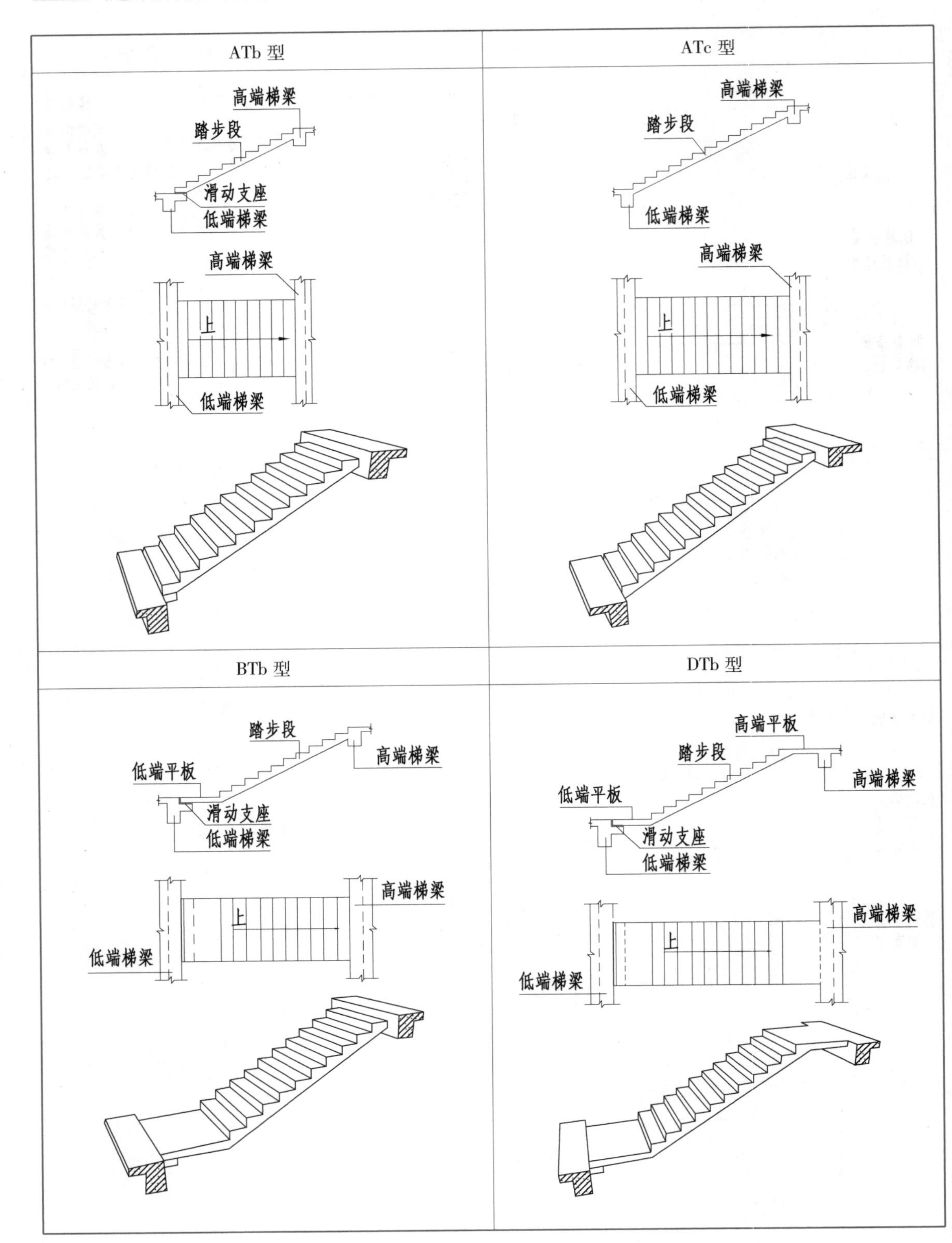
ATb 型
高端梯梁
踏步段
滑动支座
低端梯梁
高端梯梁
上
低端梯梁
ATc 型
高端梯梁
踏步段
低端梯梁
高端梯梁
上
低端梯梁
BTb 型
踏步段
高端梯梁
低端平板
滑动支座
低端梯梁
高端梯梁
上
低端梯梁
DTb 型
高端平板
踏步段
高端梯梁
低端平板
滑动支座
低端梯梁
高端梯梁
上
低端梯梁

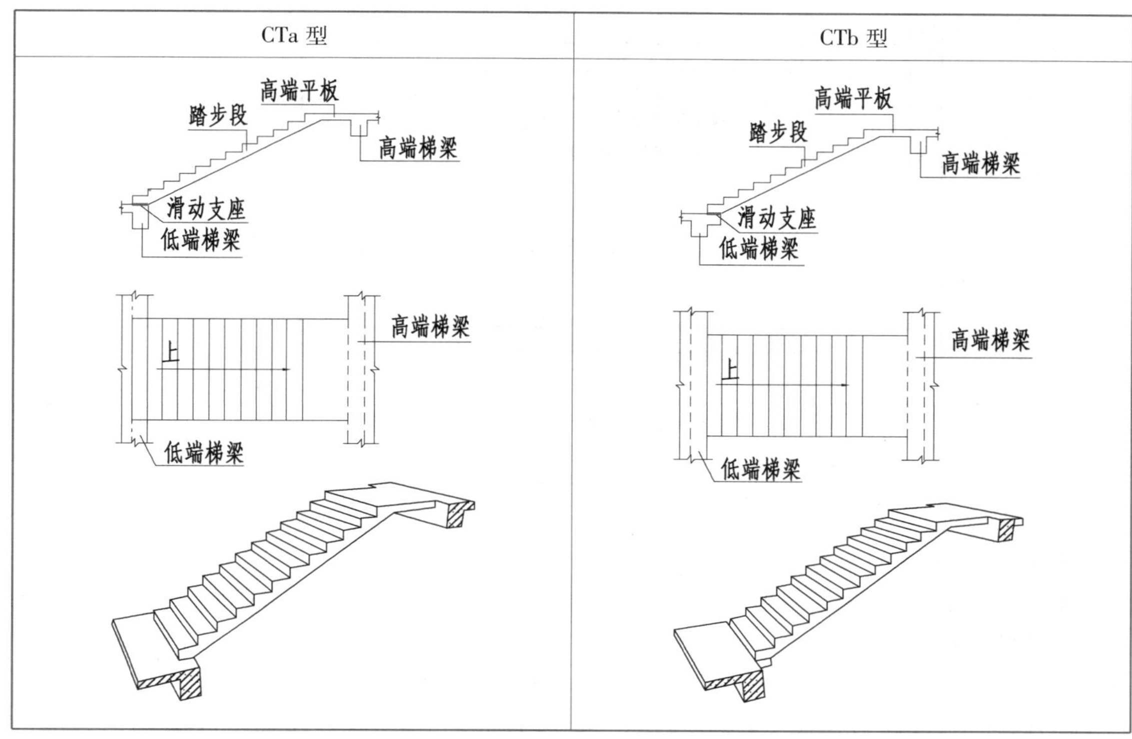

图 5.29 现浇混凝土板式楼梯梯板类型及代号

②梯板厚度。梯板厚度注写为 h = ×××。当为带平板的梯板，且踏步段板厚度和平板厚度不同时，可在梯板厚度后面括号内以字母 P 打头注写平板厚度。

【例 5.24】 h = 130(P150)，表示梯板踏步段厚度为 130 mm，梯板平板厚度为 150 mm。

③踏步段总高度和踏步级数，之间以“/”分隔。

④梯板上部纵筋、下部纵筋，之间以“;”分隔。

⑤梯板分布筋，以 F 打头注写分布钢筋具体值，该项也可在图中统一说明。

【例 5.25】 一现浇板式楼梯平面布置图中，集中标注为(见图 5.31)：

AT3，h = 120

1800/12

⏀10@200;⏀12@150

F Φ8@250

表示 3 号 AT 型楼梯，梯板厚度为 120 mm，踏步段总高度为 1 800 mm，踏步级数为 12 级，梯板上部纵筋为⏀10@200、下部纵筋为⏀12@150，梯板分布筋为Φ8@250。

⑥对于 ATc 型楼梯，集中标注中尚应注明梯板两侧边缘构件纵向钢筋及箍筋。

2)楼梯外围标注的内容

楼梯外围标注的内容，包括楼梯间的平面尺寸、楼层结构标高、层间结构标高、楼梯的上下方向、梯板的平面几何尺寸、平台板配筋、梯梁及梯柱配筋等。

3)楼梯平面注写方式示例

①AT 型楼梯平面注写方式示意图，如图 5.30 所示。

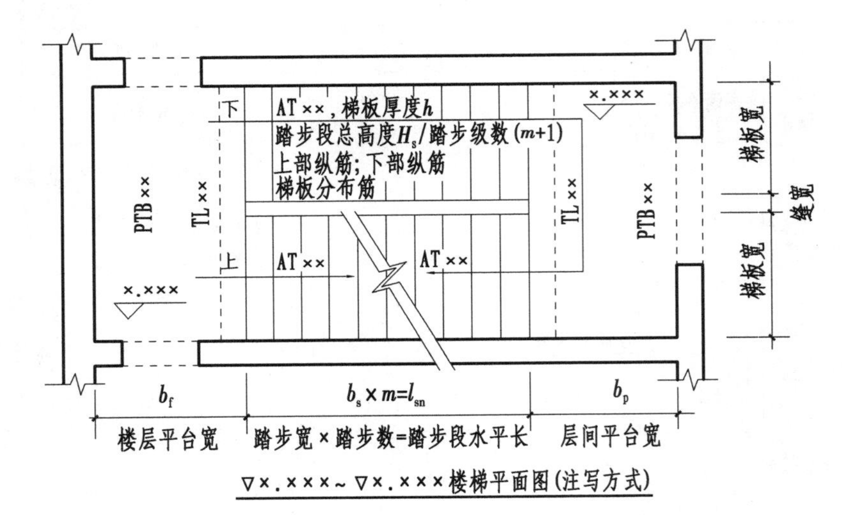

图 5.30　AT 型楼梯平面注写方式示意图

②AT 型楼梯平面注写方式示例，如图 5.31 所示。

AT 型楼梯平法施工图(图 5.31)没有表达其构造要求，还无法进行正常施工。根据楼梯型号(AT)，在对应的《混凝土结构施工图平面整体表示方法制图规则和构造详图(现浇混凝土板式楼梯)》(22G101—2)中查找 AT 型楼梯板配筋构造(图 5.32)，AT 型楼梯平法施工图(图 5.31)加上 AT 型楼梯板配筋构造(图 5.32)才构成完整的 AT 型楼梯结构施工图，才能进行正常施工。

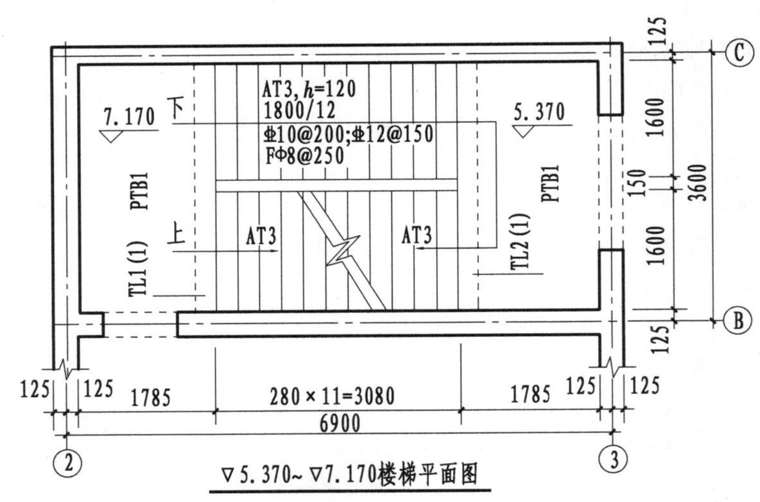

图 5.31　AT 型楼梯平面注写方式示例

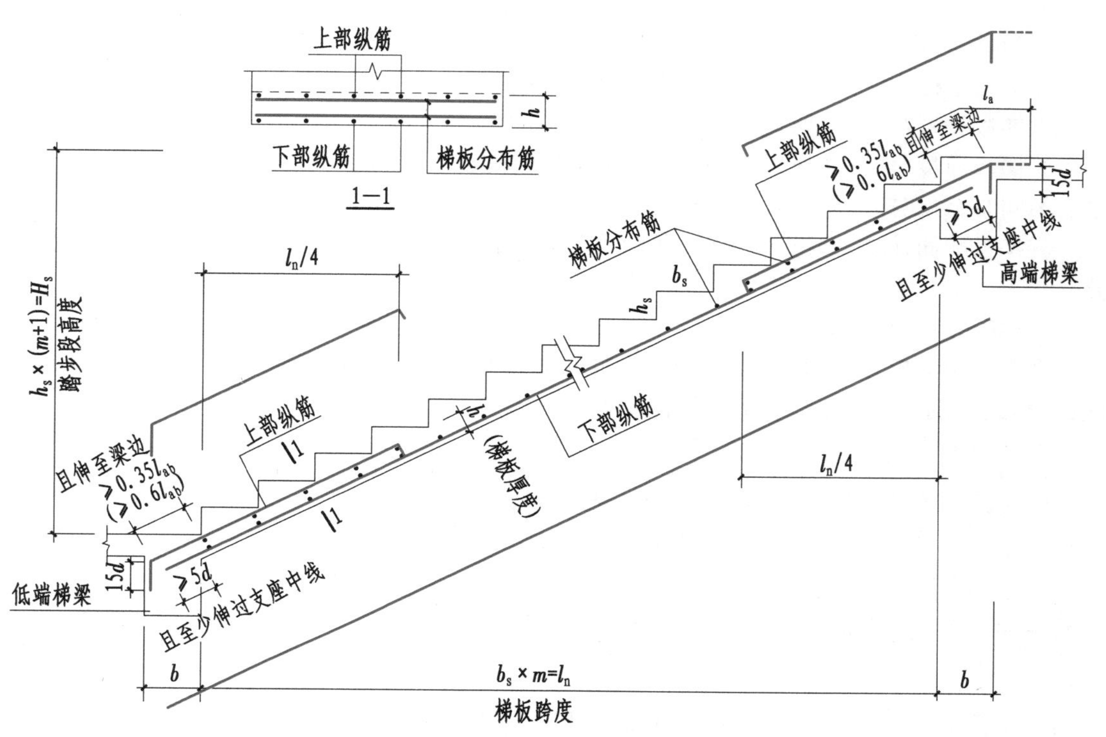

注:①上部纵筋锚固长度 0.35l_{ab}用于设计按铰接的情况,括号内数据 0.6l_{ab}用于设计考虑充分利用钢筋抗拉强度的情况,具体工程中设计应指明采用何种情况。

②上部纵筋有条件时可直接伸入平台板内锚固,从支座内边算起应满足锚固长度 l_a,如图中虚线所示。

③高端、低端踏步高度调整见 22G101—2 第 2-39 页。

图 5.32　AT 型楼梯板配筋构造

活动建议

参观板式楼梯施工现场,判断其楼梯类型,弄清其踏步段下部纵筋、上部纵筋及分布钢筋的形状和位置。

5.6.2　现浇混凝土板式楼梯剖面注写方式

剖面注写方式需在楼梯平法施工图中绘制楼梯平面布置图和楼梯剖面图,注写方式包含平面图注写和剖面图注写两部分。

1)楼梯平面布置图注写内容

楼梯平面布置图注写内容,包括楼梯平面注写方式的外围标注内容(楼梯间的平面尺寸、楼层结构标高、层间结构标高、楼梯的上下方向、梯板的平面几何尺寸、梯板类型及编号、平台板配筋、梯梁及梯柱配筋)和梯板类型及编号。

2)楼梯剖面图注写内容

楼梯剖面图注写内容,包括梯板集中标注、梯梁梯柱编号、梯板水平及竖向尺寸、楼层结构标高、层间结构标高等。

梯板集中标注的内容有四项，具体规定如下：

①梯板类型及编号，如 AT ××。

②梯板厚度，注写为 h = ×××。当梯板由踏步段和平板构成，且梯板踏步段厚度和平板厚度不同时，可在梯板厚度后面括号内以字母 P 打头注写平板厚度。

③梯板配筋，注明梯板上部纵筋和梯板下部纵筋，用分号“;”将上部与下部纵筋的配筋值分隔开来。

④梯板分布筋，以 F 打头注写分布钢筋具体值，该项也可在图中统一说明。

现浇混凝土板式楼梯剖面注写方式，可看成将其平面注写方式中的部分内容（集中标注内容）移到其剖面图上来表达的一种注写方式。

3）楼梯剖面注写方式示例

楼梯施工图剖面注写示例如图 5.33、图 5.34 所示。

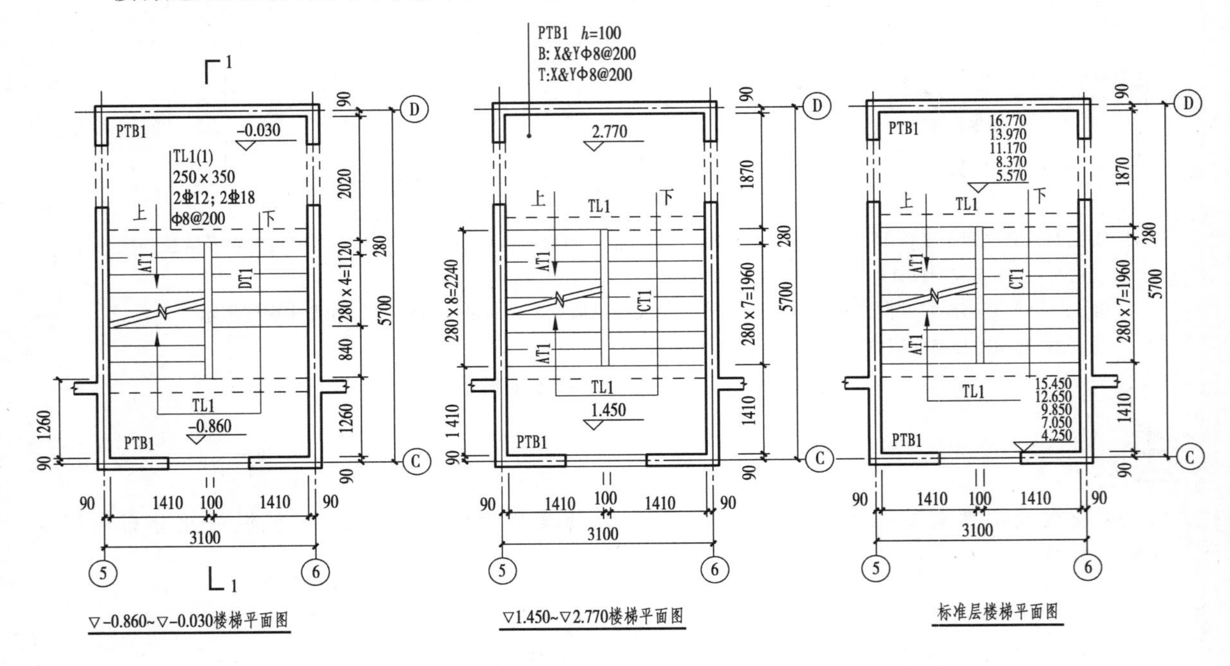

图 5.33 楼梯施工图剖面注写示例（平面图）

5.6.3 现浇混凝土板式楼梯列表注写方式

列表注写方式，系用列表方式注写梯板截面尺寸和配筋具体数值的方式来表达楼梯施工图，如图 5.34 所示。

列表注写方式的具体要求同剖面注写方式，仅将剖面注写方式中的梯板集中标注内容改为列表注写即可。梯板列表格式如图 5.34 中的表格所示。

列表注写时，图 5.34 中剖面图上集中标注的梯板配筋内容不再标注。

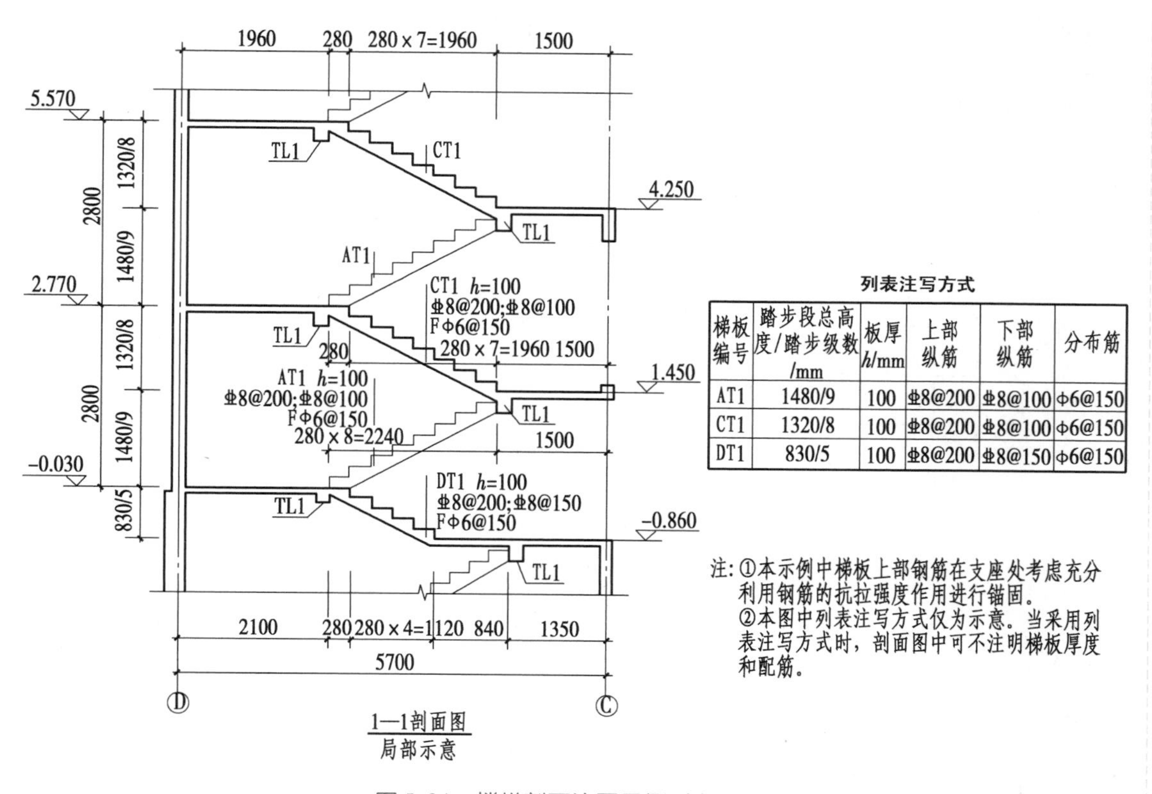

列表注写方式

梯板编号	踏步段总高度/踏步级数/mm	板厚h/mm	上部纵筋	下部纵筋	分布筋
AT1	1480/9	100	⌀8@200	⌀8@100	Φ6@150
CT1	1320/8	100	⌀8@200	⌀8@100	Φ6@150
DT1	830/5	100	⌀8@200	⌀8@150	Φ6@150

图 5.34 楼梯剖面注写示例(剖面图)

5.7 现浇混凝土基础平法施工图制图规则

现浇混凝土独立基础、条形基础、筏形基础及桩基础的平法施工图以平面注写方式为主，截面注写方式为辅。

本节主要介绍普通独立基础和条形基础平法施工图的平面注写方式。

5.7.1 普通独立基础平法施工图的平面注写方式

独立基础分为普通独立基础和杯口独立基础。独立基础平法施工图有平面注写、截面注写和列表注写3种表达方式，设计者可根据具体工程情况选择一种，或将两种方式相结合进行独立基础的施工图设计。

当绘制独立基础平面布置图时，应将独立基础平面与基础所支承的柱一起绘制。当设置基础联系梁时，可根据图面的疏密情况，将基础联系梁与基础平面布置图一起绘制，或将基础联系梁布置图单独绘制。

在独立基础平面布置图上应标注基础定位尺寸；当独立基础的柱中心线或杯口中心线与

建筑轴线不重合时，应标注其定位尺寸。编号相同且定位尺寸相同的基础，可仅选择一个进行标注。

普通独立基础的平面注写方式分为集中标注和原位标注两部分内容，如图5.35所示。

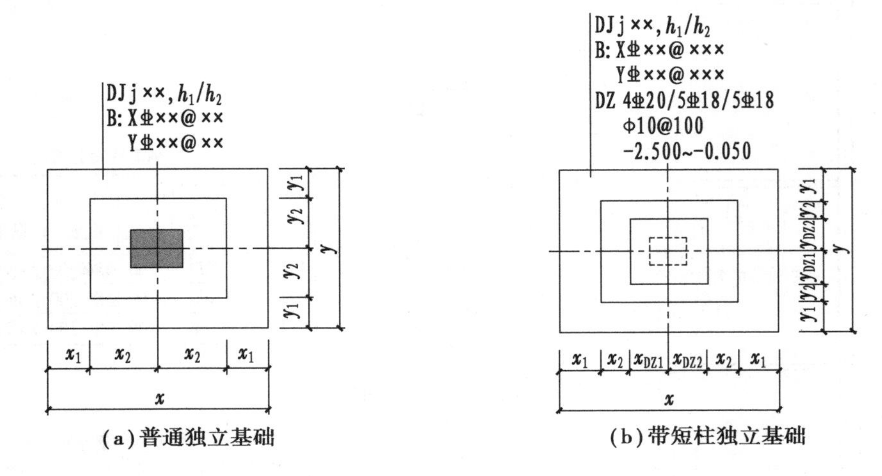

图5.35　普通独立基础平面注写方式设计表达示意

1)普通独立基础集中标注

独立基础的集中标注系在基础平面图上集中引注基础编号、截面竖向尺寸、配筋三项必注内容，以及基础底面标高（与基础底面基准标高不同时）和必要的文字注解两项选注内容。

(1)基础编号

独立基础编号见表5.20。

表5.20　独立基础编号

类　型	基础底板截面形状	代号	序号
普通独立基础	阶形	DJj	××
	锥形	DJz	××
杯口独立基础	阶形	BJj	××
	锥形	BJz	××

(2)普通独立基础截面竖向尺寸

普通独立基础为多阶时，各阶尺寸自下而上用"/"分隔顺写，即 $h_1/h_2/h_3$…。普通独立基础截面竖向尺寸如图5.36所示。

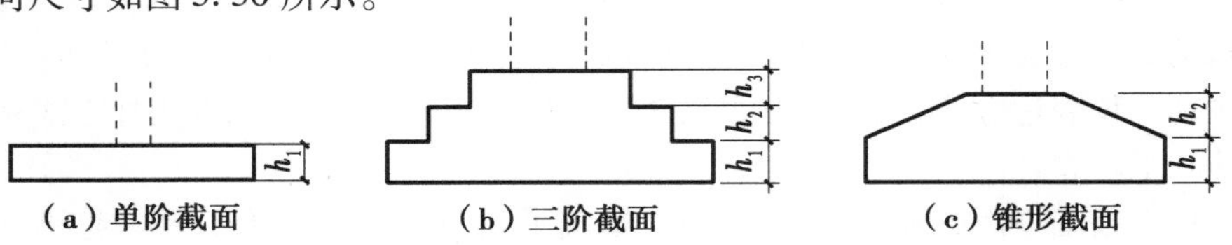

图5.36　普通独立基础截面竖向尺寸

【例5.26】　当阶形截面普通独立基础DJj ××的竖向尺寸注写为400/300/300时，表示 $h_1=400$ mm、$h_2=300$ mm、$h_3=300$ mm，基础底板总高度为 $h_1+h_2+h_3=1\ 000$ mm。

(3)普通独立基础配筋

普通独立基础配筋分基础底板配筋和基础短柱配筋。

①普通独立基础底板配筋,如图 5.37 所示。

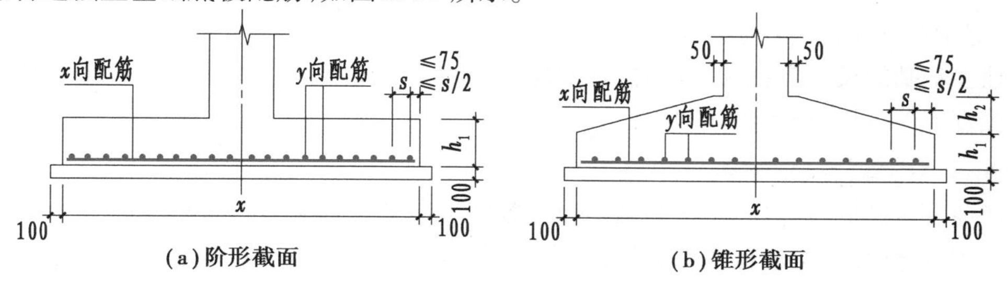

图 5.37 普通独立基础底板配筋示意图

以 B 代表独立基础底板的底部配筋。x 向配筋以 X 打头,y 向配筋以 Y 打头注写;当两向配筋相同时,则以 X&Y 打头注写。

【例 5.27】 某普通独立基础集中标注为:

DJj03, 400/300

B: X ⏀18@150

  Y ⏀16@200

表示 3 号独立基础是阶形普通独立基础(DJj03),竖向尺寸 h_1 =400 mm, h_2 =300 mm,基础底板总厚度为 700 mm;基础底板底部配置 HRB400 钢筋,x 向直径为 18 mm,间距为150 mm;y 向直径为 16 mm,间距为 200 mm。未标注基础底面标高,表示底面标高为基础底面基准标高。

②普通独立基础带短柱竖向尺寸及配筋。

当独立基础埋深较大,设置短柱时,短柱配筋应注写在独立基础中,如图 5.35(b)所示。

以 DZ 代表普通独立基础短柱,先注写短柱纵筋,再注写箍筋,最后注写短柱标高范围。注写为:

DZ 角筋/x 边中部筋/y 边中部筋
  箍筋
  短柱标高范围

【例 5.28】 某普通独立基础短柱标注为:

DZ 4⏀20/5⏀18/5⏀18

  ϕ10@100

  −2.500 ~ −0.050

表示普通独立基础的短柱设置在 −2.500 ~ −0.050 m 高度范围内,配置 HRB400 竖向纵筋和 HPB300 箍筋。其竖向纵筋为:角筋 4⏀20,x 边中部筋 5⏀18,y 边中部筋 5⏀18;其箍筋直径为 10 mm,间距 100 mm。其示意图如图 5.38 所示。

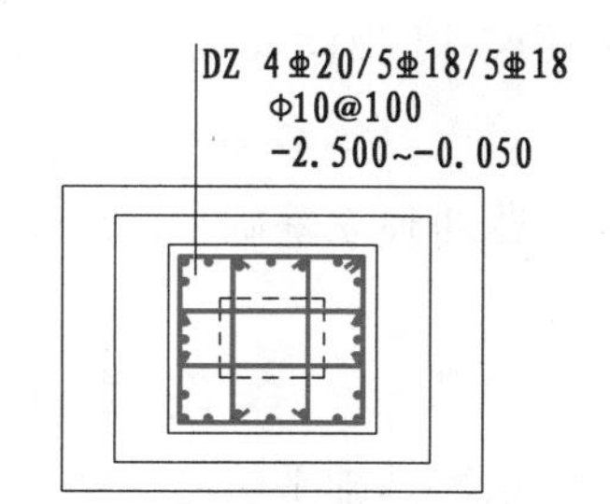

图 5.38 普通独立基础短柱配筋示意图

(4)基础底面标高(选注内容)

当独立基础底面标高与基础底面基准标高不同时,应将独立基础底面标高直接注写在“(　)”内。

(5)必要的文字注解(选注内容)

当独立基础的设计有特殊要求时,宜增加必要的文字注解。例如,基础底板配筋长度是否采用减短方式等,可在该项内注明。

2)普通独立基础原位标注

普通独立基础原位标注,系在基础平面布置图上标注普通独立基础的平面尺寸。对相同编号的基础,可选择一个进行原位标注;当平面图形较小时,可将所选定进行原位标注的基础按比例适当放大;其他相同编号者仅注编号。普通独立基础原位标注示意图如图5.39所示。

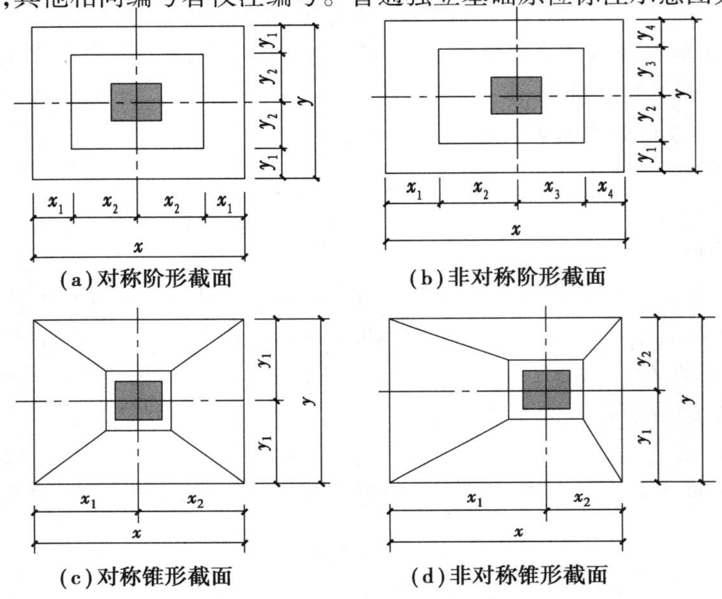

图5.39　普通独立基础原位标注示意图

原位标注x、y,x_i、y_i,$i=1,2,3\cdots$。其中,x、y为普通独立基础两向边长,x_i、y_i为阶宽或锥形平面尺寸(当设置短柱时,尚应标注短柱对轴线的定位情况,用x_{DZi}表示)。

3)普通独立基础平法施工图平面注写方式示例

普通独立基础平法施工图平面注写方式示例,如图5.40所示。

5.7.2　条形基础平法施工图的平面注写方式

条形基础平法施工图有平面注写和列表注写两种表达方式,设计者可根据具体工程情况选择一种,或将两种方式相结合进行条形基础的施工图设计。

当绘制条形基础平面布置图时,应将条形基础平面与基础所支承的上部结构的柱、墙一起绘制。当基础底面标高不同时,需注明与基础底面基准标高不同之处的范围和标高。

混凝土条形基础整体上分为两类,即梁板式条形基础和板式条形基础,如图5.41所示。

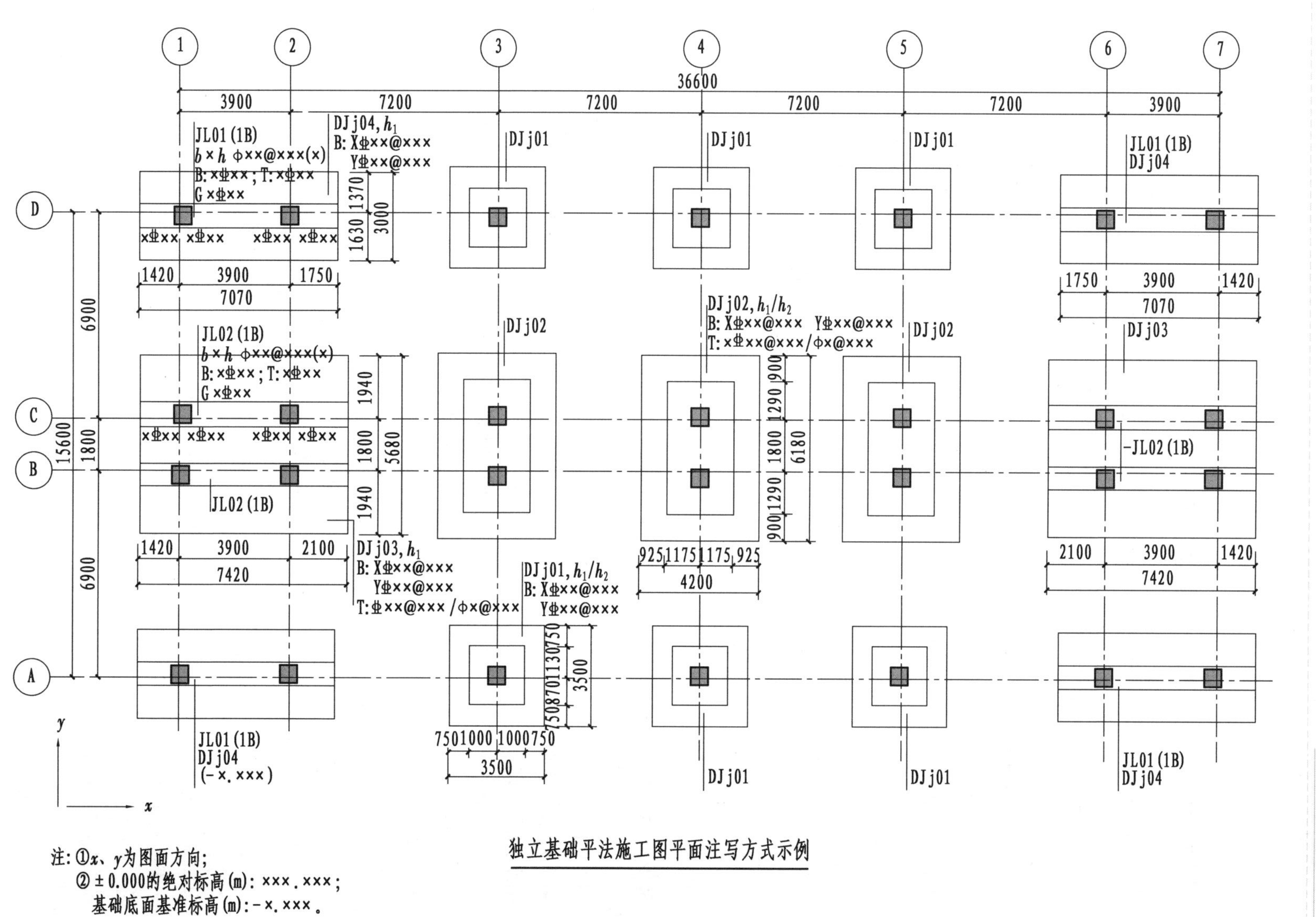

图5.40 独立基础施工图平面注写方式示例

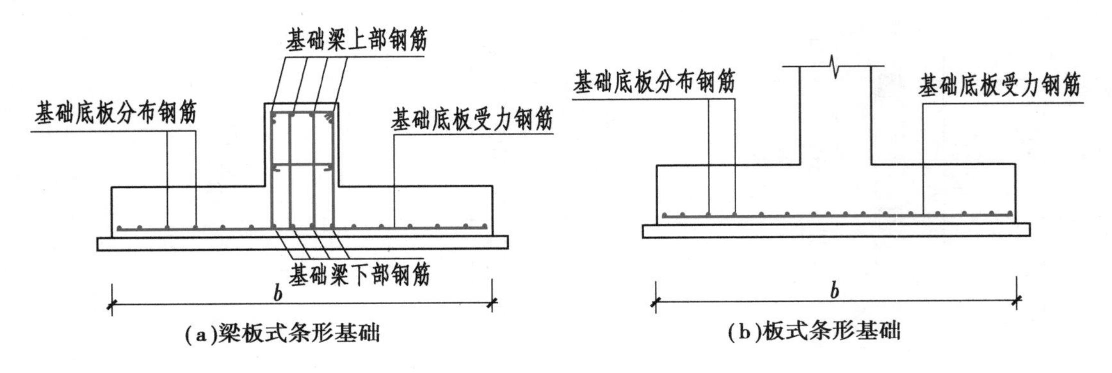

图 5.41　混凝土条形基础

条形基础梁及底板编号见表 5.21。

表 5.21　条形基础梁及底板编号

类　型		代号	序号	跨数及有无外伸
基础梁		JL	××	(××)端部无外伸
条形基础底板	坡形	TJBp	××	(××A)一端有外伸
	阶形	TJBj	××	(××B)两端有外伸

注:条形基础通常采用坡形截面或单阶形截面。

1)梁板式条形基础平法施工图

梁板式条形基础平法施工图将梁板式条形基础分解为基础梁和条形基础底板分别进行表达。

(1)梁板式条形基础基础梁的平面注写方式

梁板式条形基础基础梁的表达方式基本同梁的表达方式,有平面注写和列表注写两种,这里介绍平面注写方式。

梁板式条形基础基础梁平面注写方式分为集中标注和原位标注两部分内容。当集中标注的某项数值不适用于基础梁的某部位时,则将该项数值采用原位标注,施工时原位标注优先。

①梁板式条形基础基础梁的集中标注内容及规定。

JL××(×××)　$b \times h$	基础梁编号　截面尺寸
××⏀××@××/××⏀××@××(×)	加密区箍筋/非加密区箍筋
B:××⏀××;T:××⏀××	基础梁底部贯通纵筋;基础梁顶部贯通纵筋
G:××⏀××	基础梁侧面纵向构造钢筋
(××××)	基础梁底面标高(与基础底面基准标高不同时)

基础梁的集中标注内容为:基础梁编号、截面尺寸、配筋三项必注内容,以及基础梁底面标高(与基础底面基准标高不同时)和必要的文字注解两项选注内容。具体规定如下:

a. 注写基础梁编号(必注内容),见表 5.21。

b. 注写基础梁截面尺寸(必注内容)。注写 $b \times h$,表示梁截面宽度与高度。当为竖向加腋梁时,用 $b \times h$ Y$c_1 \times c_2$ 表示,其中 c_1 为腋长,c_2 为腋高。

c. 注写基础梁配筋(必注内容)。

● 注写基础梁箍筋。

当具体设计仅采用一种箍筋间距时，注写钢筋种类、直径、间距与肢数（箍筋肢数写在括号内，下同）。

当具体设计采用两种箍筋时，用斜线“/”分隔不同箍筋，按照从基础梁两端向跨中的顺序注写。先注写第一段箍筋（在前面加注箍筋道数），在斜线后再注写第二段箍筋（不再加注箍筋道数）。

【例 5.29】 基础梁箍筋标注为 9⌀16@100/⌀16@200(6)，表示配置两种间距的 HRB400 箍筋，直径为 16 mm，从梁两端起向跨内按箍筋间距 100 mm 每端各设置 9 道，梁其余部位的箍筋间距为 200 mm，均为 6 肢箍。

● 注写基础梁底部、顶部及侧面纵向钢筋。

以 B 打头，注写基础梁底部贯通纵筋（不应少于基础梁底部受力钢筋总截面面积的 1/3）。当跨中所注根数少于箍筋肢数时，需要在跨中增设基础梁底部架立筋以固定箍筋，采用“+”将贯通纵筋与架立筋相联，架立筋注写在加号后面的括号内。

以 T 打头，注写基础梁顶部贯通纵筋。注写时用分号“;”将底部与顶部贯通纵筋分隔开，如有个别跨与其不同者按原位注写的规定处理。

当基础梁底部或顶部贯通纵筋多于一排时，用斜线“/”将各排纵筋自上而下分开。

【例 5.30】 基础梁纵筋标注为 B:4⌀25;T:12⌀25 7/5，表示梁底部配置贯通纵筋为 4⌀25；梁顶部配置贯通纵筋上一排为 7⌀25，下一排为 5⌀25，共 12⌀25。

以大写字母 G 打头注写基础梁两侧面对称设置的纵向构造钢筋的总配筋值（当梁腹板高度 h_w 不小于 450 mm 时，根据需要配置）。

当需要配置抗扭纵向钢筋时，基础梁两个侧面设置的抗扭纵向钢筋以 N 打头。

d. 注写基础梁底面标高（选注内容）。当条形基础的底面标高与基础底面基准标高不同时，将条形基础底面标高注写在“（ ）”内。

e. 必要的文字注解（选注内容）。当基础梁的设计有特殊要求时，宜增加必要的文字注解。

②基础梁的原位标注内容及规定。

a. 基础梁支座的底部纵筋，系指包含贯通纵筋与非贯通纵筋在内的所有纵筋。

● 当底部纵筋多于一排时，用斜线“/”将各排纵筋自上而下分开。

● 当同排纵筋有两种直径时，用“+”将两种直径的纵筋相连，注写时角筋写在前面。

● 当梁支座两边的底部纵筋配置不同时，需在支座两边分别标注；当梁支座两边的底部纵筋相同时，可仅在支座的一边标注。

● 当梁支座底部全部纵筋与集中注写过的底部贯通纵筋相同时，可不再重复做原位标注。

● 竖向加腋梁加腋部位钢筋，需在设置加腋的支座处以 Y 打头注写在括号内。

【例 5.31】 竖向加腋梁端（支座）处注写为 Y4⌀25，表示竖向加腋部位斜纵筋为 4⌀25。

b. 原位注写基础梁的附加箍筋或（反扣）吊筋。当两向基础梁十字交叉，但交叉位置无柱时，应根据需要设置附加箍筋或（反扣）吊筋。

将附加箍筋或（反扣）吊筋直接画在平面图中条形基础主梁上，原位直接引注总配筋值（附加箍筋的肢数注在括号内）。当多数附加箍筋或（反扣）吊筋相同时，可在条形基础平法施工图中统一注明。少数与统一注明值不同时,在原位直接引注。

c. 原位注写基础梁外伸部位的变截面高度尺寸。当基础梁外伸部位采用变截面高度时,在该部位原位注写 $b\times h_1/h_2$,h_1 为根部截面高度,h_2 为尽端截面高度。

d. 原位注写修正内容。当在基础梁上集中标注的某项内容(如截面尺寸、箍筋、底部与顶部贯通纵筋或架立筋、梁侧面纵向构造钢筋、梁底面标高等)不适用于某跨或某外伸部位时,将其修正内容原位标注在该跨或该外伸部位,施工时原位标注取值优先。

(2)梁板式条形基础底板的平面注写方式

梁板式条形基础底板的平面注写方式分为集中标注和原位标注两部分内容。

①梁板式条形基础底板的集中标注内容。

条形基础底板的集中标注内容为:条形基础底板编号、截面竖向尺寸、配筋三项必注内容,以及条形基础底板底面标高(与基础底面基准标高不同时)、必要的文字注解两项选注内容。

TJB ×××(×××) h_1/h_2	条形基础底板编号　截面竖向尺寸
B:⌀××@×××/Φ××@×××	条形基础底板底部配筋
T:⌀××@×××/Φ××@×××	条形基础底板顶部配筋
(××××)	条形基础底板底面标高(与基础底面基准标高不同时)

梁板式条形基础底板截面竖向尺寸如图 5.42 所示。

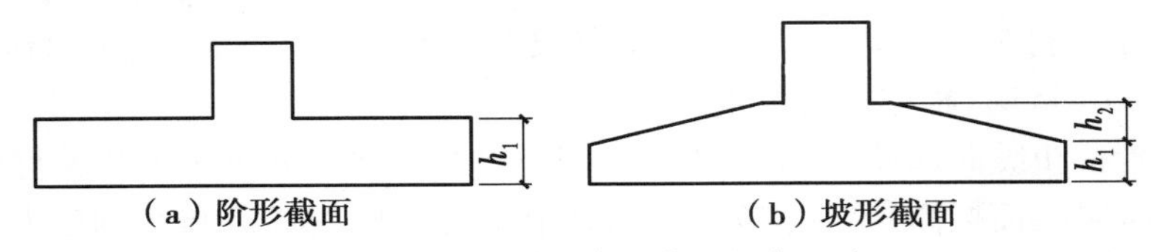

图 5.42　条形基础底板截面竖向尺寸

【例 5.32】　当条形基础底板为坡形截面 TJBp ××,其截面竖向尺寸注写为 300/250 时,表示 $h_1=300$ mm,$h_2=250$ mm,基础底板根部总高度为 $h_1+h_2=550$ mm。

注写条形基础底板底部及顶部配筋(必注内容)。以 B 打头,注写条形基础底板底部的横向受力钢筋;以 T 打头,注写条形基础底板顶部的横向受力钢筋。注写时,用斜线"/"分隔条形基础底板的横向受力钢筋与纵向分布钢筋,如图 5.43 所示。

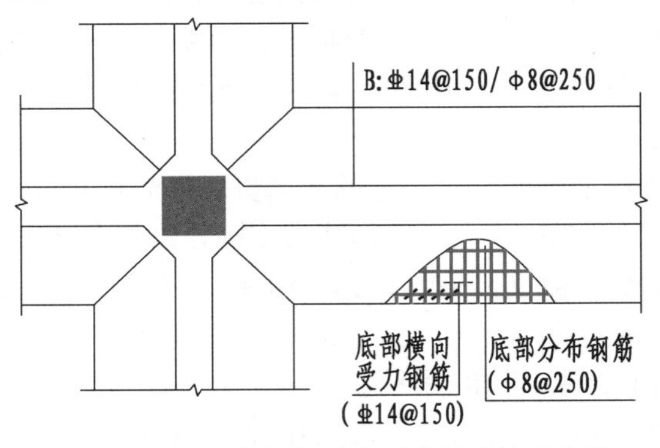

图 5.43　坡形条形基础底板底部配筋示意图

【例 5.33】 一梁板式条形基础底板集中标注为：

TJBp03(6B) 400/300

B:⏀14@150/ϕ8@250

表示 3 号坡形条形基础底板，有 6 跨，两端有外伸(6B)；截面竖向尺寸 h_1 = 400 mm，h_2 = 300 mm，底板总高度为 700 mm；基础底板底部配置 HRB400 横向受力钢筋，直径为14 mm，间距为 150 mm；配置 HPB300 纵向分布钢筋，直径为 8 mm，间距为 250 mm；未标注基础底板底面标高，表示底面标高为条形基础底面基准标高(图 5.43)。

②梁板式条形基础底板的原位标注内容。

梁板式条形基础底板的原位标注内容为：条形基础底板的平面定位尺寸和原位注写修正内容。

条形基础底板的平面定位尺寸包括基础底板总宽度 b、基础底板台阶的宽度 b_i(i = 1，2，3，…)。当基础底板采用对称于基础梁的坡形截面或单阶形截面时，b_i 可不注(图 5.44)。

对于相同编号的条形基础底板，可仅选择一个进行标注。

原位注写修正内容：当在条形基础底板上集中标注的某项内容，如底板截面竖向尺寸、底板配筋、底板底面标高等，不适用于条形基础底板的某跨或某外伸部分时，可将其修正内容原位标注在该跨或该外伸部位，施工时原位标注取值优先。

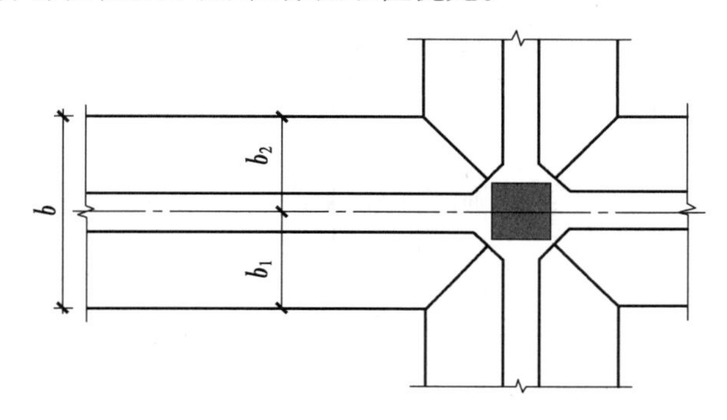

图 5.44 条形基础底板平面尺寸原位标注

2)板式条形基础平法施工图

板式条形基础平法施工图仅表达条形基础底板，其制图规则与梁板式条形基础底板的制图规则一样，此处不再重复。

3)条形基础平法施工图平面注写方式示例

条形基础平法施工图平面注写方式示例如图 5.45 所示。

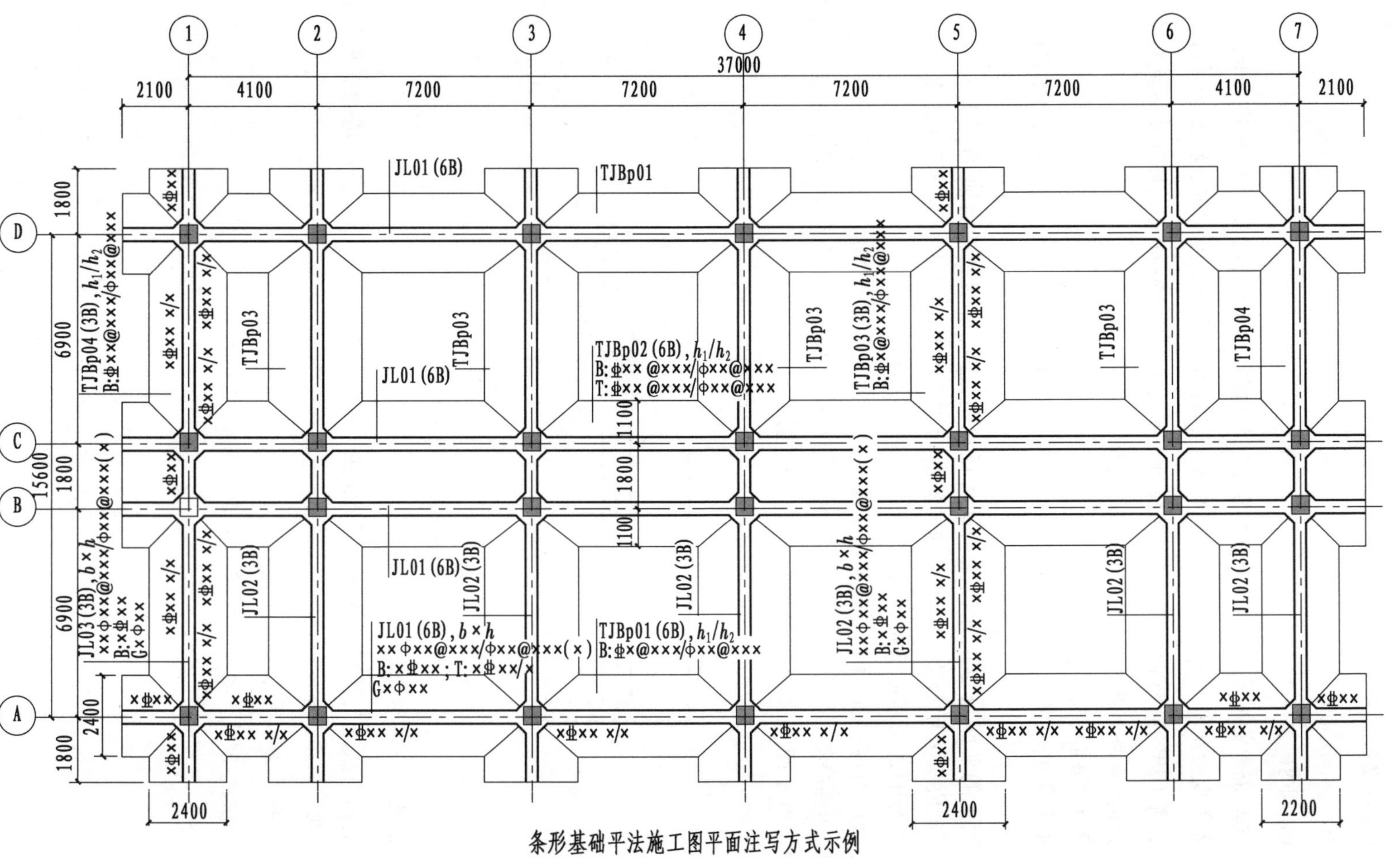

注：±0.000的绝对标高(m)：×××.×××；基础底面标高(m)：-×.×××。

图5.45　条形基础平法施工图平面注写方式示例

阅读理解

案例 ××单位七层住宅楼采用钢筋混凝土桩基础，桩基础直径1 000 mm，桩基础深12 m，每根桩基造价约3 000元。施工人员读图时粗心大意，看错一轴线间距，开始砌筑墙体时才发现20根桩基位置不对，造成直接经济损失6万余元，延误工期40多天，合计损失约10万元。

由案例可见，施工人员阅读结构施工图出现一点点差错，就可能造成巨大的经济损失或人员伤亡。如果是大型工程，后果不堪设想。因此，阅读结构施工图不能有半点马虎。

活动建议

参观施工现场。

活动目的：提高读图能力，增强感性认识。

参观项目：

①基础工程(条形基础和独立基础)。

②现浇楼盖钢筋工程和装配式楼盖安装工程。

③混凝土柱子钢筋工程。

④混凝土板式楼梯钢筋工程。

活动步骤：

①学生参观施工现场之前，先熟悉该项目工程施工图(要求做到人手一份图纸)。

②在施工现场以小组为单位(每小组5人)，在教师或施工人员指导下，对照施工图检查施工作业是否正确，疑难问题共同探讨。

活动要求：

①对照施工图检查构件钢筋配置是否正确。

②观察钢筋弯钩、吊筋及箍筋形状。

③了解施工时如何保证混凝土构件的钢筋保护层厚度。

④观察梁和柱的箍筋加密区位置。

⑤观察混凝土板式楼梯的几种不同钢筋的形状及位置。

⑥混凝土构件的各钢筋应放在规定的位置，观察施工时采取什么措施使各钢筋就位。

⑦写出你在本章学习和现场参观后还未解决的问题。

练习作业

1. 钢筋混凝土梁平面注写方式，主要是钢筋混凝土梁中哪几个部位钢筋的标注？
2. 混凝土结构平法施工图中未画出构件详图(构造要求)，无法制作混凝土构件，怎么办？

学习鉴定

1. 填空题

(1)完整的结构施工图包括______________、______________、______________、______________4个部分。

(2)写出以下构件的代号:

板______、空心板______、屋面板______、梁______、过梁______、基础梁______、框架梁______、圈梁______、楼梯梁______、柱______、框架柱______、构造柱______、楼梯______、楼梯板______、基础______。

(3)钢筋混凝土平法施工图必须同__________图结合,才能构成完整的施工图。

(4)平法的注写方式有:________注写方式、________注写方式、________注写方式。

(5)板式楼梯踏步段集中标注内容是__________、__________、__________、__________。

(6)板式楼梯平台板集中标注内容是__________、__________、__________、__________。

(7)钢筋按其在构件中的作用分为__________、__________、__________、__________。

2. 写出以下标注所表示的意思

(1)5YKB395-4

(2)框架梁集中标注:

KL4(3B)　250×500

Φ8@100/200(2)　2⏀20

G2⏀10

(−0.100)

(3)混凝土柱截面标注:

KZ1　500×500

20⏀22

Φ10@100/200

(4)板式楼梯集中标注:

BT, h = 120

1 600/10

⏀10@200;⏀12@150

FΦ8@250

3. 作图题

（1）画出钢筋混凝土板下层 x 向和 y 向钢筋的图例。

（2）画出 HPB300 钢筋 90°弯折和 180°弯钩示意图。

（3）从钢筋混凝土柱平法施工图和柱表查得 KZ4 的 $b \times h = 500\ \text{mm} \times 500\ \text{mm}$，$b_1 = 200\ \text{mm}$，$b_2 = 300\ \text{mm}$，$h_1 = 150\ \text{mm}$，$h_2 = 350\ \text{mm}$。角筋是 4 ⌀22，$b$ 边一侧中部筋是 4 ⌀18，h 边一侧中部筋是 3 ⌀18，箍筋类型号是 I（4×4），箍筋配置是Φ8@100/200，请画出其截面配筋图。

教学评估表见本书附录。

6 设备施工图

知识目标

1. 熟悉给排水施工图的组成及有关规定；
2. 熟悉建筑电气施工图的组成及常用电气图形符号。

技能目标

1. 能正确识读室内给排水施工图；
2. 能读懂常用的建筑电气图形符号。

素养目标

1. 培养学生遵守制图标准、规范的责任意识；
2. 培养学生的分析、判断及逻辑思维能力。

6.1 给水排水施工图及有关规定

问题引入

民用建筑一般设有冷水、热水、污水、废水、雨(雪)水、消火栓给水、自动喷水灭火、暖气、燃气等管道系统。这么多的管道系统,是如何进行施工的?其实,它们都有相应的设备施工图,只要按图施工即可。那么,有哪些设备施工图呢?如何识读这些设备施工图?下面,我们就重点介绍给水排水施工图的识读,其他管道系统施工图的识读方法和给水排水施工图大同小异,可以举一反三。

提问回答

你校的教学楼、学生宿舍楼有哪些管道系统?

6.1.1 给水排水工程

给水排水工程是给水工程和排水工程的简称。给水工程包括水源取水、水质净化、管道配水、输送到用水设备;排水工程包括污水和废水[生产、生活产生的不洁净水,雨(雪)水,粪便等]排出,污水和废水处理及排放。

给水排水工程分为室外给水排水工程和室内给水排水工程,本节仅介绍室内给水排水工程施工图。

室内给水排水一般流程如下:

室内给水系统:室(楼)外引入管→干管→支管→用水设备。

室内排水系统:排水设备→支管→干管→室(楼)外排出管。

6.1.2 室内给水排水施工图及其组成

室内给水排水施工图是表示卫生设备、管道及其附件的类型、大小、位置、安装方法的图样。室内给水排水施工图一般包括:设计总说明、给水排水平面图、给水排水系统轴测图、给水排水安装详图。

6.1.3 给水排水施工图的一般规定

1)管道标高的标注

管道标高在平面图、剖面图和轴测图中的标注方法,如图 6.1 所示。必须明确的是:压力管道标注的是管中心标高;沟渠和重力流管道标注的是沟(管)内底标高。一般室内给水管道标高是管道中心线标高,排水管道标高是管内底标高。

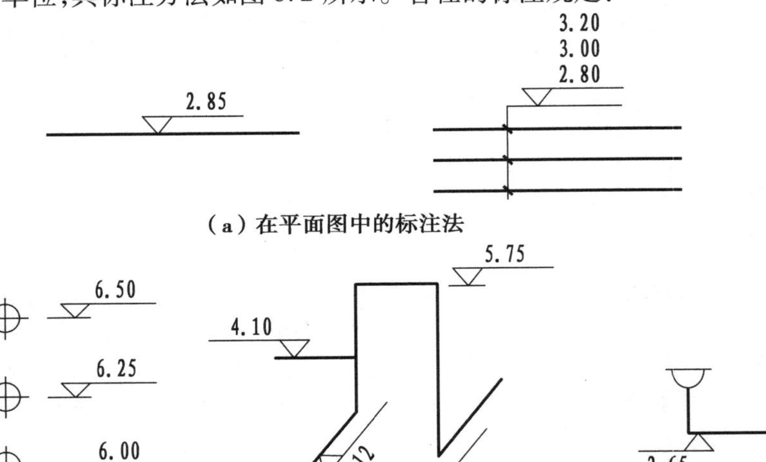

（a）在平面图中的标注法

（b）在剖面图中的标注法

（c）在轴测图中的标注法

图6.1 管道标高标注的方法

2）管径标注

管径以mm为单位，其标注方法如图6.2所示。管径的标注规定：

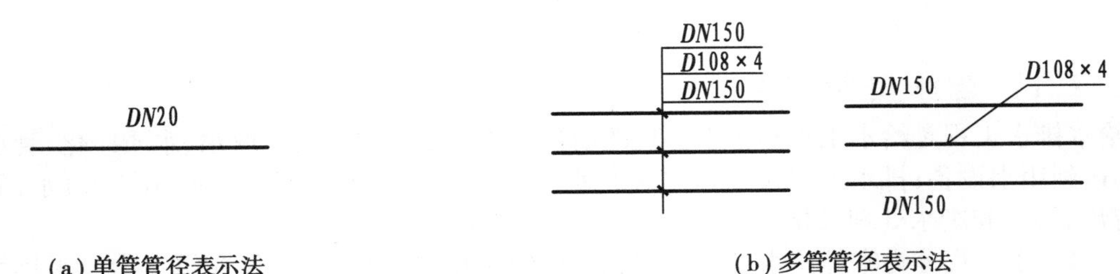

(a)单管管径表示法

(b)多管管径表示法

图6.2 管径的标注方法

①水煤气输送钢管（镀锌或非镀锌）、铸铁管等管材，管径宜以公称直径 *DN* 表示，如 *DN*150，*DN*20。公称直径一般不等于实际直径。

②无缝钢管、焊接钢管（直缝或螺旋缝）管径宜以外径 *D*×壁厚表示。如 *D*108×4，表示该管外径是108 mm，壁厚4 mm。

③铜管、薄壁不锈钢管等管材，管径宜以公称外径 *DW* 表示。

④建筑给水排水塑料管材，管径宜以公称外径 *dn* 表示。

⑤钢筋混凝土（或混凝土）管，管径宜以内径 *d* 表示，如 *d*230，*d*380 表示该管道内径是230 mm，380 mm。

⑥复合管、结构壁塑料管等管材，管径应按产品标准的方法表示。

⑦当设计中均采用公称直径 *DN* 表示管径时，应有公称直径 *DN* 与相应产品规格对照表，见表6.1。

表6.1 铜管公称直径与实际尺寸对照表　　单位：mm

公称直径 *DN*	15	20	25	32	40	50	65(70)	80
铜管管径	15×1.0	22×1.2	28×1.2	35×1.5	42×1.5	54×2.0	67×2.0	85×2.0

3)编号

当建筑物的给水引入管或排水排出管的数量超过1根时,应进行编号;当建筑物内穿越楼层的立管的数量超过1根时,也应进行编号。管道编号表示方法如图6.3所示。

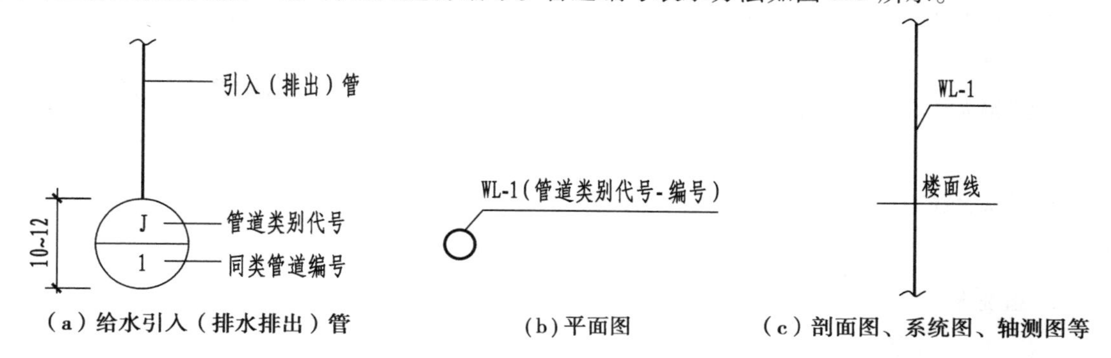

图6.3 管道编号表示方法

4)给水排水施工图常见图例

给水排水施工图常见图例如表6.2所示。

表6.2 给水排水施工图常见图例

名 称	图 例	名 称	图 例
生活给水管	J	污水管	W
雨水管	Y	废水管	F
立管检查口		排水漏斗	平面 系统
清扫口	平面 系统	圆形地漏	平面 系统
通气帽	成品 蘑菇形	雨水斗	YD- YD- 平面 系统
管道丁字上接	高 低	管道丁字下接	高 低
管道交叉	低 高	S形存水弯	
蝶阀		P形存水弯	
闸阀		截止阀	

续表

名　称	图　例	名　称	图　例
止回阀		水　嘴	平面　系统
室外消火栓		室内消火栓（单口）	平面　系统
挂式洗脸盆		浴盆	
盥洗槽		污水池	
壁挂式小便器		小便槽	
蹲式大便器		坐式大便器	
淋浴喷头		水表	
水表井			

6.1.4　室内给水排水施工图

1）给水排水施工图设计说明

给水排水施工图设计说明的主要内容有：

①设计依据（简述）。

②给水排水系统概况。

③施工要求及注意事项。

④设备和主要器材表。

⑤选用的标准图集。

2）室内给水排水平面图识读

室内给水排水平面图是表示卫生设备、管道及其附件的类型、大小，以及它们在房屋中的平面位置的图样。室内给水排水平面图一般包括底层给水排水平面图、中间层（标准层）给水排水平面图、屋顶给水排水平面图。室内给水排水平面图是在建筑平面图中加上给水排水内容组合而成的，原建筑平面图中的细部、门窗代号等均可略去。

如图6.4至图6.9所示是一商住楼给水排水平面图。

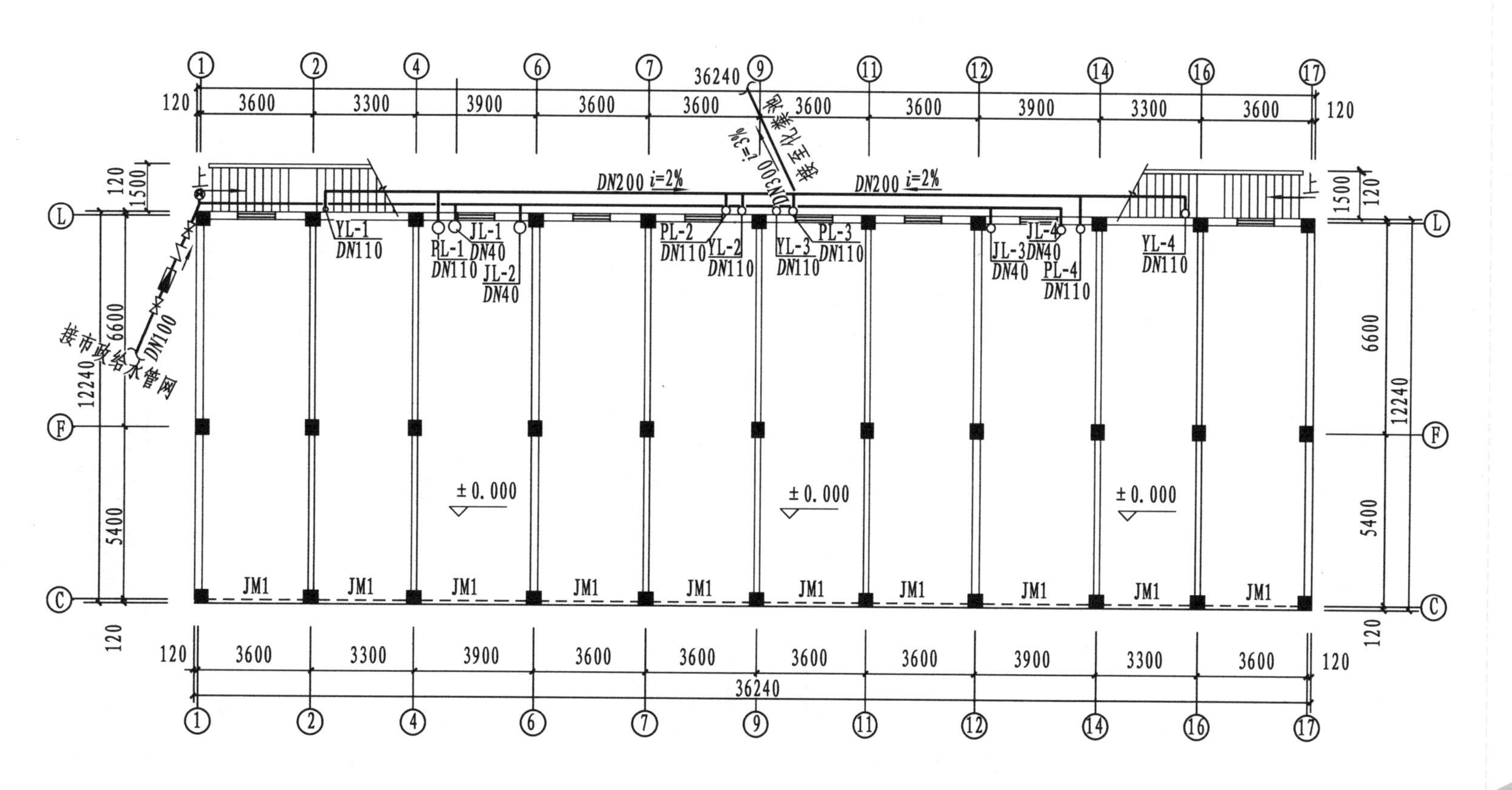

图6.4 底层给水排水平面图

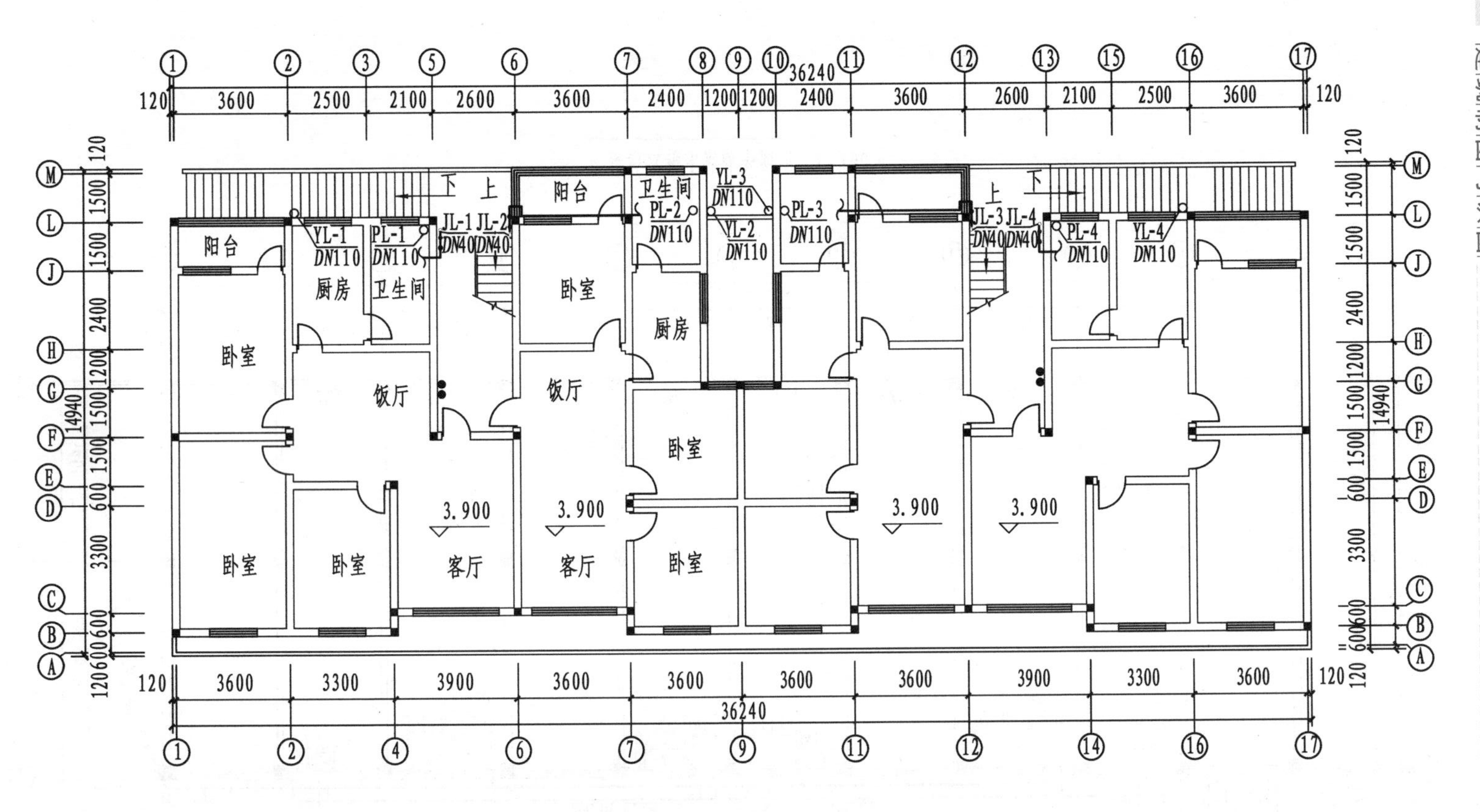

二层给水排水消防平面图 1:100

图6.5 二层给水排水平面图

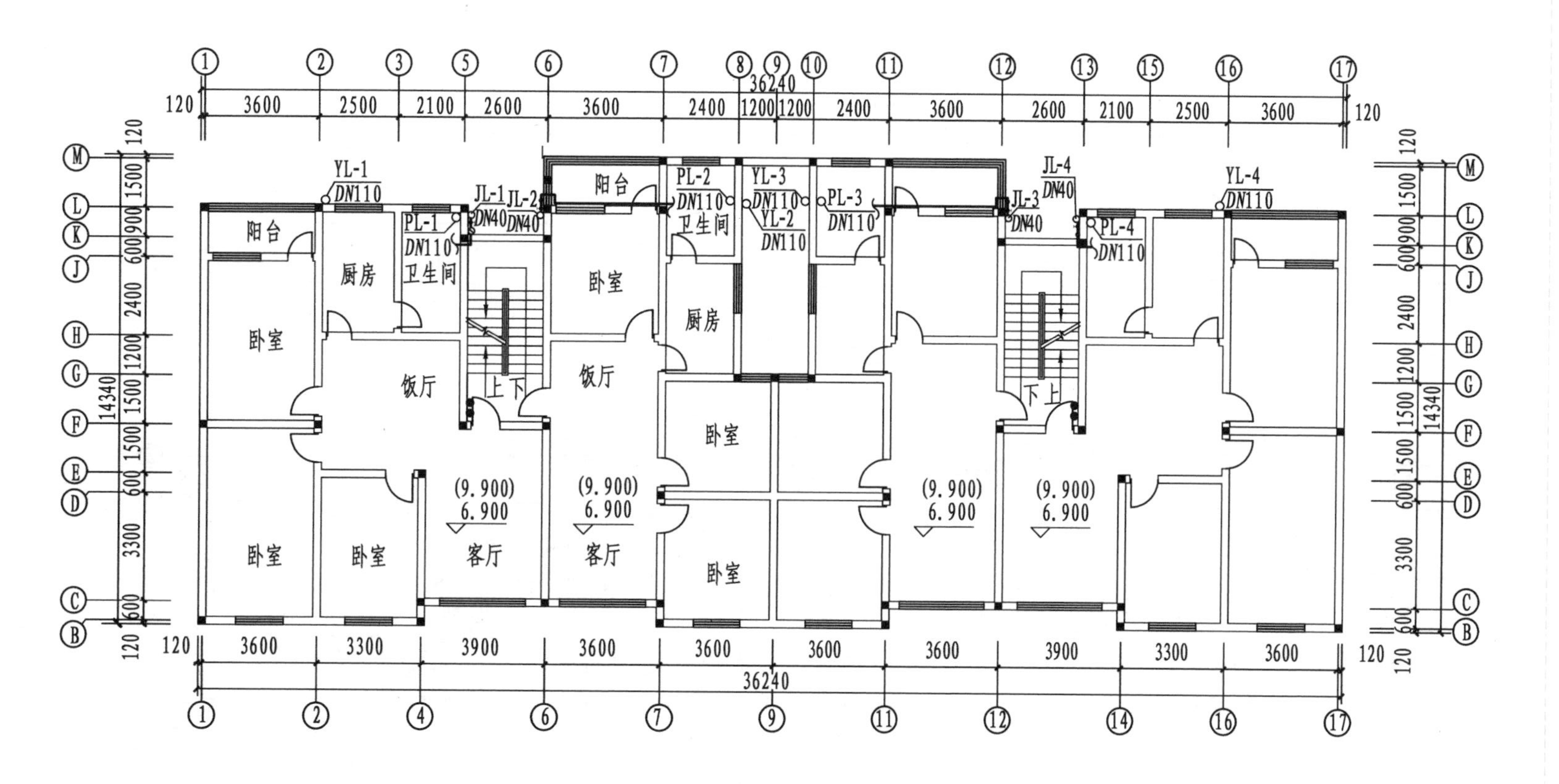

图6.6 三~四层给水排水平面图

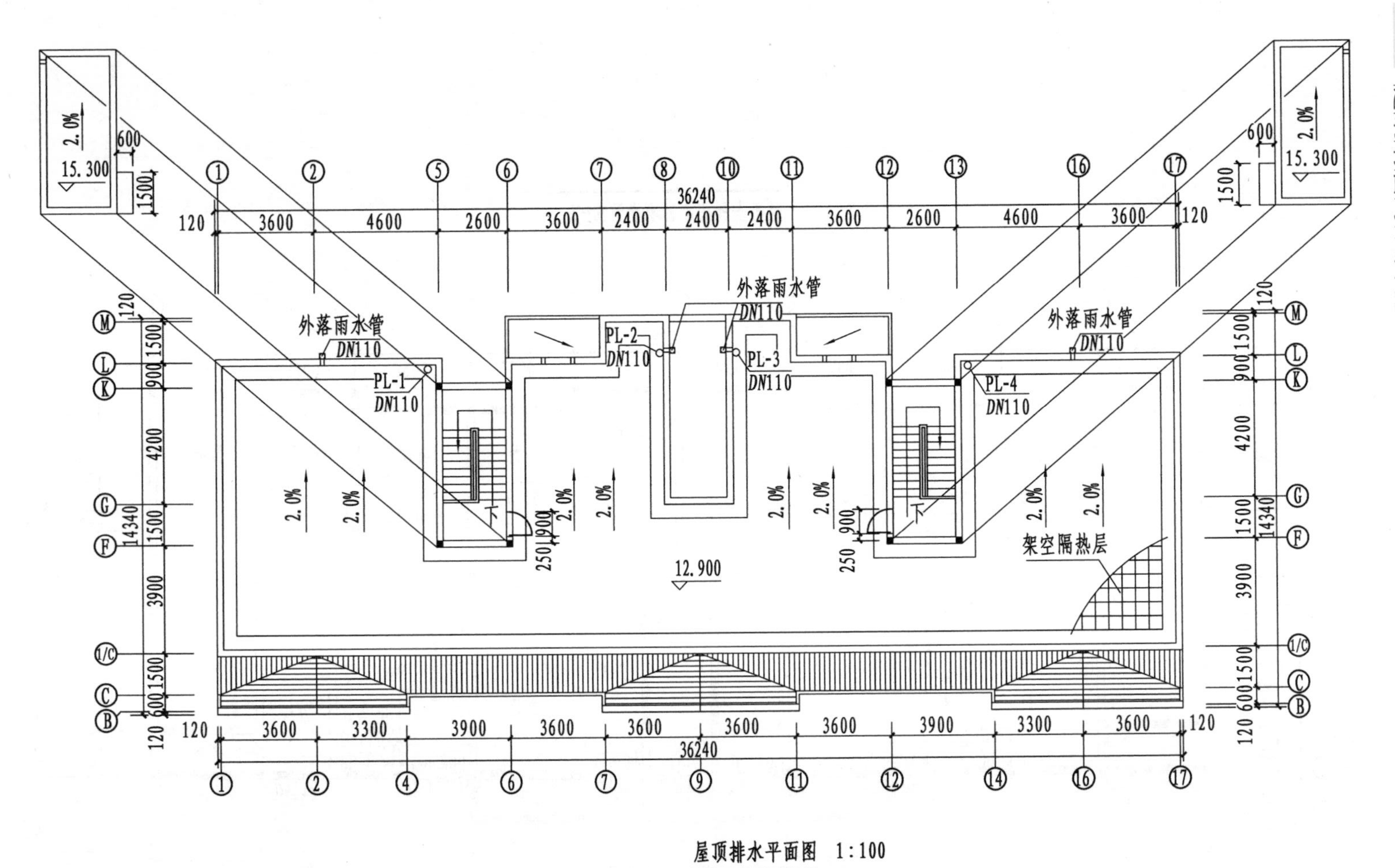
屋顶排水平面图 1:100
外落雨水管
DN110
PL-1
DN110
PL-2
DN110
PL-3
DN110
PL-4
DN110
架空隔热层
12.900
15.300
2.0%
36240
14340

图6.7 屋顶排水平面图

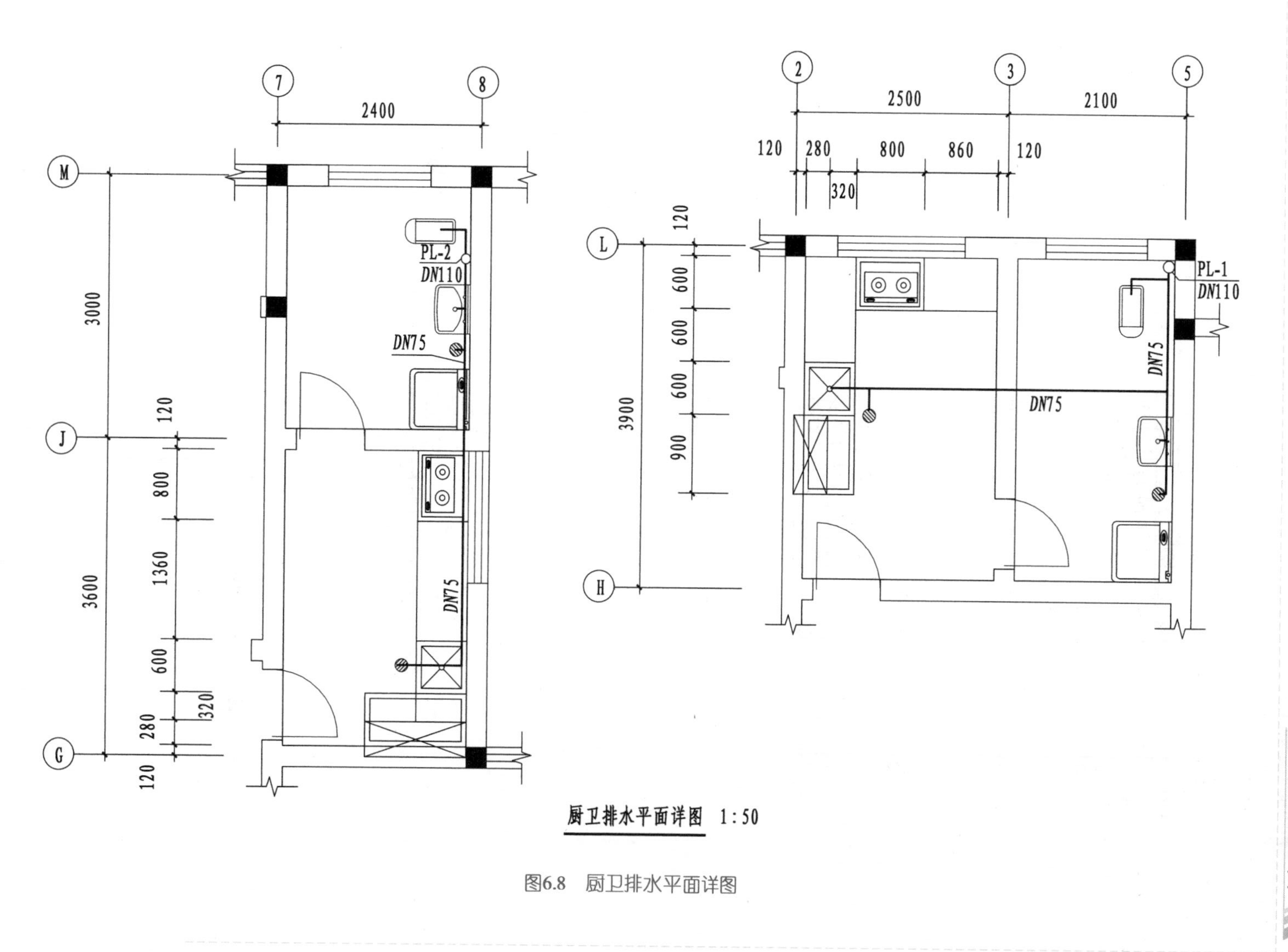

图6.8 厨卫排水平面详图

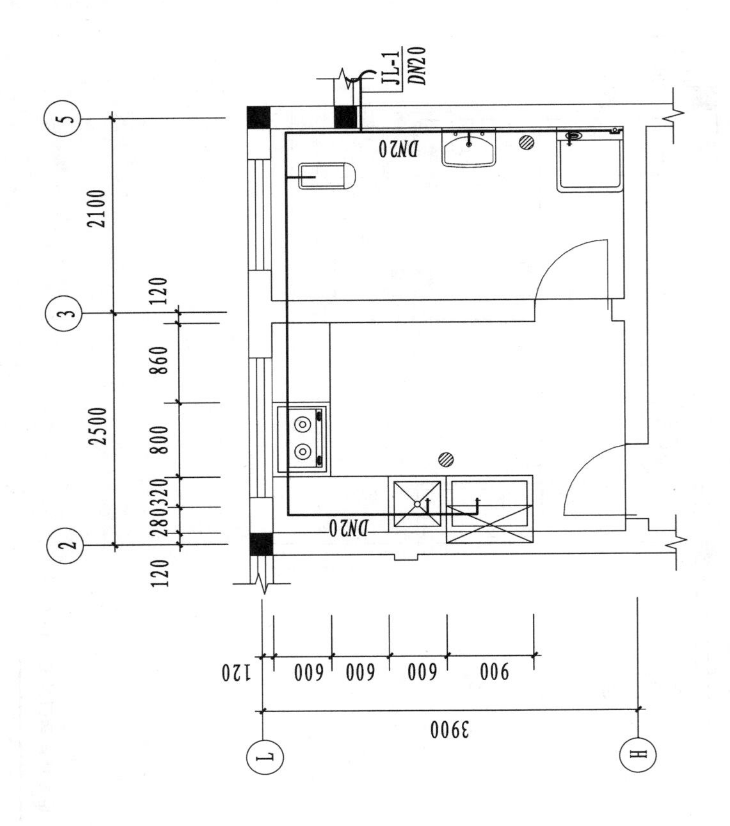

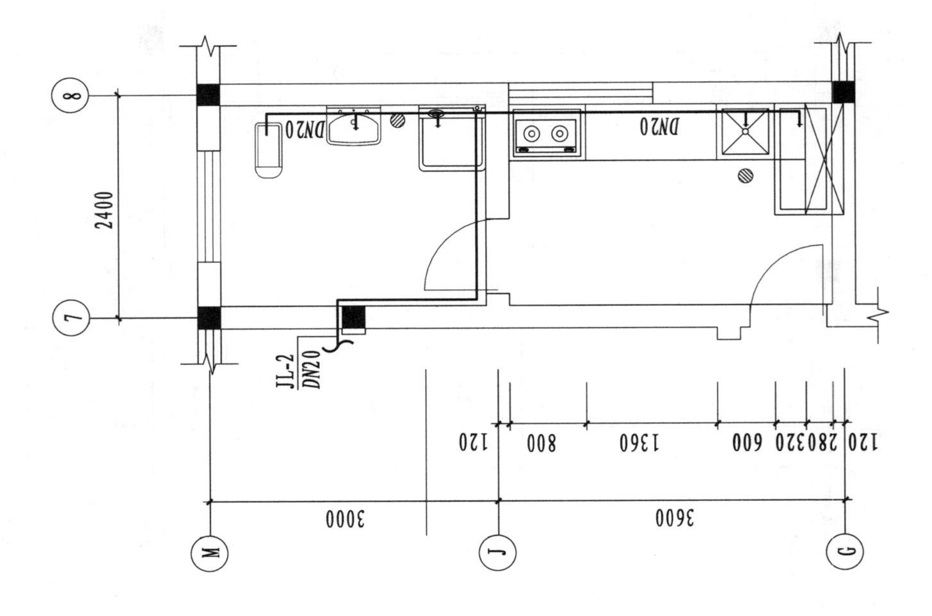

图6.9 厨卫给水平面详图

3）室内给水排水系统轴测图

给水排水平面图未能表示出管道的空间布置情况，这一任务由给水排水系统轴测图来完成。给水排水系统轴测图具体表达各管道的空间走向，各管段的管径、坡度、标高以及附件在管道上的位置。给水排水系统轴测图是给水排水管道系统正面斜等测轴测图，简称给水排水系统图。

给水排水系统轴测图的有关规定：

①按给水排水平面图中的管道进出口编号划分系统，分别画出给水排水系统轴测图。

②给水排水布置相同的楼层，只需完整画出一个楼层的轴测图，其余相同楼层在立管分支处画一折断线表示。

③给水排水管都统一用粗实线表示。

④轴测图中，卫生设备和配水器具用图例表示。

给水排水系统轴测图的绘制过程。

活动建议

结合前面商住楼给水排水平面图，识读其给水排水系统轴测图（图 6.10、图 6.11 和图 6.12），弄清各管道的空间走向，各管段的管径、坡度及标高。

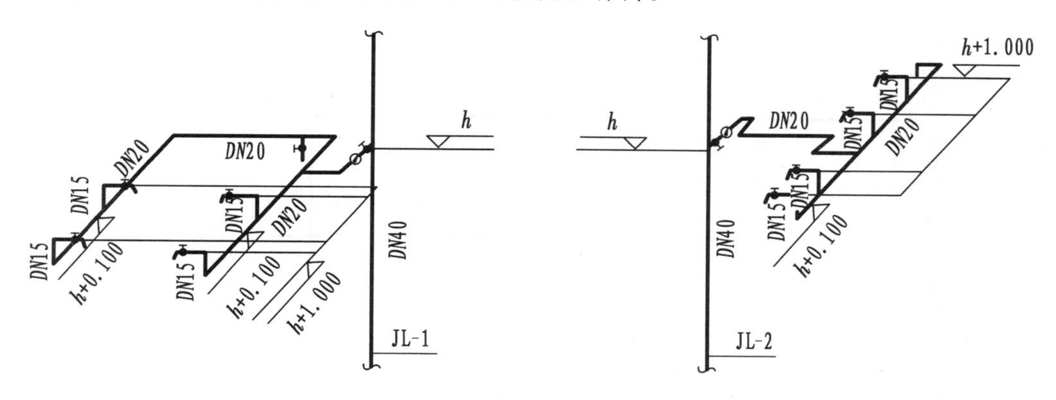

图 6.10　给水支管系统图

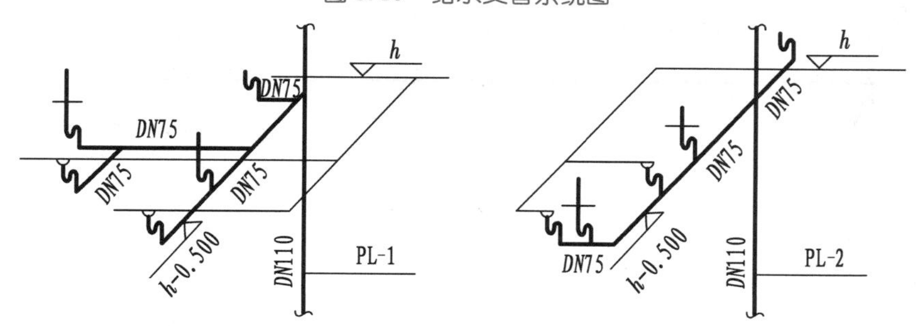

图 6.11　排水支管系统图

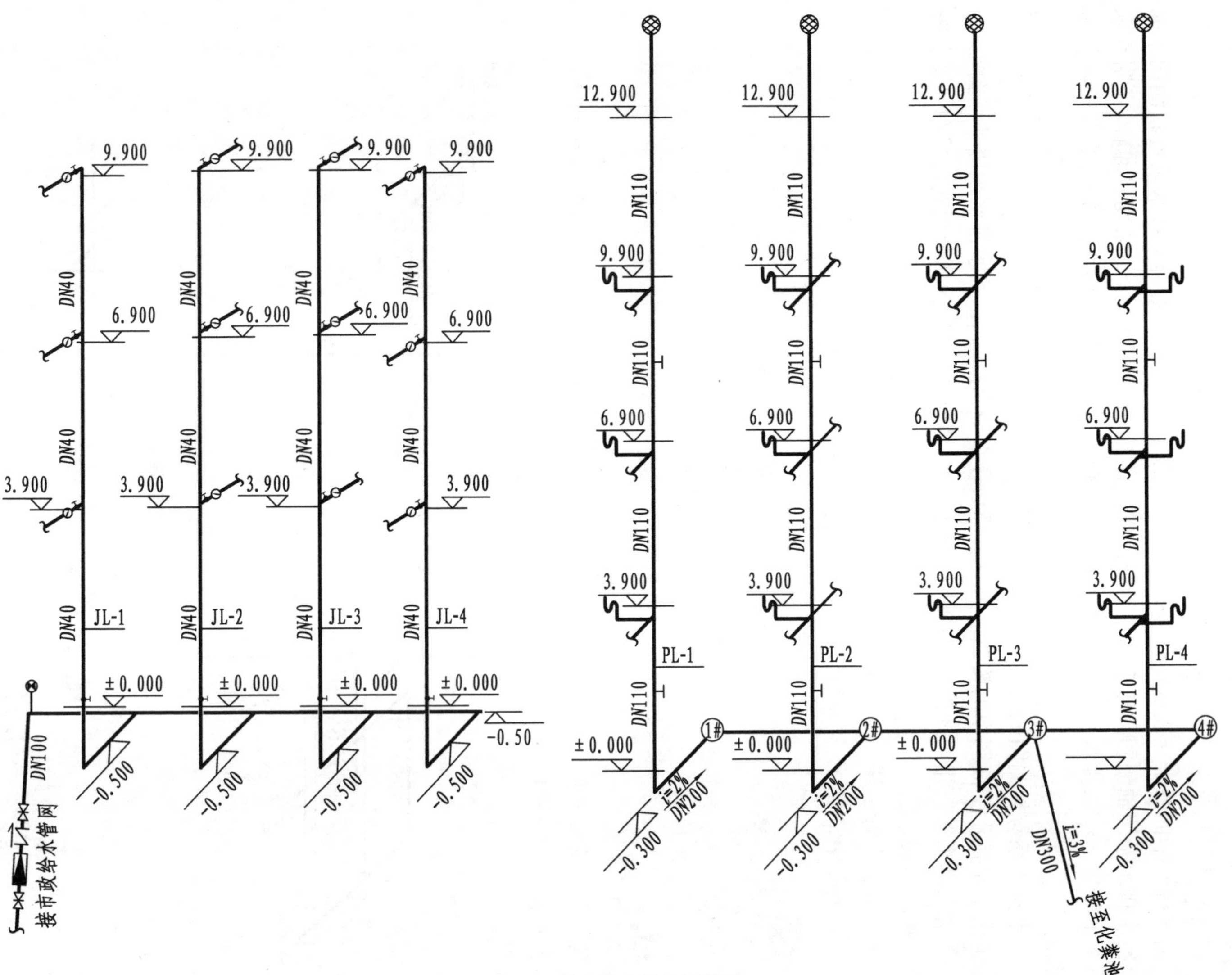

图6.12 给水排水系统轴测图

4）室内给水排水安装详图

给水排水详图是表示设备或管道节点详细构造及安装要求的图样。一般给水排水安装详图可以直接在标准图集或室内给水排水手册中查找。

如图6.13所示为洗涤池的安装详图。

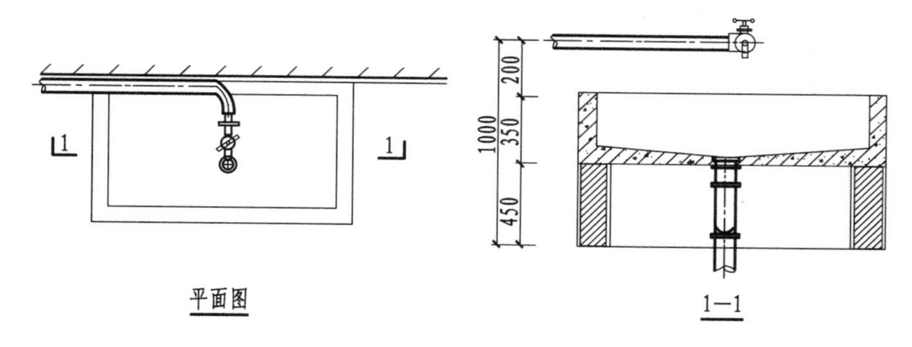

图6.13　洗涤池安装详图

6.1.5　室内给水排水施工图的识读

1）识读室内给水排水施工图的要领

①先总体后局部。一般先从底层平面图中弄清有多少个系统，再分系统一个一个地阅读。

②室内给水排水平面图和系统轴测图反复对照读，以平面图为主。室内给水排水平面图只表达了用水设备、管道及其附件的类型、大小及其在房屋中的平面位置，管道的空间走向、坡度、标高，部分管道的管径，而附件位置表达在系统图上，因此必须将以上两种图对照阅读，才能弄清楚给水排水系统情况。对于初学者，以上图形并不是一目了然的，应该反复对照阅读。

系统轴测图上管线多，错综复杂，有的地方还相互重叠、变形，比给水排水平面图难读。读图时，以给水排水平面图为主，平面位置弄清楚了，有助于阅读系统轴测图。读给水排水平面图从底层开始，自下而上阅读。

③顺着给水排水的流程阅读，既可以减少遗漏，又思路清晰。

2）读图步骤

①弄清给水排水系统的各分系统。从商住楼底层给水排水平面图中可知，该楼房平面是左右对称图形，左边部分给水系统有JL-1、JL-2，排水系统有PL-1、PL-2、YL-1、YL-2。

②查看给水排水平面图，由下至上阅读。本商住楼有12个给水排水系统，只能一个一个地阅读。这里以给水系统JL-1为例，由下至上逐层阅读。

一层，JL-1由室外市政给水管引入，穿越墙体后即向上延伸，立管直径*DN*40，该层无用水设备。二层，由立管引一支管进入卫生间，结合厨卫给水平面详图，按给水流程可见：

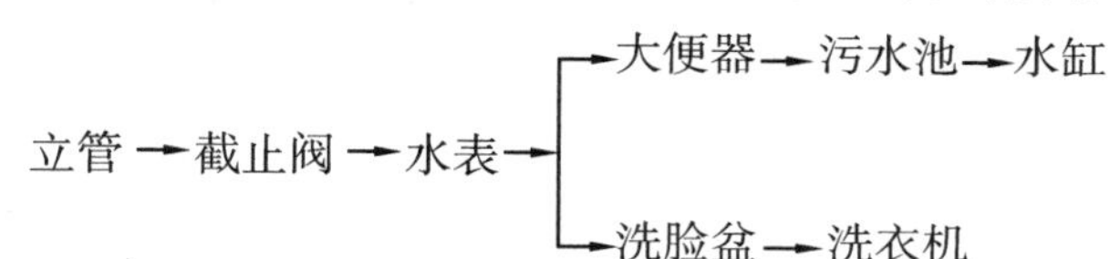

三～四层，布置同二层，给水 JL-1 未上屋顶。

③对照系统轴测图，弄清管道的空间布置。从给水 JL-1 的系统轴测图和支管系统轴测图可知，进户管标高 -0.500 m，各楼层支管高出楼面 0.100 m。放水龙头高出楼面 1.000 m。立管直径 *DN*40，水平支管直径 *DN*20，接龙头立管直径 *DN*15。

④平面图和系统轴测图对照阅读、核实。阅读中未弄清的问题再反复对照平面图和系统轴测图核实。

商住楼中其余给水排水系统由学生照此阅读。

小组讨论

土建施工时，如果没有给穿越墙体和楼面（地面）的给水排水管道预留孔洞和预埋套管，或预留孔洞和预埋套管的位置不对，将会给施工和房屋质量带来哪些不利影响？

活动建议

活动项目：参观室内给排水施工现场。

活动要求：

(1)先熟悉该项目给水排水施工图。

(2)对照检查给水排水施工图和给水排水安装是否一致？

(3)弄清室内给水排水系统各种管件、附件、配件及设施设备的名称。

(4)观察给水排水管道穿越墙体和楼板处预留孔洞和预埋套管的做法。

(5)选定室内给水排水系统各一个，完成以下记录：

①给水管管径分别是________________________________。

②排水管管径分别是________________________________。

③给水管管材分别是________________________________。

④排水管管材分别是________________________________。

⑤用水设备有________________________________。

⑥排水设备有________________________________。

⑦存水弯类型有________________________________。

⑧卫生间预留有几个孔洞，预埋有几个套管？________________

⑨厨房预留有几个孔洞，预埋有几个套管？________________

⑩标准层厨房、卫生间内有哪些附件、配件？________________

练习作业

结合上述活动，谈谈识读室内给水排水施工图的要领及步骤。

用 A3 图纸绘制出你所在学校的教学楼或宿舍楼的给水系统和排水系统施工图各 1 个，比例自定。

6.2 建筑电气施工图简介

问题引入

建筑电气工程由强电工程和弱电工程组成，它是建筑工程的组成部分，土建工程技术人员除了要准确识读建筑施工图和结构施工图，也应对建筑电气施工图有所了解。那么，建筑电气施工图由哪些部分组成？如何识读建筑电气施工图？下面，我们就来学习建筑电气施工图的基础知识。

建筑电气施工图是建筑施工图的一个组成部分。建筑电气施工图是表达供电方案、电气设备与线路布置、电气工作原理、电气器材规格型号及制作安装的图样。电气施工图专业性强，涉及面广，这里仅从读图的角度作简单的概括性介绍。

6.2.1 建筑电气工程

建筑电气工程包括动力与照明工程、变配电工程、防雷工程、弱电工程。弱电工程又包括电视、电话、网络、火灾报警、防盗监控、访客对讲。

6.2.2 建筑电气施工图的组成

建筑电气施工图一般由以下 7 个部分组成。

①设计说明：主要内容有工程概况、设计依据、设计范围、供配电设计、照明设计、线路敷设、设备安装、防雷接地、弱电系统、施工注意事项、设备材料表、图例等。

②电气外线总平面图：主要内容有变电所、架空线路或地下电缆的布置。

③电气平面图：电气平面图是电气设备及线路在水平面上的投影图，表示电气设备及线路的平面布置，干支线的编号及敷设方法，电气器材的种类、型号、规格等。电气平面图一般包括变配电平面图、动力平面图、照明平面图、防雷接地平面图及弱电平面图。

④电气系统图：电气系统图是表示整个建筑物的供电分配、电气运行控制总体情况的图样，标注有配电装置、电气器材的种类、型号、规格及敷设方式等。电气系统图包括变配电系统图、动力系统图、照明系统图、弱电系统图。

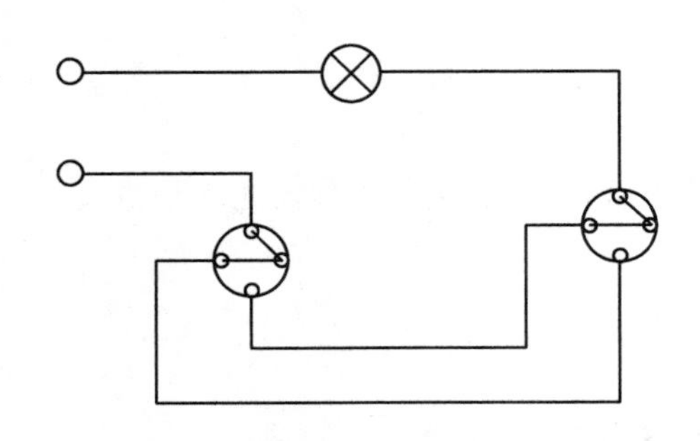

图 6.14　两处开关控制一盏灯的接线详图

⑤设备布置图:设备布置图是表示各种电气设备的平面与空间位置及安装方式的图纸。详细的设备布置图由平面图、立面图、剖面图组成。

⑥电气原理图:电气原理图(又称控制原理图)是表示某一具体电气设备或电气系统的工作原理图。

⑦详图:详图是表示设备的具体安装和做法的大样图,标有具体的尺寸和施工要求等。一般电气详图可直接在标准图集或通用图册上查找。图6.14为两处开关控制一盏灯的接线详图。

6.2.3　建筑电气图形符号和文字符号

建筑电气施工图大量使用电气图形符号和文字符号,要看懂电气施工图必须先认识电气图形符号和电气文字符号。表6.3为常用电气图形符号,表6.4和表6.5为常用电气设备文字符号。

表 6.3　常用电气图形符号

常用图形符号		说　明
形式 1	形式 2	
		导线组(示出导线数,如示出3根导线)
		软连接
		端子
		发电站,规划的
		发电站,运行的
		电源插座、插孔,一般符号(用于不带保护极的电源插座)
		多个电源插座(符号表示3个插座)
		带保护极的电源插座
		开关,一般符号(单联单控开关)
		双联单控开关

续表

常用图形符号		说明
形式1	形式2	
		三联单控开关
		自带电源的应急照明灯
		荧光灯,一般符号(单管荧光灯)
		二管荧光灯
		三管荧光灯
n		多管荧光灯,$n>3$
		双管格栅灯
		三管格栅灯
		投光灯,一般符号
		聚光灯
		风扇,风机
		分配器,一般符号(表示两路分配器)
		分配器,一般符号(表示三路分配器)
		分配器,一般符号(表示四路分配器)
		分支器,一般符号(表示一个信号分支)
		分支器,一般符号(表示两个信号分支)

续表

常用图形符号		说　明
形式1	形式2	
★ 见注1		火灾报警控制器
		感温火灾探测器(点型)
		感温火灾探测器(线型)
		感烟火灾探测器(点型)

表6.4　强电设备辅助文字符号

强电	文字符号	中文名称	英文名称
1	DB	配电屏(箱)	Distribution board(box)
2	UPS	不间断电源装置(箱)	Uninterrupted power supply board (box)
3	EPS	应急电源装置(箱)	Electric power storage supply board (box)
4	MEB	总等电位端子箱	Main equipotential terminal box
5	LEB	局部等电位端子箱	Local equipotential terminal box
6	SB	信号箱	Signal box
7	TB	电源切换箱	Power supply switchover box
8	PB	动力配电箱	Electric distribution box
9	EPB	应急动力配电箱	Emergency electric power box
10	CB	控制箱、操作箱	Control box
11	LB	照明配电箱	Lighting distribution box
12	ELB	应急照明配电箱	Emergency lighting board (box)
13	WB	电度表箱	Kilowatt-hour meter board (box)
14	IB	仪表箱	Instrument box
15	MS	电动机启动器	Motor starter
16	SDS	星-三角启动器	Star-delta starter
17	SAT	自耦降压启动器	Starter with auto-transformer
18	ST	软启动器	Starter-regulator with thyristors
19	HDR	烘手器	Hand drying

表 6.5 弱电设备辅助文字符号

弱电	文字符号	中文名称	英文名称
1	DDC	直接数字控制器	Direct digital controller
2	BAS	建筑设备监控系统设备箱	Building automation system equipment box
3	BC	广播系统设备箱	Broadcasting system equipment box
4	CF	会议系统设备箱	Conference system equipment box
5	SC	安防系统设备箱	Security system equipment box
6	NT	网络系统设备箱	Network system equipment box
7	TP	电话系统设备箱	Telephone system equipment box
8	TV	电视系统设备箱	Television system equipment box
9	HD	家居配线箱	House tele-distributor
10	HC	家居控制器	House controller
11	HE	家居配电箱	House Electrical distribution
12	DEC	解码器	Decoder
13	VS	视频服务器	Video frequency server
14	KY	操作键盘	keyboard
15	STB	机顶盒	Set top box
16	VAD	音量调节器	Volume adjuster
17	DC	门禁控制器	Door control
18	VD	视频分配器	Video amplifier distributor
19	VS	视频顺序切换器	Sequential video switch
20	VA	视频补偿器	Video compensator
21	TG	时间信号发生器	Time-date generator
22	CPU	计算机	Computer
23	DVR	数字硬盘录像机	Digital video recorder
24	DEM	解调器	Demodulator

6.2.4 建筑电气施工图识读

识读建筑电气施工图,应先总体,后局部,再细部。由于电气系统种类多、专业性强,一般由专业施工队负责施工,这造成土建施工人员往往不够重视,造成预留孔洞和预埋件的遗漏或不符合要求,应引起高度重视。另外,电气施工图中经常出现非国家标准图形符号,这时应查看图纸说明。

建筑电气施工图一般包括哪些内容?

1.填空题

(1)一套完整的室内给水排水施工图一般包括________________、________________、________________、________________。

(2)给水排水施工图设计说明主要内容有________________、________________、________________、________________、________________。

(3)本章商住楼室内给水排水施工图中:

①给水流程是:室外引入管(管径______mm)→干管(管径______mm)→支管(管径______mm)→用水设备。

②排水流程是:排水设备→支管(管径______mm)→干管(管径______mm)→室外排水管(管径______mm)。

③排水设备有________________、________________、________________、________________、______________。

④室外引入管标高________m。分户干管标高 $h+$ ________m。支管(水龙头)标高 $h+$ ________m。

⑤排水支管标高 $h-$ ______m,室外排水排出管标高______m。

2. 问答题

(1)室内给水排水的一般流程是什么?

(2)管径的标注有哪些规定?

(3)室内给水排水系统轴测图有哪些规定?

教学评估表见本书附录。

附　录

教学评估表

班级:__________课题名称:________________日期:_________姓名:__________

1. 本调查问卷主要用于对新课程的调查,可以自愿选择署名或匿名方式填写问卷。

根据自己的情况在相应的栏目打“✓”。

评估项目	评估等级				
	非常赞成	赞成	无可奉告	不赞成	非常不赞成
(1)我对本课题学习很感兴趣					
(2)教师组织得很好,有准备并讲述得清楚					
(3)教师运用了各种不同的教学方法来帮助我学习					
(4)学习内容能够帮助我获得能力					
(5)有视听材料,包括实物、图片、录像等,它们帮助我更好地理解教材内容					
(6)对于教学内容,教师知识丰富					
(7)教师乐于助人、平易近人					
(8)教师能够为学生需求营造合适的学习气氛					
(9)我完全理解并掌握了所学知识和技能					
(10)授课方式适合我的学习风格					
(11)我喜欢这门课中的各种学习活动					
(12)学习活动能够有效地帮助我学习该课程					
(13)我有机会参与学习活动					
(14)每个活动结束都有归纳与总结					

续表

评估项目	评估等级				
	非常赞成	赞成	无可奉告	不赞成	非常不赞成
(15)教材编排版式新颖,有利于我学习					
(16)教材使用的文字、语言通俗易懂,有对专业词汇的解释,利于我自学					
(17)教学内容难易程度合适,符合我的需求					
(18)教材为我完成学习任务提供了足够信息					
(19)教材通过提供活动练习增强了我的技能					
(20)我对今后的工作岗位所具有的能力更有信心					

2. 您认为教学活动使用的视听教学设备:

合适 □　　太多 □　　太少 □

3. 教师讲述、学生小组讨论和小组活动安排比例:

讲课太多 □　　讨论太多 □　　练习太多 □

活动太多 □　　恰到好处 □

4. 教学的进度:

太快 □　　正合适 □　　太慢 □

5. 活动安排的时间长短:

正合适 □　　太长 □　　太短 □

6. 我最喜欢本单元的教学活动是:

7. 本单元我最需要的帮助是:

8. 我对本单元进一步改进教学活动的建议是:

参考文献

[1] 中华人民共和国住房和城乡建设部. 房屋建筑制图统一标准:GB 50001—2017[S]. 北京:中国建筑工业出版社,2018.
[2] 中华人民共和国住房和城乡建设部. 建筑制图标准:GB/T 50104—2010[S]. 北京:中国计划出版社,2011.
[3] 中华人民共和国住房和城乡建设部. 建筑结构制图标准:GB/T 50105—2010[S]. 北京:中国建筑工业出版社,2010.
[4] 中国建筑标准设计研究院. 混凝土结构施工图平面整体表示方法制图规则和构造详图(现浇混凝土框架、剪力墙、梁、板):22G101—1[S]. 北京:中国计划出版社,2022.
[5] 中国建筑标准设计研究院. 混凝土结构施工图平面整体表示方法制图规则和构造详图(现浇混凝土板式楼梯):22G101—2[S]. 北京:中国计划出版社,2022.
[6] 中国建筑标准设计研究院. 混凝土结构施工图平面整体表示方法制图规则和构造详图(独立基础、条形基础、筏形基础、桩基础):22G101—3[S]. 北京:中国计划出版社,2022.
[7] 中华人民共和国住房和城乡建设部. 建筑给水排水制图标准:GB/T 50106—2010[S]. 北京:中国建筑工业出版社,2010.
[8] 中华人民共和国住房和城乡建设部. 建筑电气制图标准:GB/T 50786—2012[S]. 北京:中国建筑工业出版社,2012.
[9] 赵研. 建筑识图与构造[M]. 3 版. 北京:中国建筑工业出版社,2014.
[10] 陆叔华,杨静霞. 建筑制图与识图[M]. 3 版. 北京:高等教育出版社,2019.
[11] 何铭新,郎宝敏,陈星铭. 建筑工程制图[M]. 4 版. 北京:高等教育出版社,2008.
[12] 曹宝新,齐群. 画法几何及土建制图[M]. 4 版. 北京:中国建材工业出版社,2005.